编译原理

主　编　陈光建
副主编　贾金玲　黎远松
　　　　罗玉梅　万　新

重庆大学出版社

内 容 简 介

"编译原理"是计算机学科的一门重要专业基础课。本书旨在介绍编译程序设计的基本原理、实现技术,充分考虑了教师便于教学,学生便于自学的问题。本书包含了编译程序设计的基础理论和具体实现技术,主要内容包括形式语言和自动机理论、词法分析、语法分析、语义分析、中间代码生成、中间代码优化和目标代码生成等。在介绍基本原理和实现技术中,注重循序渐进、深入浅出。同时,本书注重实际应用,介绍了 Lex 和 YACC 的使用方法及原理,旨在培养学生分析和解决问题的能力。

本书可作为高等院校计算机相关专业的本科生教材,也可供其他专业的学生或从事计算机工作的工程技术人员阅读参考。

图书在版编目(CIP)数据

编译原理/陈光建主编.—重庆:重庆大学出版社,2013.10(2022.7 重印)
计算机科学与技术专业本科系列教材
ISBN 978-7-5624-7774-7

Ⅰ.①编… Ⅱ.①陈… Ⅲ.①编译程序—程序设计—高等学校—教材 Ⅳ.①TP314

中国版本图书馆 CIP 数据核字(2013)第 240441 号

编译原理

主 编 陈光建

副主编 贾金玲 黎远松 罗玉梅 万 新
策划编辑:曾显跃

责任编辑:文 鹏 姜 凤 版式设计:曾显跃
责任校对:任卓惠 责任印制:张 策

*

重庆大学出版社出版发行
出版人:饶帮华
社址:重庆市沙坪坝区大学城西路 21 号
邮编:401331
电话:(023) 88617190 88617185(中小学)
传真:(023) 88617186 88617166
网址:http://www.cqup.com.cn
邮箱:fxk@ cqup.com.cn(营销中心)
全国新华书店经销
POD:重庆新生代彩印技术有限公司

*

开本:787mm×1092mm 1/16 印张:14.25 字数:356 千
2013 年 10 月第 1 版 2022 年 7 月第 3 次印刷
ISBN 978-7-5624-7774-7 定价:42.00 元

前言

"编译原理"是计算机及其相关专业的重要专业基础课,是一门理论与实践并重的课程,主要研究构造编译程序的原理和方法,蕴涵着计算机学科中解决问题的思路、形式化问题和解决问题的方法。通过学习编译原理,读者不仅可以掌握编译程序本身的实现技术,而且能够提高对程序设计语言的理解和开发大型软件的能力。编译原理是一门难度较大的专业课程,致使不少学生甚至上课教师都感到头痛。本书采用以实例来讲解理论,充分考虑了便于学生自学和教师教学的问题,循序渐进地介绍了编译程序设计的基本原理、主要实现技术和一些自动构造工具,使学生能够掌握编译程序的整体结构。

本书主要面向一般本科院校,参考理论学时为 48 学时。本书以高级程序设计语言的编译过程的 5 个主要阶段——词法分析、语法分析、语义分析及中间代码生成、代码优化和目标代码生成为线索,重点放在构造编译程序及各个组成部分的软件技术和实用方法上。本书共分 10 章。第 1 章介绍了编译程序的基础知识;第 2 章介绍了高级程序语言及其语法描述,重点讨论文法和语言、推导与归约、语法树以及文法的等价变换等;第 3 章介绍了词法分析的基本思想,以状态转换图、正规表达式以及有限自动机为工具,重点讨论了词法分析器的设计与实现;第 4 章介绍了自顶向下的语法分析的基本思想,重点讨论了递归下降语法分析法和预测分析法的实现技术;第 5 章介绍了自底向上的语法分析的基本思想,并重点讨论了算符优先分析法和 LR 分析法的基本原理及实现方法;第 6 章介绍了符号表的相关知识,重点讨论了符号表的总体组织及其构建与查找;第 7 章介绍了运行时存储空间的组织与管理技术,重点讨论了目标程序运行时的存储分配策略;第 8 章介绍了语法制导翻译和中间代码生成技术,重点讨论了一些常见语句的语法制导翻译;第 9 章介绍了中间代码优化的基本方法,重点讨论了局部优化和循环优化;第 10 章介绍了目标代码的生成技术。本书每章都附有各种类型的习题,便于读者理解和掌握基本理论、相关算法以及实现技术。

本书的编写人员有:贾金玲编写第1、2章;陈光建编写第3、4、5章;罗玉梅编写第6章;万新编写第7章;黎远松编写第8、9、10章。本书是根据作者多年的教学经验和科研经历编写而成的,由陈光建确定内容的选取、组织以及最后的定稿。

本书获得四川理工学院教材建设基金资助。在成书过程中,还引用了一些专家学者的研究成果,在此一并表示感谢。

鉴于作者水平有限,书中难免有错误和不妥之处,殷切希望广大读者批评指正。

编　者
2013 年 5 月

目录

第 1 章

编译引论

1.1　编译程序

众所周知,计算机系统的工作是由事先设计好的程序来控制的。计算机程序可以用机器语言、汇编语言以及高级语言来编写。由于机器语言和汇编语言都存在编写过程费时费力,阅读和理解很难、不易调试和修改等缺点,而高级程序设计语言则比较接近于自然语言的方式来描述程序的操作,用它编写程序比较容易,可读性好,可以在不同的机器上运行,便于移植,因此,绝大多数编程人员都是使用高级语言程序来实现他们所需要的功能。

计算机硬件只能识别机器语言,用高级语言编写的程序都需要通过一个翻译程序把它转换成机器语言代码或汇编语言程序才能运行。通常所说的翻译程序是指这样一个程序,它能够把某一高级语言程序(称为源语言程序)等价地转换成另外一种语言程序(称为目标语言程序)。如果源语言是诸如 FORTRAN、C 等高级语言,而目标语言是诸如汇编语言、机器语言之类的低级语言,那样的翻译程序就称为编译程序,也称为编译器。运行编译程序的计算机称为宿主机,运行编译程序所产生的目标代码的计算机称为目标机。在计算机上运行一个高级语言程序一般是"先编译后执行",即分为两步:第一步,用一个编译程序把高级语言源程序翻译成机器语言程序;第二步,运行机器语言程序得到结果。图 1.1 显示的就是先编译后执行方式。

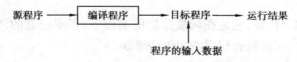

图 1.1　先编译后执行方式

运行高级语言程序的另外一种方式是解释执行,它需要的翻译程序不是编译程序,而是解释程序。所谓解释程序,也称为解释器,它不产生源程序目标代码,以某高级语言的源程序作为输入,对源程序进行逐条语句分析,根据语句的含义执行,最终得到运行结果。图 1.2 显示的就是解释执行方式,比如 BASIC 语言就是采用解释方式运行的。

1

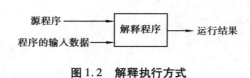

图 1.2　解释执行方式

1.2　编译程序的结构

　　编译程序是计算机系统软件重要的组成部分之一,处理过程非常复杂,其设计和实现都十分困难,但不同的编译程序实现的基本逻辑功能都非常相似。编译程序的体系结构一般包括五个基本功能模块和两个辅助模块,具体如图 1.3 所示,它已经成为编译程序设计的经典参考模型。

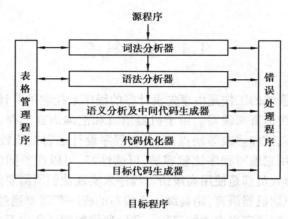

图 1.3　编译程序的功能结构图

　　编译程序的各模块的主要功能如下:

1) 词法分析器

　　词法分析器又称为扫描器,其任务是扫描源程序,根据语言的词法规则,识别出一个个具有独立意义的单词,如 C 语言的保留字(int、float、double、char 等),并把每个单词的 ASCII 码序列替换成单词的"TOKEN"形式。TOKEN 是单词的内部表示,它的结构没有统一规定,一般包括单词的类别和单词的属性。

2) 语法分析器

　　语法分析器简称分析器,它是在词法分析的基础上,根据语言的语法规则把单词符号串分解成各类语法单位,同时检查程序中的语法错误。

3) 语义分析及中间代码生成器

　　按照语言的语义规则,对语法分析器所识别出的各类语法单位进行静态语义检查(如类型是否匹配,变量是否定义等),并产生源程序的中间代码。常见的中间代码形式有三元式、四元式以及树形结构表示等。

4) 代码优化器

　　代码优化器对前阶段产生的中间代码进行等价加工变换,使最终生成的目标代码更加高效,如节省存储空间或缩短运行时间。常见的优化种类有公共子表达式删除、复制传播、无用代码删除和常量合并等。

5) 目标代码生成器

目标代码生成器将中间代码转换为特定目标机上的机器指令代码或汇编指令代码。

6) 表格管理程序

编译程序在工作过程中,需要创建和管理一系列的表格,以登记源程序的各类信息和编译各阶段的进展情况。合理设计和使用表格是编译程序构造的一个重要问题。不少编译程序都设立一个表格管理程序,以专门负责管理表格。在编译程序使用的表格中,最重要的是符号表,它用来登记源程序中出现的每个名字以及名字的各种属性。例如,一个名字是常量名、变量名还是函数名等,如果是变量名,它的类型是什么、占用内存空间是多少,等等。编译程序在处理到名字时,分定义性出现还是应用性出现,如果是前者,则需要把名字的各种属性填入到符号表中,如果是后者,则需要对名字的属性进行查证。由此可见,表格管理程序主要完成编译过程中的建表、查表、更新数据等有关表格的工作。

7) 错误处理程序

编译程序不仅能对书写正确的程序进行翻译,而且还能对出现在源程序中的错误进行处理。如果源程序存在错误,编译程序应设法发现错误,把有关的错误信息报告给用户。这部分工作就是由专门的出错处理程序来完成的。一个好的编译程序应能最大限度地发现源程序中的各种错误,准确地指出错误的性质和发生错误的地点,并且能将错误所造成的影响限制在尽可能小的范围内,使得源程序的其余部分能继续被编译下去,以便进一步发现其他可能的错误。

编译过程的每一阶段都可能检测出错误,其中,绝大多数错误可以在编译的前 3 个阶段检测出来。源程序中的错误通常分为语法错误和语义错误两大类。语法错误是指源程序中不符合语法(或词法)规则的错误,它们可在词法分析或语法分析时检测出来。例如,词法分析阶段能够检测出"非法字符"之类的错误。语义错误是指源程序中不符合语义规则的错误,这些错误一般在语义分析时检测出来,有的语义错误要在运行时才能检测出来。语义错误通常包括作用域错误、类型不一致等。

1.3　编译过程

编译程序的工作,从输入源程序到输出目标程序的整个过程,是非常复杂的。就其过程而言,它与人们进行自然语言之间的翻译有许多相似之处。比如,通常我们把一段英文翻译成中文时需经过以下几个步骤:

① 识别出句子中的一个个单词。

② 分析句子的语法结构。

③ 根据句子的含义进行初步翻译。

④ 对译文进行修饰。

⑤ 写出最后的译文。

与之类似,编译程序的过程一般可划分为 5 个阶段:词法分析、语法分析、语义分析及中间代码生成、代码优化、目标代码生成。

1）词法分析

词法分析的任务是输入源程序,对构成源程序的字符串进行扫描和分解,识别出一个个单词符号。完成词法分析的程序简称为词法分析器。计算机高级语言的单词通常包括保留字、标识符、运算符、常量、界符。例如,表达式 $i = 5 + 3 * j$,经词法分析结果见表 1.1。

表 1.1　表达式 $i = 5 + 3 * j$ 的单词及类别编码

符号	单词类别编码
i	1
=	15
5	2
+	17
3	2
*	19
j	1

其中,标识符的单词类别编码是 1,记号用 ID 表示;无符号整数的编码是 2,记号用 NUM 表示;"="的编码是 15,"+"的编码是 17,"*"的编码是 19。

2）语法分析

语法分析的任务是在词法分析的基础上,根据语言的语法规则,把单词符号串分解成各类语法单位,如短语、句子等。通过语法分析来确定输入串是否构成语法上正确的程序。语法规则一般是用上下文无关文法描述。例如,表达式 $i = 5 + 3 * j$,经词法分析可得出 i,j 为标识符,5,3 为无符号整数等,其语法树如图 1.4 所示。

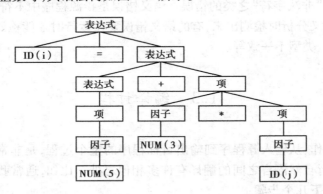

图 1.4　表达式 $i = 5 + 3 * j$ 的语法树

3）语义分析及中间代码生成

语义分析及中间代码生成的任务是对语法分析所识别出的各类语法单位,分析其含义,并产生中间代码。该阶段依循的是语言的语义规则,通常是用属性文法来描述。该阶段包括两个方面的工作,首先对每一种语法单位进行静态语义检查,如变量是否定义等。如果语义正确,再产生中间代码。

4

中间代码是一种独立于硬件的记号系统。常见的中间代码形式有逆波兰表达式、三元式、四元式等。例如,表达式$(i+j)*(x-y)$翻译成四元式如下。

①(+ ,i,j,T1)

②(- ,x,y,T2)

③(* ,T1,T2,T3)

4)代码优化

代码优化的任务是对前阶段产生的中间代码进行等价加工变换,以期最终生成的目标代码更加高效。优化应依循程序的等价变换原则。常见的优化种类有公共子表达式删除、复制传播、无用代码删除和常量合并等。

例如,有四元式代码如下:

①(* ,5.3,2,T1)

②(= ,T1, ,x)

其优化后的代码如下:

(= ,10.6,,x)

5)目标代码生成

目标代码生成的任务是把中间代码变换成特定机器上的低级语言代码。它的工作依赖于计算机硬件系统结构和机器指令含义。该阶段的工作非常复杂,涉及机器指令的选择、寄存器的调度,以及各种数据类型变量的存储空间分配等。

目标代码的形式可以是汇编指令代码、绝对机器指令代码或可重定位的机器指令代码。如果目标代码是汇编指令代码,则需要通过汇编程序汇编之后才能运行;如果目标代码是绝对机器指令代码,则可以立即执行;如果目标代码是可重定位的机器指令代码,则必须借助一个连接装配程序把各个目标模块(包括系统提供的库模块)连接在一起,装入内存中指定的起始地址,使之成为一个可以运行的绝对指令代码。就目前来讲,现代大多数实用编译程序所产生的目标代码都是可重定位的机器指令代码。

值得注意的是,上述编译过程的 5 个阶段只是按一种典型处理模式来对其进行的划分。实际上,并非所有的编译程序都分成了这 5 个阶段。如有的编译程序省去了代码优化阶段;有的编译程序为了加快编译的速度,省去了中间代码生成;甚至有些简单的编译程序在语法分析的同时就产生了目标代码。当然,多数实用编译程序的工作过程大致都如上所说的 5 个阶段。

1.4　与编译程序有关的概念和技术

1)遍

前面介绍的编译过程的五个阶段仅仅是逻辑功能上的一种划分。具体实现时,受不同源语言、设计要求、使用对象和计算机条件(如主存容量)的限制,往往将编译程序组织成若干遍。所谓"遍"就是对源程序或源程序的中间代码从头到尾扫描一次,并作相关加工处理,生成新的中间代码或目标程序。通常,每遍的工作由从外存上获得的前一遍的中间代码开始(对于第一遍而言,从外存获得的则是源程序),完成它所含的有关工作之后,再把结果记录于外存。

实现编译程序时，既可将几个不同的阶段合为一遍，也可把一个阶段的工作分为若干遍。例如，词法分析阶段可以单独作为一遍，但更多的时候是把它与语法分析合为一遍，当优化要求很高时，往往又可把优化阶段分为若干遍来完成。当一遍中包含很多阶段时，各阶段的工作是穿插进行的。例如，通常可以把词法分析、语法分析、语义分析及中间代码生成这 3 个阶段安排成一遍。此时，语法分析器则处于核心位置，当它在识别语法单位而需要下一单词符号时，它就调用词法分析器，一旦识别出一个语法单位时，它就调用语义分析及中间代码生成器，完成相应的语义分析并产生中间代码。

编译程序遍的划分与源语言、设计要求、硬件设备等诸多因素有关，因此，一个编译程序究竟应该分成几遍，如何划分还没有统一的规则。遍数多有利于编译程序的逻辑结构更清晰，但是会增加输入/输出所消耗的时间，影响编译的速度。遍数少的编译程序逻辑结构复杂，需要较大的内存，但是编译的速度快。需要说明的是，并不是每一种语言都可以用一遍来实现编译的过程。

2）编译程序的前端和后端

从概念上，常常把编译程序划分成前端和后端。编译前端主要由与源语言有关但与目标机无关的那些部分组成。通常包括词法分析、语法分析、语义分析及中间代码生成，有的代码优化工作也可以包括在前端。前端依赖于源程序，独立于目标机。编译后端包括编译程序中与目标机有关的那些部分，通常包括与目标机有关的代码优化和目标代码生成。后端不依赖于源语言而仅仅依赖于中间语言。

对于某一种高级语言，可以取其编译程序的前端，改写其后端以生成不同目标机上的编译程序。一般来讲，后端的设计是经过精心考虑的，那么对后端的改写将用不了太大的工作量，这样就可以实现编译程序的目标机的改变。为了实现编译程序可改变目标机，通常需要有一种定义良好的中间语言支持。例如，在著名的 Ada 程序设计环境 APSE 中，使用的是一种叫 Diana 的树形结构的中间语言。一个 Ada 源程序通过编译前端转换为 Diana 中间代码，然后由编译后端把 Diana 中间代码转换为目标代码，也可以在编译程序前端将几种源语言编译成相同的中间代码，然后为不同源语言的前端配上相同的后端，这样就可以为同一台机器生成不同语言的编译程序。由于不同语言存在某些微妙的区别，因此在这方面取得的成果还非常有限。

3）编译程序和程序设计环境

编译程序是实现高级语言的一个最重要的工具。但支持程序员进行程序开发通常还需要一些其他的工具，如编辑器、连接程序、调试工具等。编译程序与这些开发工具一起构成了所谓的程序设计环境。编辑器通常接受由任何生成标准文件（如 ASCII 文件）的编辑器编写的源程序。连接程序负责将分别在不同的目标文件中编译或汇编的代码集中到一个可执行文件中，并将目标和标准库函数的代码及计算机操作系统提供的资源连接在一起。调试工具是可在被编译了的程序中判定执行错误的程序。

在高级语言发展的早期，这些程序设计工作往往是独立的，缺乏整体性，而且也缺乏对软件开发全生命周期的支持。随着软件技术的不断发展，这些工具往往被集成在一起，构成了所谓的集成开发环境（IDE），集编辑、编译、连接、调试、运行等功能于一体。它为程序员提供完整的、一体化的支持，从而进一步提高程序开发效率，改善程序质量。目前，广大读者比较熟悉的集成化的程序设计环境有 Turbo C、Visual C ++ 等语言环境。

1.5　编译程序的开发

以前,人们在构造编译程序时,为了充分发挥各种不同硬件系统的效率,为了满足各种不同的具体要求,他们大多采用机器语言或汇编语言来编写。现在,虽然还有一些人采用这种工具来构造编译程序,但是越来越多的人已经使用高级语言,利用编译的各种辅助工具和构造方法来开发编译程序。从而大大节省了编译程序开发的时间,提高了编译程序的可读性、可维护性和可移植性。

要开发一个编译程序,通常需要做到以下几点。

①对源语言的语法和语义要有准确无误的理解,否则难以保证编译程序的正确性。

②对目标语言和编译技术也要有很好的了解,否则会生成质量不高的目标代码。

③确定对编译程序的要求,如搞不搞优化,如果要搞优化搞到哪一级。

④根据编译程序的规模,确定编译程序的扫描次数、每次扫描的具体任务和所要采用的技术。

⑤设计各“遍”扫描程序的算法并加以实现。

开发编译程序通常有以下几种可行的实现技术。

1) 自展技术

对于具有自编译性的高级程序设计语言,可以运用自展技术来构造编译程序。首先必须把源语言 L 分解成一个核心部分 L_0 以及扩充部分 $L_1, L_2, \cdots, L_n$,使得对核心部分进行若干次扩充之后得到源语言,如图 1.5 所示。然后用目标机的汇编语言或机器语言书写源语言的核心子集 L_0 的编译程序,再用这个核心子集 L_0 作为书写语言来实现源语言 L 的编译程序。通常这个过程会分成若干步,像滚雪球一样直到生成预计源语言的编译程序为止。通常

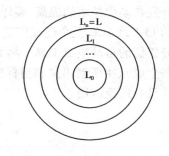

图 1.5　编译程序的自展技术示意图

把这样的实现方式称为自展技术。这种通过一系列自展途径而形成编译程序的过程称为自编译过程。

2) 移植技术

为了便于说明,引用一种 T 形图来表示源语言 S,目标语言 T 和编译程序实现语言 I 之间的关系,如图 1.6 所示。

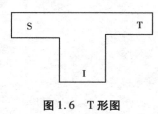

图 1.6　T 形图

采用移植技术来构造编译程序,即利用 A 机器上已有的高级语言 L 编写一个能够在 B 机器上运行的高级语言 L 的编译程序。假设 A 机器上已经有用 A 机器代码实现的高级语言 L 的编译程序,移植实现的具体做法是:

①首先用 L 语言编写出在 A 机器上运行的产生 B 机器代码的 L 语言的编译程序源程序。

②然后把该编译程序源程序经过 A 机器上的 L 编译程序编译后,得到能在 A 机器上运行产生 B 机器代码的编译程序。

③最后用这个编译程序再一次编译第①步编写的编译程序源程序,得到了能在 B 机器上运行的产生 B 机器代码的编译程序。用 T 形图表示为如图 1.7 所示。

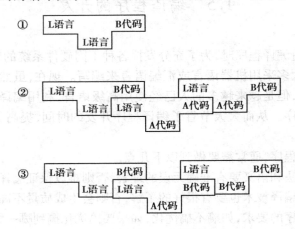

图 1.7 移植技术实现过程

3)自动生成技术

为了缩短编译程序的开发时间,保证编译程序的正确性,人们已经研究和开发了一些编译程序的自动生成器工具。20 世纪 70 年代,随着诸多种类的高级程序设计语言的出现和软件开发自动化技术的提高,编译程序的构造工具陆续诞生,如 20 世纪 70 年代 Bell 试验室推出的 LEX,YACC 至今还在广泛使用。其中 LEX 是词法分析器的自动生成工具,YACC 是语法分析器的自动生成工具。然而,针对编译程序的后端(即与目标机有关的代码优化部分和代码生成),由于对语义和目标机形式化描述方面所存在的困难,虽有不少生成工具被研制,但还没有广泛应用。

习题 1

1.1 解释下列名词术语:

　　源程序　目标程序　翻译程序　解释程序　编译程序　遍　前端　后端

1.2 编译过程可分为哪些阶段?各个阶段的主要任务是什么?

1.3 编译程序有哪些主要组成部分?其主要功能分别是什么?

第**2**章
高级程序语言及其语法描述

高级程序语言是用来描述算法和计算机实现这双重目的的。目前,世界上已有至少上千种高级语言,其中在较大范围得到使用的也有几十种甚至上百种。从应用来看,它们各有侧重面。例如,FORTRAN 适宜数值计算,Ada 适合大型嵌入式实时处理,COBOL 则适于事务处理。要构造高级语言的编译程序,就得了解高级语言的定义及其语法描述。

2.1 高级程序语言的定义

任何高级程序语言实现的基础是语言定义。用户方面把语言定义理解为用户手册,例如,语言初等成分的实际含义是什么? 如何有意义地使用它? 以怎样的方式组合它? 另一方面,编译程序的研制者则更关心语言定义的哪些构造允许出现,即使他们看不出某种构造的实际应用,但也必须严格按照该构造的语言定义去实现它。

一个高级程序语言是一个记号系统。如同自然语言一样,程序语言主要有语法和语义两个方面的定义。当然,有时语言定义也包含语用信息,如有关程序设计技术和语言成分的使用方法。本书在这里重点讨论语法和语义。

2.1.1 语法

任何高级语言程序都可以看成是一个特定字母表(即元素的非空有穷集合)上的一个字符串(有穷序列)。一个程序语言只使用一个有限字符集作为字母表。但是,什么样的字符串才算是一个合法的完整程序呢? 所谓一个语言的语法是指这样的一组规则,用它可以形成和产生一个合法的程序。这些规则一部分称为词法规则,另一部分称为语法规则。

词法规则是指单词符号的形成规则,它确定语言的单词符号,它规定了字母表中哪些元素形成的字符串是一个合法单词。单词符号是语言中具有独立意义的最基本结构。在现今多数程序语言中,单词符号一般包括标识符、常量、保留字、界符、算符等类型。例如,符号串 $0.6*X+Y$,包含的单词符号有常数 0.6、标识符 X 和 Y、算符"$*$"和"$+$"。由于单词符号比较简单,因此构词规则也不复杂。后面章节将介绍用来描述构词规则和词法分析的有效工具:有限自动机和正则表达式。

语法规则规定了如何从单词符号形成更大的结构(即语法单位),它是语法单位的形成规则。一般高级语言程序的语法单位有:表达式、语句、函数、程序等。如何描述一个程序语言的语法规则呢? 目前,对多数程序设计语言来讲,上下文无关文法仍是一种有效的描述工具。语法单位比单词符号具有更丰富的意义。例如,符号串 0.6 * X + Y 代表了一个算术表达式,它具有通常的算术意义。

语言的词法规则和语法规则定义了程序的形式结构,是判断输入字符串是否构成一个形式上合法程序的依据。一般来讲,程序语言的词法规则和语法规则并不限定程序的书写格式。目前,多数程序语言倾向于使用自由格式书写程序,允许程序员随意编排程序格式。这样,既便于阅读,又避免了因书写格式导致的错误。

2.1.2　语义

对于一个高级语言来说,不仅要给出它的词法规则和语法规则,而且要定义它的单词符号和语法单位的意义。这就是语义问题,离开语义,语言只不过是一堆符号的集合。在许多语言中存在着形式上完全相同的语法单位,而其含义却存在不同。因此,对于编译来讲,只有了解程序的语义,才能准确的翻译成目标代码。

所谓一个语言的语义,是指这样的一组规则,使用它可以定义一个程序的意义。这些规则称为语义规则。阐明语义比语法更加困难,现在还没有一种公认的形式系统,借助它可以自动地构造实用出的编译程序。目前,大多数编译程序采用基于属性文法的语法制导方法,虽然还不是一种形式系统,但它还是比较接近形式化。

2.2　文法和语言

对于高级程序设计语言及其编译系统而言,语言的语法定义是非常重要的。如果不考虑语义和语用,只从语法来看语言,这种意义下的语言称为形式语言。阐明语法的一个工具是文法,它是形式语言理论的基本概念之一。

在引入文法定义之前,首先来了解一些基本概念。

2.2.1　基本概念

1)字母表

字母表是元素的非空有穷集合,习惯上用 Σ 或大写字母表示。字母表中的元素是称为符号或字符。

例如,字母表 Σ = {a,b,c,d},其中包含 a,b,c,d 四个符号;

字母表 S = {0,1,2},其中包含 0,1,2 三个符号。

2)符号串

①符号串也称为字符串,即由字母表中的符号组成的任意有穷序列。值得注意的是,在符号串中,符号的顺序是很重要的。如 ab 和 ba 是两个不同的符号串。

例如,字母表 Σ = {a,b,c,d} 上的符号串有 a,b,c,d, aa,bb,cc,dd,…,abcd,等等;

②符号串中所包含的符号个数称为符号串的长度。设符号串为 x,则其长度应记为 |x|。

例如,$|ab| = 2$,$|123\ ab| = 5$;

③当符号串中不包含任何符号时,该符号串被称为空符号串或空串,用 ε 表示,其长度为 0,即 $|\varepsilon| = 0$。ε 是一个特殊的字符串,对于任一字母表,ε 均是其上的符号串。值得注意的是,集合 $\{\varepsilon\}$ 并不等于空集 Φ,前者是包含一个元素 ε 的非空集合,而后者则是不包含任何元素的空集。

3) 符号串的运算

①符号串的连接。设在字母表 $\sum$ 上有符号串 x 和 y,则 x 和 y 的连接就是把 y 的所有符号顺序地接在 x 的符号之后所得到的新符号串,记为 xy。

例如,$x = abc$,$y = 12$,则 $xy = abc12$,而 $yx = 12abc$。

ε 不包含任何符号,显然 $\varepsilon x = x\varepsilon = x$。

②符号串的方幂。设在字母表 $\sum$ 上有符号串 x,符号串 x 的方幂就是把 x 自身进行 n 次连接,即 $xx\cdots xx$(n 个 x)记为 x^n。根据定义有

$x^0 = \varepsilon$

$x^1 = x$

$x^2 = xx$

$\vdots$

$x^n = xx\cdots x$(n 个 x)

例如,$x = 01$,则 $x^0 = \varepsilon$,$x^2 = 0101$;

③符号串的前缀、后缀和子串。

设 x、y、z 是字母表 $\sum$ 上的符号串,$x = yz$,则 y 是 x 的前缀,z 是 x 的后缀,特别是当 $z \neq \varepsilon$ 时,y 是 x 的真前缀,同理,当 $y \neq \varepsilon$ 时,z 是 x 的真后缀。

例如,设符号串 $x = 12$,则 ε,1,12 都是 x 的前缀;ε,1 是 x 的真前缀。而 12,2,ε 都是 x 的后缀;2,ε 都是 x 的真后缀。

一个非空字符串 x,删去它的一个前缀和一个后缀后所得到的符号串称为 x 的子符号串,简称子串。如果删去的前缀和后缀不同时为 ε,则称该子串为真子串。

例如,设符号串 $x = 12$,则 12、1、2、ε 都是 x 的子串,1、2、ε 是 x 的真子串。

值得注意的是,符号串 x 的所有前缀和后缀都是 x 的子串,但 x 的子串不一定是其前缀或后缀。特别是 ε 和 x 既是 x 的前缀和后缀,也是 x 的子串。

4) 符号串集合的运算

①字母表 $\sum$ 上的符号串组成的集合称为符号串集合。

例如,字母表 $\sum = \{a,b,c,d\}$,则 $A = \{a,\ b,\ cd\}$ 为该字母表上的符号串集合。

②设有 A、B 两个符号串集合,则 AB 表示 A 与 B 的乘积,就是将集合 A 中的任意符号串与集合 B 中的任意符号串进行连接运算构成的新符号串的集合。具体定义如下:

$$AB = \{xy \mid x \in A\ 且\ y \in B\}$$

例如,若 $A = \{a,b\}$,$B = \{1,2\}$,则 $AB = A = \{a1,a2,b1,b2\}$。

因为有 $x\varepsilon = \varepsilon x = x$,所以有 $\{\varepsilon\}A = \{\varepsilon\}A = A$。

注意:$\varnothing A = A\varnothing = \varnothing$,其中 $\varnothing$ 为空集。

③符号串集合的方幂:设 A 是符号串集合,则 A^i 是符号串集合 A 的幂。其中,i 是非负整

数。具体定义如下:

$A^0 = \{\varepsilon\}$

$A^1 = A$

$A^2 = AA$

$\vdots$

$A^n = AA\cdots A(n \text{个} A)$

例如,若 $A = \{a\}$,则

$A^0 = \{\varepsilon\}$

$A^1 = \{a\}$

$A^2 = AA = \{a\}\{a\} = \{aa\}$

$\vdots$

④符号串集合的星闭包:设 A 为符号串集合,则 A^* 为符号串集合 A 的星闭包。具体定义如下:

$$A^* = A^0 \cup A^1 \cup A^2 \cup A^3 \cup \cdots$$

⑤符号串集合的正闭包:设 A 为符号串集合,则 A^+ 为符号串集合 A 的正闭包。具体定义如下:

$$A^+ = A^1 \cup A^2 \cup A^3 \cup \cdots$$

由上述两个定义,显然有 $A^+ = AA^*$。

例如,若 $A = \{a\}$,$B = \{b,c\}$,则

$A^* = \{\varepsilon, a, aa, aaa, aaaa, \cdots\}$

$A^+ = \{a, aa, aaa, aaaa, \cdots\}$

$B^* = \{\varepsilon, b, c, bb, bc, cb, cc, \cdots\}$

$B^+ = \{b, c, bb, bc, cb, cc, \cdots\}$

事实上,A^* 是符号串集合 A 上的所有可能的符号串(含)的集合,而 A^+ 是符号串集合 A 上的除 ε 以外的所有可能的符号串的集合。

2.2.2 文法

语言是特定字母表上具有一定的语法结构的符号串序列的集合。任意给定一个字母表 $\sum$,则 $\sum$ 上任一符号串集合,都是 $\sum$ 上的一个语言。通常记为 L。由有限个符号串组成的集合为有穷语言,反之则为无穷语言。显然,如果语言是有穷的,可以将符号串(句子)逐一列出来表示;但是如果语言是无穷的,就不可能再将语言的句子逐一列举出来,而是寻求语言的有穷表示。

语言的有穷表示通常是利用文法的规则和推导手段,可以将语言中的每个句子用严格定义的规则来构造。实际上,文法就是描述语言的语法结构的一组形式规则。

一个文法 G 是一个四元组:$G = (V_N, V_T, S, P)$,其中:

V_T:一个非空有限的终结符号集合,它的每个元素称为终结符号,通常是小写字母、数字、界符、运算符等。从语法的角度看,终结符号是一个语言不可再分的基本符号。

V_N:一个非空有限的非终结符号集合,它的每个元素称为非终结符号,通常用大写字母或

用"〈""〉"括起符号串来的表示;非终结符号是一个语法范畴(语法单位),如"算术表达式""布尔表达式"等,它表示一类具有某种性质的符号。

S:文法的开始符号,它是一个特殊的非终结符号($S \in V_N$),它代表所描述的语言中最让人感兴趣的语法单位,通常称为"句子"。开始符号 S 必须至少在某个产生式的左部出现一次。

P:产生式的有限集合。

所谓产生式,也称为规则,是定义语法单位的一种书写规则,通常记为

$$\alpha \to \beta \quad 或 \quad \alpha :: = \beta$$

设 V 是文法 G 的符号集,也称为字汇表,即有 $V = V_N \cup V_T$,$V_N \cap V_T = \varnothing$。

其中,α 为规则的左部,$\alpha \in V^+$,并且至少含有一个非终结符号;β 为规则的右部,$\beta \in V^*$。"→"或"::="读作"定义为"或"由…组成"。

例如,文法 $G = (V_N, V_T, S, P)$,其中

$V_N = \{$〈标识符〉,〈字母〉,〈数字〉$\}$

$V_T = \{a, b, \cdots, z, 0, 1, \cdots, 9\}$

  $S = $〈标识符〉

  $P = \{$〈标识符〉→〈字母〉

   〈标识符〉→〈标识符〉〈字母〉

   〈标识符〉→〈标识符〉〈数字〉

   〈字母〉→a

   〈字母〉→b

    ⋮

   〈字母〉→z

   〈数字〉→0

   〈数字〉→1

    ⋮

   〈数字〉→9

   $\}$

为了方便起见,很多时候可以不用将文法 G 的四元组显示的表示出来,而只是将产生式写出来。并且约定,第一条产生式的左部是文法的开始符号;另外,还有一种习惯写法,将 G 写成 G[S],其中 S 是文法的开始符号。

为了书写简洁,常常把左部相同的规则缩写在一起,使其结构更加紧凑,在规则中引入符号"|",以表示"或者"。形如 $S \to \alpha_1, S \to \alpha_2, \cdots, S \to \alpha_n$,缩写为 $S \to \alpha_1 | \alpha_2 | \cdots | \alpha_n$,每个 α_i 被称为 S 的一个候选式。

因此,上述例子的文法还可以写成:

G[〈标识符〉]:〈标识符〉→〈字母〉|〈标识符〉〈字母〉|〈标识符〉〈数字〉

    〈字母〉→a|b|…|z

    〈数字〉→0|1|…|9

注意:文法中使用的元语言符号"→"和"|"不能出现在文法的字汇表中。

2.2.3 递归规则和递归文法

给定了文法,就确定了描述的语言。有的文法只能产生几个句子,而有的文法却能够产生无数的句子。句子的个数是有穷还是无穷取决于文法是否是递归的。

1)递归规则

递归规则是指那些在规则的右部含有与规则左部相同符号的规则。例如,U→xUy,右部含有与规则左部相同符号 U,那么就是递归规则。

如果这个相同的符号出现在右部的最左端,则为左递归规则,例如 U→Uy。

如果这个相同的符号出现在右部的最右端,则为右递归规则,例如 U→xU。

2)递归文法

若文法中至少包含一条递归规则,则称文法是直接递归的。

例如,算术表达式文法 G[E]:

$$E \rightarrow E + T | T$$
$$T \rightarrow T * F | F$$
$$F \rightarrow (E) | i$$

显然,该文法就是一个直接递归文法。

有些文法,表面上看没有递归规则,但经过几步推导,也能造成文法的递归性,则称为间接递归。

例如,文法 G[S]:

$$S \rightarrow Ux$$
$$U \rightarrow Sy | z$$

由于有推导过程 S⇒Ux⇒Syx,所以该文法为间接递归文法。

对于文法中任意非终结符号,若能建立一个推导过程,推导所得的符号串中又出现了该非终结符号,则称文法是递归的,否则就是无递归的。递归文法使人们能够用有穷的文法来描述无穷的语言。

2.2.4 文法的分类

乔姆斯基(Chomsky)对文法中的规则施加不同的限制,将文法和语言分为 4 个大类:0 型、1 型、2 型、3 型。

1)0 型文法

文法 $G = (V_N, V_T, S, P)$,如果它的产生式都形如:

$$\alpha \rightarrow \beta$$

其中,$\alpha \in (V_N \cup V_T)^+$ 且至少含有一个非终结符号,$\beta \in (V_N \cup V_T)^*$,则该文法为 0 型文法。0 型文法也称为短语文法。0 型文法描述的语言称为 0 型语言。

由定义可知,0 型文法的产生式左部是由终结符号和非终结符号组成的符号串,且至少含有一个非终结符号;产生式右部是由终结符号和非终结符号组成的任意符号串。

例如,文法 G[S]:

$$S \rightarrow ACaB$$

$$Ca \rightarrow aaC$$

$$CB \rightarrow DB \mid E$$

$$aD \rightarrow Da$$

$$AD \rightarrow AC$$

$$aE \rightarrow Ea$$

$$AE \rightarrow \varepsilon$$

该文法就是一个 0 型文法,它描述的语言 L = {a^i | i 是 2 的正整次方} = {aa,aaaa,aaaaaaaa,…}。

2)1 型文法

对于程序设计语言来讲,0 型文法有很大的随意性,需要对其规则加以限制。对 0 型文法加以限制,可以得到 1 型文法。

文法 G = (V_N,V_T,S,P),如果它的产生式都形如:

$$\alpha A \beta \rightarrow \alpha \gamma \beta$$

除了 S→ε 且 S 不出现在任何产生式的右部,其中,A ∈ V_N,α、β ∈ ($V_N \cup V_T$)*,γ ∈ ($V_N \cup V_T$)$^+$,则该文法为 1 型文法。1 型文法也称为上下文有关文法。1 型文法描述的语言称为 1 型语言或上下文有关语言。

这种文法意味着,对非终结符号进行替换时务必考虑上下文,并且,一般不允许替换成空串 ε。对于 $\alpha A \beta \rightarrow \alpha \gamma \beta$ 这样的 1 型文法产生式,α、β 都不能为空,则非终结符号 A 只有在 α、β 这样的一个上下文环境中才可以把它替换成 γ。

例如,文法 G[S]:

$$S \rightarrow A \mid \varepsilon$$

$$A \rightarrow aABC \mid abC$$

$$CB \rightarrow BC$$

$$bB \rightarrow bb$$

$$bC \rightarrow bc$$

$$cC \rightarrow cc$$

该文法就是一个 1 型文法,它描述的语言 L = {$a^i b^i c^i$ | i≥0} = {ε,abc,aabbcc,…}。

3)2 型文法

文法 G = (V_N,V_T,S,P),如果它的产生式都形如:

$$A \rightarrow \gamma$$

其中,A ∈ V_N,γ ∈ ($V_N \cup V_T$)*,则该文法为 2 型文法。

2 型文法是在 1 型文法的基础上,进一步对其规则加以限制所得的。这种文法意味着,对非终结符号进行替换时不必考虑上下文,所以 2 型文法也称为上下文无关文法。2 型文法描述的语言称为上下文无关语言。在编译技术中,通常用 2 型文法来描述高级程序设计语言的语法结构,比如算术表达式等。

例如,文法 G[S]:

$$S \rightarrow aSb \mid ab$$

该文法就是一个 2 型文法,它描述的语言 L = {$a^i b^i$ | i≥1}。

上下文无关文法拥有足够强的表达力来表示大多数程序设计语言的语法。另外,它足够简单,可以构造有效的分析算法来检验一个给定符号串是否是某个上下文无关文法产生的。

4)3 型文法

文法 $G = (V_N, V_T, S, P)$,如果它的产生式都形如:

$$A \rightarrow B\alpha \text{ 或 } A \rightarrow \alpha$$

其中,A、$B \in V_N$,$\alpha \in V_T^*$,则称文法 G 为左线性文法。

文法 $G = (V_N, V_T, S, P)$,如果它的产生式都形如:

$$A \rightarrow \alpha B \text{ 或 } A \rightarrow \alpha$$

其中,A、$B \in V_N$,$\alpha \in V_T^*$,则称文法 G 为右线性文法。

左线性文法和右线性文法都统称为 3 型文法。3 型文法也称为正规文法或正则文法。3 型文法描述的语言称为 3 型语言,也称为正规语言,它可由有限自动机识别。在编译技术中,通常用 3 型文法来描述高级程序设计语言的词法部分。

例如,文法 $G[S]$:

$$S \rightarrow aS \mid a$$

该文法是一个 3 型文法,而且是右线性文法。它描述的语言 $L = \{a^i \mid i \geqslant 1\}$。

上述 4 类文法,从 0 型文法到 3 型文法,对产生式的限制条件逐步增加,而其描述语言的能力却是逐步减弱的。4 种类型文法对应所描述的语言之间的关系可以表示为:

$$0 \text{ 型语言} \supseteq 1 \text{ 型语言} \supseteq 2 \text{ 型语言} \supseteq 3 \text{ 型语言}$$

在后续章节对文法一词如果没有特殊说明情况,则均指上下文无关文法。

2.3 推导和归约

为定义文法所产生的语言,还需要引入推导的概念。包括直接推导、长度为 n 的推导等。

1)直接推导

设 $\alpha \rightarrow \beta$ 是文法 $G = (V_N, V_T, S, P)$ 的产生式,γ 和 $\delta \in (V_N \cup V_T)^*$,若有符号串 v、w 满足:

$$v = \gamma\alpha\delta, w = \gamma\beta\delta$$

则称 v(利用规则 $\alpha \rightarrow \beta$)直接推导出 w,或者说 w 是 v 的直接推导,记作:$v \Rightarrow w$。

归约是推导的逆过程,若 $v \Rightarrow w$,也可以说 w 直接归约到 v。

例如,文法 $G[S]$:

$$S \rightarrow aS \mid b$$

则有以下直接推导例子:

若 $v = S, w = aS$,利用规则 $S \rightarrow aS$ 进行的直接推导:$S \Rightarrow aS$,此时 $\gamma = \varepsilon, \delta = \varepsilon$;

若 $v = S, w = b$,利用规则 $S \rightarrow b$ 进行的直接推导:$S \Rightarrow b$,此时 $\gamma = \varepsilon, \delta = \varepsilon$;

若 $v = aS, w = ab$,利用规则 $S \rightarrow b$ 进行的直接推导:$aS \Rightarrow ab$,此时 $\gamma = a, \delta = \varepsilon$。

2)长度为 n 的推导

如果存在直接推导的序列:$v = w_0 \Rightarrow w_1 \Rightarrow \cdots \Rightarrow w_n = w(n \geqslant 1)$,则说 v 经过 n 步$(n > 0)$推导

出 w,记作:$v \overset{+}{\Rightarrow} w$。"$\overset{+}{\Rightarrow}$"表示多步直接推导。

若有 $v \overset{+}{\Rightarrow} w$,或 $v = w(n = 0)$,则说 v 经过 $n(n \geq 0)$ 步推导出 w,记作:$v \overset{*}{\Rightarrow} w$。"$\overset{*}{\Rightarrow}$"表示 0 步或多步直接推导。

例如,已知文法 G[S]:

$$S \to aSb \mid ab$$

因为 $S \Rightarrow aSb \Rightarrow aabb$,所以 S 与以上符号串的推导关系可记为:

$S = S$	或	$S \overset{*}{\Rightarrow} S$	$(n = 0)$
$S \overset{+}{\Rightarrow} aSb$	或	$S \overset{*}{\Rightarrow} aSb$	$(n = 1)$
$S \overset{+}{\Rightarrow} aabb$	或	$S \overset{*}{\Rightarrow} aabb$	$(n = 2)$

3) 最左推导和最右推导

若在推导过程中,每一步总是对当前符号串中最左(右)边的非终结符号进行替换,称为最左(右)推导。如果文法 G 是无二义的,那么最右推导的逆过程为最左归约,最右推导为规范推导,最左规约为归范归约。

例如,已知文法 G[E]:

$$E \to E + T \mid T$$
$$T \to T * F \mid F$$
$$F \to (E) \mid i$$

则有从文法开始符号 E 到符号串 $i + i * i$ 的最左推导、最右推导如下:

最左推导:$E \Rightarrow E + T \Rightarrow T + T \Rightarrow F + T \Rightarrow i + T \Rightarrow i + T * F \Rightarrow i + F * F \Rightarrow i + i * F \Rightarrow i + i * i$

最右推导:$E \Rightarrow E + T \Rightarrow E + T * F \Rightarrow E + T * i \Rightarrow E + F * i \Rightarrow E + i * i \Rightarrow T + i * i \Rightarrow F + i * i \Rightarrow i + i * i$

4) 句型、句子和语言

设有文法 G[S],如果从文法开始符号 S 出发能够推导出 α,即 $S \overset{*}{\Rightarrow} \alpha$,其中 $\alpha \in (V_N \cup V_T^*)$,则称 α 是文法的一个句型。如果 α 仅由终结符号组成,即 $S \overset{*}{\Rightarrow} \alpha$,其中 $\alpha \in V_T^*$,则称 α 是文法的一个句子。

显然,句子是句型的特例,只含有终结符号的句型就是句子。

文法 G 的句子的全体称为文法所产生的语言,记作 L(G)。

例如,已知有文法 G[S]:

$$S \to aSb \mid ab$$

因为 $S \Rightarrow aSb \Rightarrow aaSbb \Rightarrow aaabbb$,S、aSb、aaSbb、aaabbb 均是该文法的句型,aaabbb 是该文法的一个句子。该文法产生的语言是 $L(G) = \{a^i b^i \mid i \geq 1\}$。

5) 短语、简单短语和句柄

设 G 是一个文法,S 是文法 G 的开始符号,αβδ 是该文法的一个句型,如果有:

$$S \overset{*}{\Rightarrow} \alpha A \delta \text{ 并且 } A \overset{+}{\Rightarrow} \beta$$

则称 β 是句型 αβδ 相对于非终结符号 A 的短语。特别的,如果 $A \overset{+}{\Rightarrow} \beta$ 是通过 1 步推导来完成的,则称 β 是句型 αβδ 相对于非终结符号 A 的简单短语,也称为直接短语。一个句型的最左边的简单短语称为句柄。

17

显然,短语、简单短语和句柄都是针对一个具体文法的某个句型来进行讨论的。

例如,设有文法 G[S]:

$$S \to cAd$$
$$A \to ab$$

对于符号串 cabd,显然存在推导 $S \overset{*}{\Rightarrow} S \overset{+}{\Rightarrow} cabd$,则 cabd 是句型 cabd 相对于 S 的短语。显然还存在推导 $S \Rightarrow cAd \Rightarrow cabd$,则 ab 是句型 cabd 相对于 A 的短语,而且是相对于 A 的直接短语,同时也是句柄。

2.4　语法树与文法的二义性

语法树是句型推导过程的图形表示,它有助于理解一个句子语法结构的层次。语法树通常表示成一棵倒立的树,根在上,树叶在下。

1)语法树的定义

设有文法 G[S] = (V_N, V_T, S, P),称满足下列条件的树为文法 G 的一棵语法树。

①每个节点均有一个标记,该标记是字汇表 V = $(V_N \cup V_T)$ 中的一个符号。

②树的根节点的标记是文法的开始符号 S。

③树的非叶节点(至少有一个后继节点)上的标记均为 V_N 中的某个非终结符号。

④如果一个非叶节点 U,其直接后继节点(即儿子节点)从左到右依次标记为 $x_1, x_2, \cdots, x_n$,则 $U \to x_1 x_2 \cdots x_n$ 一定是文法 G 的一个产生式。

显然,语法树的根节点表示文法的开始符号,非叶节点是文法的非终结符号,叶节点是文法的终结符号或非终结符号,非叶节点与其儿子节点的层次关系描述了文法的产生式。

实际上,语法树的生长过程就是句型的推导过程,从树根(即文法开始符号 S)开始生长。随着推导的展开,当某个非终结符号被它的某个候选式所替代时,这个非终结符号所对应的非叶节点就产生出下一代的节点,候选式中从左到右的每个符号都对应一个新节点,每个新节点就用对应符号来标记。每个新节点与其父节点都有一条连线。在一棵语法树生长过程中的任何时刻,所有叶节点上所标记的符号按照从左到右的次序排列起来就是这个文法的一个句型。

例如,对于算术表达式文法 G[E]:

$$E \to E + T | T$$
$$T \to T * F | F$$
$$F \to (E) | i$$

则有文法开始符号 E 到符号串 $T + i * i$ 的最左推导、最右推导如下:

最左推导:$E \Rightarrow E + T \Rightarrow T + T \Rightarrow T + T * F \Rightarrow T + F * F \Rightarrow T + i * F \Rightarrow T + i * i$

最右推导:$E \Rightarrow E + T \Rightarrow E + T * F \Rightarrow E + T * i \Rightarrow E + F * i \Rightarrow E + i * i \Rightarrow T + i * i$

在此,不论是最左推导还是最右推导,其推导过程最终所对应的语法树如图 2.1 所示。(为了便于区分,对相同的符号加了下标)

对于一个句型,如果推导方式不同,得到的推导序列就不同,语法树的生长过程也不同,但最终得到的语法树可能相同。即一棵语法树包含了一个句型的多种可能的推导过程,从语法树本身看不出推导的次序,一棵语法树是这些不同推导过程的共性抽象。

2）语法树与短语、简单短语和句柄的关系

前面已经介绍了短语、简单短语和句柄的概念,下面通过语法树来理解这些概念。

语法树的任一非叶节点连同它所射出的部分称为语法树的子树,仅有父子两代的子树称为简单子树。

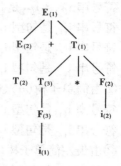

图 2.1　句型 T + i * i 的语法树

对于一个文法的句型,借助语法树来识别其短语、简单短语和句柄,必须先构造该句型的语法树,然后再根据该语法树找出其所有的子树、简单子树以及最左简单子树,最后再根据各类子树求出短语、简单短语和句柄。各类子树与短语、简单短语和句柄之间的对应关系如下:

①语法树的每一棵子树的叶子节点从左到右排列起来所组成的符号串,就是该句型相对于子树根的短语。

②语法树的每一棵简单子树的叶子节点从左到右排列起来所组成的符号串,就是该句型相对于简单子树根的简单短语。

③语法树的最左简单子树的叶子节点从左到右排列起来所组成的符号串,就是该句型的句柄。

例如,已知算术表达式文法 G[E]:

$$E \rightarrow E + T \mid T$$
$$T \rightarrow T * F \mid F$$
$$F \rightarrow (E) \mid i$$

通过语法树求句型 i * i 的短语、简单短语和句柄:

首先,构造句型 $i_{(1)} * i_{(2)}$ 的语法树如图 2.2 所示(为了便于区分,对相同的符号加了下标)。其次,画出所有的子树,如图 2.3(a)、(b)、(c)、(d)、(e)所示,其中,(d)、(e)是简单子树,(d)还是最左简单子树。

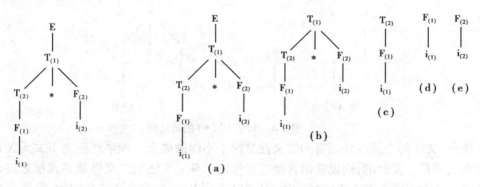

图 2.2　句型 i * i 的语法树　　　　**图 2.3　句型 i * i 的子树**

①由子树(a)、(b)、(c)、(d)、(e)可得:

符号串 $i_{(1)} * i_{(2)}$ 是句型 $i_{(1)} * i_{(2)}$ 相对于子树根 E 的短语。

符号串 $i_{(1)} * i_{(2)}$ 是句型 $i_{(1)} * i_{(2)}$ 相对于子树根 $T_{(1)}$ 的短语。

符号串 $i_{(1)}$ 是句型 $i_{(1)} * i_{(2)}$ 相对于子树根 $T_{(2)}$ 的短语。

符号串 $i_{(1)}$ 是句型 $i_{(1)} * i_{(2)}$ 相对于子树根 $F_{(1)}$ 的短语。

符号串 $i_{(2)}$ 是句型 $i_{(1)} * i_{(2)}$ 相对于子树根 $F_{(2)}$ 的短语。

②由简单子树(d)、(e)可得：

符号串 $i_{(1)}$ 是句型 $i_{(1)} * i_{(2)}$ 相对于子树根 $F_{(1)}$ 的简单短语。

符号串 $i_{(2)}$ 是句型 $i_{(1)} * i_{(2)}$ 相对于子树根 $F_{(2)}$ 的简单短语。

③由最左简单子树(d)可得：

符号串 $i_{(1)}$ 是句型 $i_{(1)} * i_{(2)}$ 的句柄。

综上所述，句型 $i_{(1)} * i_{(2)}$ 的短语有 $i_{(1)} * i_{(2)}$、$i_{(1)}$、$i_{(2)}$，其中，$i_{(1)}$、$i_{(2)}$ 是简单短语，$i_{(1)}$ 是句柄。

3) 文法的二义性

对于一个文法 G，如果至少存在一个句子，有两棵(或两棵以上)不同的语法树，则称该句子是二义性的。包含有二义性句子的文法称为二义性文法。

也就是说，如果一个文法存在某个句子对应两棵不同的语法树，则称这个文法是二义性的。同样，如果一个文法中存在某个句子，它有两个不同的最左推导或最右推导，则这个文法是二义性的。

例如，已知表达式文法 G[E]：

$$E \to E + E | E * E | (E) | i$$

求出句子 $i + i * i$ 的最左推导和语法树。

采用最左推导，句子 $i + i * i$ 可以有以下两种过程：

第一种最左推导：$E \Rightarrow E + E \Rightarrow i + E \Rightarrow i + E * E \Rightarrow i + i * E \Rightarrow i + i * i$

第一种最左推导：$E \Rightarrow E * E \Rightarrow E + E * E \Rightarrow i + E * E \Rightarrow i + i * E \Rightarrow i + i * i$

两种不同的最左推导对应的语法树如图 2.4(a)、(b)所示。

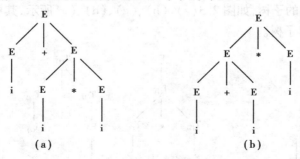

图 2.4 句子 $i + i * i$ 的语法树

注意：文法的二义性和语言的二义性是两个不同的概念。如果产生上下文无关语言的每一个文法都是二义性的，则说该语言是二义性的。并非文法的二义性就说其描述的语言是二义性的。通常可能有两个不同的文法 G1 和 G2，其中一个文法是二义性的，另外一个是没有二义性的，但是却有 L(G1) = L(G2)，即两个文法产生的语言是等价的。

2.5　文法的实用限制

实用限制就是从实用的观点出发,对文法作一些必要的限制。首先,文法不能是二义性的。其次,文法不能包含有害规则和多余规则。

1)有害规则

形如 U→U 的产生式,它除了引起文法的二义性以外没有任何其他用处。

例如,文法 G[S]:

$$S→S|D|SD$$
$$D→0|1|2|3|4|5|6|7|8|9$$

的句子 58 对应无穷多棵不同的语法树,图 2.5 给出了 3 棵不同的语法树。

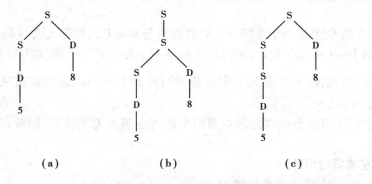

图 2.5　句子 58 对应的 3 棵不同的语法树

显然,有害规则 S→S 造成了文法 G[S]的二义性,并且在文法中没有任何意义。

2)多余规则

多余规则指文法中任何句子的推导都不会用到的规则。多余规则在文法中以两种形式出现,即不可到达的非终结符和不可终止的非终结符。

①文法中某些非终结符(除去文法开始符号)不出现在任何其他规则的右部,该非终结符称为不可到达。

②文法中某些非终结符,由它不能推出终结符号串,该非终结符称为不可终止。

实际上,对于文法 G[S],为了保证任一非终结符 A 在句子推导过程中出现,这一方面意味着必须存在含有 A 的句型,也就是从文法开始符号 S 出发,存在推导 $S \overset{*}{\Rightarrow} \alpha A\beta$,其中,$\alpha$、$\beta$ 属于 V^*。另一方面意味着,必须能够从 A 推导出终结符号串 t,即 $A \overset{+}{\Rightarrow} t, t \in V_T^*$。

例如,G[S]:(1)S→Be

　　　　　(2)B→Ce

　　　　　(3)B→Af

　　　　　(4)A→Ae

　　　　　(5)A→e

　　　　　(6)C→Cf

（7）D→f

根据有害规则和多余规则的定义,显然文法中不包含有害规则,而由于非终结符号 C 为不可终止,非终结符号 D 为不可到达,因此,产生式2)、6)、7)为多余规则应去掉。

一般所讨论的文法均假定不包含有害规则和多余规则。

2.6　文法的等价变换

后续将介绍的自上而下分析方法对文法有特别的要求,不允许含有任何左递归。同时,为了构造确定的自上而下的分析算法,还需要克服分析过程中出现的回溯。因此,需要通过文法的等价变换来达到要求。

2.6.1　消除左递归

定义:若文法 G 中某个非终结符号 U 存在推导 $U \overset{+}{\Rightarrow} U\alpha$,则称文法 G 是左递归的。若文法 G 中存在形如 U→Uα 的产生式,则称该文法含有直接左递归。若文法 G 的产生式中没有形如 U→Uα 的产生式,但是 U 经过有限步推导可得到 $U \overset{+}{\Rightarrow} U\alpha$,则称该文法含有间接左递归。其中,$U \in V_N$,$\alpha \in (V_N \cup V_T)^*$。

由于自上而下语法分析在处理左递归文法时会陷入无限循环,因此,需要消除文法中出现的左递归。

1) 直接左递归的消除

假定关于非终结符 U 的产生式为

　　　　U→Uα | β

其中,α、$\beta \in (V_N \cup V_T)^*$,β 不以 U 开头,那么,可以把 U 的产生式改写为如下的非直接左递归形式:

　　　　U→βU′

　　　　U′→αU′ | ε

消除直接左递归的方法,实际上就是通过引入一个新的非终结符 U′,把原来的直接左递归改成直接右递归,用在最左推导中就不会陷入死循环。

对于直接左递归的更一般的形式,假定文法中关于非终结符 U 的产生式如下:

　　　　U→Uα₁ | Uα₂ | … | Uα_m | β₁ | β₂ | … | βn

其中,α_i 都不是 ε(i=1,2,…,m),β_j(j=1,2,…,n)均不以 U 开头,则可将 U 的产生式改写为如下的等价规则:

　　　　U→β₁ U′ | β₂ U′ | … | βnU′

　　　　U→α₁ U′ | α₂ U′ | … | α_mU′ | ε

例如,文法 G[E]:

　　　　E→E + T | T

　　　　T→T * F | F

　　　　F→(E) | i

对于文法 G[E]来说,只要消除前两个产生式的直接左递归,文法的左递归便可消除。则根据上述方法,产生式 E→E + T|T 可改写为:

$$E \to TE'$$
$$E' \to + TE' | \varepsilon$$

同理可消除产生式 T→T * F|F 的直接左递归。最终消除该文法的所有直接左递归后,可得到等价文法 G'[E]:

$$E \to TE'$$
$$E' \to + TE' | \varepsilon$$
$$T \to FT'$$
$$T' \to * FT' | \varepsilon$$
$$F \to (E) | i$$

2)间接左递归的消除

利用上述方法,可以很容易就把见诸于表面上的所有直接左递归都消除掉。但这并不意味着已经消除整个文法的左递归性。

例如,文法 G[S]:

$$S \to Aa | a$$
$$A \to Bb | b$$
$$B \to Sc | c$$

虽然该文法不具有直接左递归,但 S 也是左递归的,因为它存在以下推导:

$$S \Rightarrow Aa \Rightarrow Bba \Rightarrow Scba$$

如何消除一个文法的所有左递归呢? 虽有一定的困难,但仍是有可能的。如果一个文法不含有形如 $U \overset{+}{\Rightarrow} U$ 的推导,也不含有以 ε 为右部的产生式,那执行下面的算法将保证消除文法中的所有左递归。

消除间接左递归的算法如下:

①将文法 G[S]的所有非终结符号按任一种顺序排列为 $U_1, U_2, \cdots, U_n$。

②for i: =1 to n do

  begin

      for j: =1 to i - 1 do

      begin

          把产生式 $U_i \to U_j \alpha$ 替换成 $U_i \to \beta_1 \alpha | \beta_2 \alpha | \cdots | \beta_m \alpha$

          (其中,$U_j \to \beta_1 | \beta_2 | \cdots | \beta_m$,是该文法中关于 U_j 的所有产生式)

      end

     消除 U_i 产生式的直接左递归

  end

③化简改写后的文法,删除有害规则和多余规则。

该算法实际上是通过迭代,按排列顺序依次改变各非终极符的产生式,使每个非终结符的所有规则的右部只可能用其本身或排在其后的非终结符开头,从而使间接左递归直接化,然后消除直接左递归,直至所有非终结符的规则改造完毕为止。

例如,消除文法 G[A]:

A→Bcd|dD

B→AB|b

C→c

D→AD|DB|Ca

的左递归。

解 (1)令 G[A]的非终结符按 A,B,C,D 的顺序排列。

(2)按算法,n=4,跟踪运行如下:

当 i=1 时,不能进入 j 循环,且 A→Bcd|dD 不存在直接左递归,故不改变非终结符 A 的产生式:A→Bcd|dD。

当 i=2,j=1 时,需改写产生式 B→AB,因为 A→Bcd|dD,所以改写为 B→BcdB|dDB,整理后 B 的产生式变为:B→BcdB|dDB|b;

消除关于 B 的直接左递归:

B→dDBB′|bB′

B′→cdBB′|ε

当 i=3,j=1 或 j=2 时,由于关于 C 的产生式,其右部不以 A,B 开头,且 C 规则没有直接左递归,故不改变非终结符 C 的产生式:C→c;

当 i=4,j=1 时,需改写产生式 D→AD,因为 A→Bcd|dD,所以改写为 D→BcdD|dDD,整理后 D 的产生式变为:D→BcdD|dDD|DB|Ca。

当 i=4,j=2 时,需改写产生式 D→Bcd,因为 B→dDBB′|bB′,所以改写为 D→dDBB′cdD|bB′cdD,整理后 D 的产生式变为 D→Ca|DB|dDBB′cdD|bB′cdD|dDD。

当 i=4,j=3 时,需改写产生式 D→Ca,因为 C→c,所以改写为 D→ca,整理后 D 的产生式变为:D→DB|dDBB′cdD|bB′cdD|dDD|ca。

消除关于 D 的直接左递归:

D→dDBB′cdDD′|bB′cdDD′|dDDD′|caD′

D′→BD′|ε

最终得到的消除文法 G[A]的所有左递归的等价文法 G′[A]:

A→Bcd|dD

B→dDBB′|bB′

B′→cdBB′|ε

C→c

D→dDBB′cdDD′|bB′cdDD′|dDDD′|caD′

D′→BD′|ε

2.6.2 提取左因子

预构造行之有效的自顶向下语法分析器,必须消除回溯。为了消除回溯就必须保证:对文法的任何非终结符,当要它去匹配输入串时,能够根据它所面临的输入符号准确地指派它的一个候选去执行任务,并且此候选的工作结果是确信无疑的。回溯产生的根本原因在于某

个非终结符的多个候选式存在公共左因子,如非终结符 S 的产生式 S→δβ₁|δβ₂ 中就含有公共左因子 δ。

那么,如何消除文法产生式的公共左因子呢? 改造的方法是提取公共左因子。

假设 A 的产生式为

$$A→δβ_1|δβ_2|\cdots|δβ_n|γ_1|γ_2|\cdots|γ_n(\text{其中},\text{每个 } γ_i \text{ 不以 δ 开头})$$

可将这些产生式改写成:

$$A→δA'|γ_1|γ_2|\cdots|γ_n$$
$$A'→β_1|β_2|\cdots|β_n$$

经过反复提取左因子,就能够把每个非终结符(包括新引进者)的所有候选式的公共左因子消除掉,则改变后的文法便于进行自上而下的语法分析,如 LL(1)预测分析法。相应付出的代价是,大量引入新的非终结符和 ε-产生式。

例如,条件语句产生式:

statement → if_stmt | other

if_stmt → if (exp) statement | if (exp) statement else statement

exp → 0|1

其中,第二行产生式含有公共左因子,提取左因子可得:

statement → if_stmt | other

if_stmt → if (exp) statement A

A → else statement | ε

exp → 0|1

习 题 2

2.1　解释下列名词术语:

字母表　符号串　推导　最左推导　最右推导　句型　句子　语言　递归文法　上下文无关文法　正则文法　直接左递归　语法树　递归规则　有害规则　多余规则

2.2　已知算术表达式文法 G[E]:

$$E→E+T|T$$
$$T→T*F|F$$
$$F→(E)|i$$

(1)写出符号串 i+i*i 的最左推导和最右推导。

(2)画出符号串 i+i*i 的语法树,求出其短语、简单短语、句柄。

2.3　改造文法 G[S],使其满足文法的实用限制:

$$S→Bab|cC$$
$$B→b|bS$$
$$C→Da$$
$$D→Cb|CDa$$

2.4 已知有文法 G[S]：

S→a|bBd

B→B,S|S

消除文法的直接左递归。

2.5 消除文法 G[S]的左递归：

S→Ac|Bd|c

A→Bb|Se|b

B→Sa|Af|a

第 **3** 章
词法分析

人们理解一篇文章(或一个程序)起码是在单词的级别上来思考的。同样,编译程序也是在单词的级别上来分析和翻译源程序的。词法分析的主要任务是:从左至右逐个字符地对源程序进行扫描,产生一个个的单词符号,把作为字符串的源程序改造成为单词符号串的中间程序。因此,词法分析是编译的基础。

编译过程的第一步是进行词法分析,词法分析的任务是由词法分析来实现的。本章首先讨论词法分析程序的手工设计,然后再介绍词法分析程序的自动生成。主要内容包括词法分析的功能、单词分类及内部表示、词法分析程序的设计与实现步骤及词法分析生成器 LEX 的用法。

3.1　词法分析程序的功能

从操作系统的角度看,程序设计语言的源程序是由字符构成的,以文本文件的形式存储于磁盘;而从编译程序的角度来看,源程序是由程序设计语言的单词构成,单词是程序设计语言不可分割的最小单位。词法分析是编译程序的基础,也是编译程序的重要组成部分。编译程序中完成词法分析任务的部分称为词法分析程序,有时也称为词法分析器或者扫描器。源程序一般表现为字符串序列的形式,而编译程序的翻译工作应该在单词(即指语言中那些具有独立含义的最小语义单位)一级上进行。因此,词法分析程序的主要任务是按语言的词法规则从源程序中逐个识别单词,把字符串形式的源程序转换为单词串的形式,并把每个单词转换成他们的内部表示,即所谓的"TOKEN",同时进行词法检查。

词法分析和语法分析之间的关系通常有两种形式。词法分析程序既可作为编译器的独立一遍来完成,也可作为词法分析的一个子程序。如果把词法分析作为编译程序的独立一遍,那么词法分析程序要实现整个源程序的全部词法分析任务,这些 TOKEN 序列将作为词法分析程序的输入;如果把词法分析作为词法分析程序的一个子程序,那么词法分析程序每调用一次词法分析程序将从源程序的字符序列中拼出一个单词,并将其 TOKEN 值返回给词法分析程序。这种方式的好处是它不需要储存源程序的内部表示。两种方式的结构如图 3.1 和图 3.2 所示。

图 3.1 作为独立一遍的词法分析器

图 3.2 作为子程序的词法分析器

3.2 单词的种类及词法分析的输出

单词符号是一个程序语言的最小语法单位。程序语言的单词符号一般可分为下 5 种。

①保留字。保留字是由程序语言定义的具有固定意义的标识符。有时称这些标识符为关键字或基本字。例如,Pascal 中的 begin,end, if, while 都是保留字。这些字通常不用作一般标识符。

②标识符。用来表示各种名字,如变量名、数组名、过程名等。

③常数。常数的类型一般有整形、实型、布尔型、文字型等。例如,100,3.14159,TRUE,'Sample'。

④运算符。如 + 、- 、* √等。

⑤界符。如逗号、分号、括号√ * , */等。

一个程序语言的保留字、运算符和界符都是确定的,一般只有几十个或上百个。而对于标识符或常数的使用通常都不加什么限制。

词法分析器所输出的单词符号通常表示成二元式:

(单词类别,单词符号的属性值)

单词类别通常用整数编码。一个语言的单词符号如何分类,分成几类,怎样编码,是一个技术性问题。它主要取决于处理上的方便。标识符一般统一归为一类。常数则宜按类型(整、实、布尔等)分类。关键字可将其全体视为一类,也可以一字一类。采用一字一类的分法实际处理起来较为方便。运算符可采用一类的分法,但也可以把具有一定共性的运算符视为一类。至于界符一般用一类的分法。

如果一个类别只含一个单词符号,那么,对于这个单词符号,类别编码就完全代表它自身了。若一个类别含有多个单词符号,那么,对于它的每个单词符号,除了给出类别编码之外,还应给出有关单词符号的属性信息。

单词符号的属性是指单词符号的特性或特征。属性值则是反应特性或特征的值。例如,对于某个标识符,常将存放它的有关信息的符号表项的指针作为其属性值;对于某个常数,则将存放它的常数表项的指针作为其属性值。

在本书中,我们假定关键字、运算符合界符都是一符一类。对于它们,词法分析器只给出其类别编码。不给出它自身的值。标识符单列一类,常数按类型分类。

考虑 C 语言语句:

While（i > = j）i -- ;

经词法分析器处理后,它将被转换为以下的单词符号序列:

（ while, – ）

（(, – ）

（id,指向 i 符号表项的指针）

（ >= , – ）

（ id,指向 j 符号表项的指针）

（), – ）

（id,指向 i 符号表项的指针）

（ –– , – ）

（;, – ）

3.3　词法分析的手工设计

3.3.1　源程序的输入及预处理

词法分析器工作的第一步是输入源程序文本。输入串一般是放在一个缓冲区中,这个缓冲区称输入缓冲区。词法分析的工作(单词符号的识别)可以直接在这个缓冲区中进行。但在许多情况下,把输入串预处理一下,对单词符号的识别工作将是比较方便的。

对于许多程序语言来说,空白符、跳格符、回车符和换行符等编辑性字符除了出现在文字常数中之外,在别处的任何出现都没有意义,而注解部分几乎允许出现在程序中的任何地方,它们存在的意义仅仅在于改善程序的易读性。对于它们,预处理时可将其剔掉。有些语言把空白符(一个或相继数个)用作单词符号之间的间隔,即用作界符。在这种情况下,预处理时可把相继的若干空白结合成一个。

可以设想构造一个预处理子程序,它能够完成上面所述的任务。每当词法分析器调用它时,它就处理出一串确定长度(如 120 个字符)的输入字符,并将其装进词法分析器所指定的缓冲区中(称为扫描缓冲区)。这样,分析器就可以再次从缓冲区中直接进行单词符号的识别,而不必照管其他烦琐事务。

分析器对扫描缓冲区进行扫描时一般用两个指示器,一个指向当前正在识别的单词的开始位置(指向新单词的首字母),另一个用于向前搜索以寻找单词的终点。

不论扫描缓冲区设得多大都不能保证单词符号不会被它的边界所打断。因此,扫描缓冲区最好使用一个如图 3.3 所示的一分为二的缓冲区域:

起点指示器　　搜索指示器

图 3.3　扫描缓冲区结构图

假定每半个缓冲区可容纳 120 个字符,而这两半区又是互补使用的。如果搜索指示器从单词起点出发搜索到半区的边缘但尚未到达单词的终点,那么就应调用预处理程序,令其把后续的 120 个输入字符装进另半区。则认定,在搜索指示器对另半区进行扫描的期间内,现行单词的终点必定能够到达。这意味着对标识符常数的长度必须加以限制(例如,不得多于 120 个字符),否则,即使缓冲区再大也无济于事。

3.3.2 单词的识别和超前搜索

词法分析器的结构如图 3.4 所示。

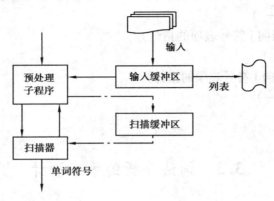

图3.4 词法分析器

当词法分析器调用预处理子程序处理出一串输入字符放进扫描缓冲区之后,分析器就从此缓冲区中逐一识别单词符号。当缓冲区中的字符串被处理完之后,它又调用预处理程序装入新串。

下面介绍单词符号识别的一个方法——超前搜索。

有些语言(如 FORTRAN)对于保留字不加保护,用户可以用它们作为普通标识符,这就使得保留字的识别相当困难。请看下面两条正确的 FORTRAN 语言语句:

①DO99K = 1,10

②DO99K = 1.10

语句 1 是 DO 语句,它以保留字开头。语句 2 是赋值语句,它是以用户自定义标识符开头的。为了从语句 1 中识别出保留字 DO,必须要能够区别①、②。语句①、②的区别在于等号之后的第一个界符:一个为逗点,一个为句末符。也就是说,为了识别语句①中的保留字,必须超前扫描许多字符,超前到能够肯定词性的地方为止。对于语句①、②来说,尽管都以"DO"两字母开头,但不能一见'DO'就认定是 DO 语句。必须超前扫描,跳过所有的字母和数字,看看是否有等号。如果有,再向前搜索。若下一个界符是逗号,则可以肯定 DO 是保留字,否则,DO 不构成保留字,它只是用户标识符的头两个字母。因此,为了区别语句①、②,必须超前扫描到等号后的第一个界符处。

(1)标识符的识别

大多数语言的标识符是字母开头的字母和数字组成的串,而且在程序中标识符出现后都跟着算符或界符,因此标识符的识别比较简单。

(2)常数的识别

大多数语言算数常数的表示大体相似,对于它们的识别比较直接。但对于某些语言的常数的识别也需用超前搜索的方法。例如,对于 FORTRAN 语言的语句:

IF(5. EQ. M)I = 10

其中,5. EQ. M 只有当超前扫描到字母 Q 时才能断定 5 的词性。因为 5. EO8 和 5. EQ. M 的前 3 个字符完全一样。

(3)算符和界符的识别

词法分析器应将那些由多个字符复合成的算符和界符(如 C 语言中的 ++)拼合成一个单词符号。因为这些字符串是不可分的整体,若分化开来,便失去了原来的意义。在这里同样需要超前搜索。

到目前为止,如果读者了解了某个程序设计语言的构词规则,就应该能够为它设计出一个词法分析器。为了便于手工设计词法分析器,下面介绍状态转换图,它是一种设计词法分析器的好工具。

3.3.3 状态转换图

所谓状态转换图,就是一张有穷的有向图。在状态转换图中,结点代表状态,用圆圈表示。状态之间用箭弧连接。箭弧上的标记(字符)代表在射出结点状态下可能出现的合法的输入字符。例如,图 3.5(a)表示在状态 i 下,若输入字符为 a,则读进 a,并转换到状态 j;若输入字符为 b,则读进 b,并转换到状态 k。一张状态转换图只包含有限个状态(即有限个结点),其中有一个是初态(用粗箭头"→"来指示),是识别字符串的起点。而且至少有一个结束状态(即终态,用双圈表示)。

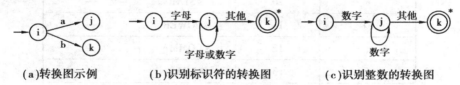

(a)转换图示例　　　(b)识别标识符的转换图　　　(c)识别整数的转换图

图 3.5　状态转换图

一个状态转换图可用于识别(或接受)一定的字符串。例如,识别标识符的状态转换图如图 3.5(b)所示。其中 i 为初态,k 为终态。这个转换图识别(接受)标识符的过程是:从初态 i 开始,若在状态 i 之下输入字符是一个字母,则读进它,并转入状态 j。在状态 j 之下,若下一个输入字符为字母或数字,则读进它,并重新进入状态 j。一直重复这个过程,直到状态 j 发现输入字符不再是字母或数字时(这个字符也已被读进)就进入状态 k。状态 k 是终态,它意味着到此已识别出一个标识符,识别过程宣告终止。终态结上打个星号"＊"意味着多读进一个不属于标识符部分的字符,应把它退还给输入串。如果在状态 i 时输入字符不为"字母",则意味着识别不出标识符,或者说这个转换图工作不成功。又如,识别整数的状态转换图如图 3.5(c)所示,其中,i 为初态,k 为终态。大多数程序语言的单词符号都可以用状态转换图予以识别。

值得注意的是,一个程序语言的所有单词符号的识别也可以用若干状态转换图予以描述。虽然用一张图就可以了,但用若干张图有时会有助于概念的清晰化。

3.3.4 词法分析的手工构造

掌握了状态转换图的画法及用法后,就可以考虑词法分析器的手工设计了,下面通过构造一个简单语言的词法分析器来说明实现的方法和过程。

1）简单语言的单词符号

表 3.1 列出的这个简单语言的所有单词符号,以及它们的类别编码和内部值。由于直接使用整数编码不利于记忆,故用一些特殊符号来表示类别编码。这些特殊符号全部以 $ 为首的标识符,并可以用宏定义将这些特殊符号和具体的整数值联系起来。

表 3.1　单词符号及内部表示

单词符号	类别编码	助忆符	内码值
DIM	1	$ DIM	—
IF	2	$ IF	—
DO	3	$ DO	—
STOP	4	$ STOP	—
END	5	$ END	—
标识符	6	$ ID	内部字符串
整型常数	7	$ INT	标准二进形式
=	8	$ ASSIGN	—
+	9	$ PLUS	—
*	10	$ STAR	—
**	11	$ POWER	—
,	12	$ COMMA	—
(	13	$ LPAR	—
)	14	$ RPAR	—

2）状态转换图

单词可分为单字符单词和多字符单词。对于单字符单词的识别比较简单,见字符即知,如 =、+、* 等,无须多读、无须退回。对于多字符单词的识别比较麻烦,存在多读、退回处理。一个程序设计语言的单词识别,可以用若干张状态转换图予以描述,也可以用一张状态转换图来描述。

为了把这个例子阐述得更简单,有几点重要的限制:

①所有保留字(如 IF,WHILE 等)都是"保留字",用户不得使用它们作为自己定义的标识符,这样就避免了识别保留字时使用超前搜索技术。例如,DO(2) = x 这种写法是绝对禁止的。

②把保留字作为一类特殊标识符来处理,对保留字不专门设计对应的状态转换图。把保留字及其类别编码预先安排在一张表格中(即保留字表)。当状态转换图识别出一个标识符时,就去查保留字表,确定它是否为保留字。

③如果保留字、标识符和常数之间没有运算符或界符作间隔时,则必须至少用一个空白符作间隔。

在上述限制条件下,多数单词符号的识别就不必使用超前搜索技术。在此,可通过一张状态转换图来识别表 3.1 的单词符号,具体如图 3.6 所示。

3)状态转换图的程序实现

用程序实现状态转换图的办法是让每个状态结点对应一段程序。

(1)设计一组全局变量、过程和函数

为了构造状态转换图对应的程序,需要先设计一组全局变量、过程和函数,具体如下:

①ch:字符变量,存放最新读入的源程序字符。

②strtoken:字符数组,存放构成单词符号的字符串。

③Get_char:过程,将下一输出字符读到 ch 中,搜索指示器前移一字符位置。

④Get_BC:过程,检查 ch 中的字符是否是空白符,若是,则调用 Get_char 直到 ch 中进入一个非空白字符。

⑤Concat:过程,将 ch 中的字符连接到字符数组 strtoken 之后。如调用 Concat 之前,strtoken 中存放的是"VA",而 ch 中存放着"R",则调用 Concat 后,strtoken 的值就变为"VAR"。

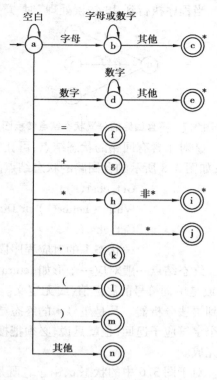

图 3.6　简单语言的状态转换图

⑥Retract:过程,将搜索指示器回调一个字符位置,将 ch 置为空白字符。

⑦Letter 和 Digit:布尔函数,分别用于判断 ch 中的字符是否为字母和数字。

⑧Reserve:整型函数,对字符数组 strtoken 中的字符串查找保留字表,若它是一个保留字则返回它的编码,否则返回 0 值(假定 0 不是保留字的编码)。

⑨Insert_Id:整型函数,将字符数组 strtoken 中的标识符插入符号表,返回符号表指针。

⑩Insert_Const:整型函数,将字符数组 strtoken 中的常数插入常数表,返回常数表指针。

⑪Error:出错处理。

(2)状态转换图的具体实现

一般来说,构造识别状态转换图的程序,可让每个状态结点对应一程序段。具体实现时,可分为不含回路的分叉状态结点和含有回路的状态结点来讨论。

①对于不含回路的分叉状态结点,可让它对应一个 switch 语句或一组 if…then…else 语句。

例如,如图 3.7 所示的不含回路的分叉状态结点的转换图,其状态结点 0 所对应的程序段可表示为

```
Get_char( );
If (Letter( ))      {…状态 1 的对应程序段…;}
else if (Digit( ))  {…状态 2 的对应程序段…;}
else if (ch = '_')    {…状态 3 的对应程序段…;}
else {…错误处理}
```

当程序执行到达"错误处理"时,意味着现行状态 0 和当前所面临的输入串不匹配。

图3.7　不含回路的分叉状态结点转换图　　　　**图3.8　含有回路的状态结点转换图**

②对于含有回路的状态结点,可让它对应一个有 while 语句的 if 语句构成的程序段。例如,如图 3.8 所示的含回路的状态结点的转换图,其状态结点 0 所对应的程序段可为

> Get_char ( ) ;
> While (Letter ( ) or Digit ( ))
> Get_char ( ) ;
> …状态 1 的对应程序段…

终态结点一般对应一个形如 return (code,value) 的语句,其中,code 为单词类别编码;value 或是单词符号的属性值,或无定义。这个 return 意味着从分析器返回到调用者,一般指返回到语法分析器。凡是星号 * 的终态结点意味着多读进了一个不属于现行单词符号的字符,这个字符应予退回,也就是说,必须把搜索指示器回调一字符位置。这项工作由 Retract 过程来完成。

对于图 3.6 中的状态 c,由于它既是标识符的出口又是保留字的出口,因此,需要对 strtoken 查询保留字表。这项工作由整型函数过程 Reserve 来完成。若此过程工作结果所得的值为 0,则表示 strtoken 中的字符串是一个标识符(假定 0 不是保留字的编码);否则,表示保留字编码。

综上所述,如图 3.6 所示的状态转换图所对应的词法分析器的主体程序如下:

```
int code,value;
strtoken: = " "  ; /* 将 strtoken 初始化为空串 */
Get_char ( ) ;
Get_BC ( ) ;
if (Letter ( ))
begin
    while (Letter ( ) or Digit( ))
    begin
        Concat ( ) ;
        Get_char ( ) ;
    end
    Retract ( ) ;
    code : = Reserve ( ) ;
    if (code = 0)
    begin
        value : = Insert_Id (strtoken) ;
```

```
            return（＄ID，value）；
    end
    else
            return（code，－）；
    end
    else if（Digit（ ））
    begin
            while（Digit（ ））
            begin
                    Concat（ ）；
                    Get_char（ ）；
            end
            Retract（ ）；
            value ：= Insert_Const（strtoken）；
            return（＄INT，value）；
    end
    else if（ch＝′＝′）return（＄ASSIGN，－）；
    else if（ch＝′＋′）return（＄PLUS，－）；
    else if（ch＝′＊′）
    begin
            Get_char（ ）；
            if（ch＝′＊′）return（＄POWER，－）；
            Retract（ ）；
            return（＄STAR，－）；
    end
    else if（ch＝′，′）return（＄COMMA，－）；
    else if（ch＝′（′）return（＄LPAR，－）；
    else if（ch＝′）′）return（＄RPAR，－）；
    else Error（ ）；     ／＊错误处理＊／
```

3.4　正规式与正规集

　　程序设计语言中的单词是基本的语法符号,单词符号的语法除了可以用 3 型文法来描述外,还可以用正规式。基于这类描述工具,可以建立词法分析程序的自动构造方法。

　　正规式也称为正则表达式,是表示正规集的工具,是说明单词的构成模式的一种重要的表示法。设字母表为 Σ,辅助字母表 $\Sigma'=\{\varepsilon,\phi,|,\cdot,*,(,)\}$,下面是正则表达式和它所表示的正规集的递归定义:

　　①ε 和 ϕ 都是 Σ 上的正规式,它们所表示的正规集分别为 $\{\varepsilon\}$ 和 ϕ;

②任何 a ∈ Σ,a 是 Σ 上的一个正规式,它所表示的正规集为｛a｝;

③假定 U 和 V 都是 Σ 上的正规式,它们所表示的正规集分别记为 L(U) 和 L(V),则:

U|V 是正规式,它所表示的正规集为 L(U)∪L(V);

U·V 是正规式,它所表示的正规集 L(U)L(V)(即连接积)。

U* 是正规式,它所表示的正规集为(L(U))*(即闭包)。

仅由有限次使用上述 3 步骤而得到的表达式才是 Σ 上的正规式。仅由这些正规式所表示的字符集才是 Σ 上的正规集。

其中,正规式的运算符"|"读为"或","·"读为"连接","*"读为"闭包"(即任意有限次的自重复连接)。在不致混淆时,括号可以省去,但规定算符的优先顺序为:先"*"次"·",最后"|"。连接符"·"一般可省略不写。"*""·"和"|"都是左结合的。

例 3.1 令 Σ = ｛a,b｝,下面是 Σ 上的正规式和相应的正规集:

正规式	正规集
a	｛a｝
a|b	｛a,b｝
ab	｛ab｝
a*	｛ε,a,aa,aaa,…｝(即 Σ 上任意个 a 组成的串)
(a|b)(a|b)	｛aa,ab,ba,bb｝
ba*	Σ 上所有以 b 为首后跟任意多个 a 的串
(a|b)*(aa|bb)(a|b)*	Σ 上所有含两个相继的 a 或两个相继的 b 的串

若两个正规式所表示的正规集相同,则称它们是等价的。两个等价的正规式 U 和 V 记为 U = V。例如,a|b = b|a,b(ab)* = (ba)*b。

令 U、V 和 W 均为正规式,则服从的代数规律有:

①交换律:U|V = V|U

②结合律:U|(V|W) = (U|V)|W

　　　　　U(VW) = (UV)W

③分配律:U(V|W) = UV|UW

　　　　　(V|W)U = VU|WU

④εU = Uε = U

3.5 有限自动机

有限自动机也称为自动机,作为一种识别装置,它能准确地识别正规集,即识别正规文法所定义的语言和正规式所表示的集合。引入有限自动机这个理论,正是为词法分析程序的自动构造寻找特殊的方法和工具。

有限自动机分为两类:确定的有限自动机(Deterministic Finite Automata,DFA)和不确定的有限自动机(Nondeterministic Finite Automata,NFA),下面分别给出确定的有限自动机和不确定的有限自动机的定义,不确定的有限自动机的确定化,确定的有限自动机的化简等算法。

3.5.1 确定有限自动机

1)确定有限自动机的定义

一个确定有限自动机(DFA)M 是一个五元式:$M = (S, \sum, f, s_0, Z)$,其中:

①S 是一个有限集,它的每个元素称为一个状态。

②$\sum$ 是一个有穷字母表,它的每个元素称为一个输入字符。

③f 是转换函数,是一个从 $S \times \sum$ 至 S 的单值映射。如 $f(S_1, a) = S_2(S_1 \in S, S_2 \in S)$ 表示:当现行状态为 S_1,输入字符为 a 时,将转换到下一状态 S_2。称 S_2 为 S_1 的一个后继状态。

④$s_0 \in S$,是唯一的初态。

⑤$Z \subseteq S$,是一个终态集(可空)。

显然,一个 DFA 的转换函数可用一个状态转换矩阵或状态转换表来表示,该矩阵的行表示状态 $S_i(S_i \in S)$,列表示输入字符 $a_j(a_j \in \sum)$,矩阵中的元素则是转换函数 $f(S_i, a_j)$ 的值。

例 3.2 已知 $DFA, M = (\{A, B, C, D\}, \{x, y\}, f, A, \{D\})$,其中 f 为

$$f(A, x) = B \qquad\qquad f(A, y) = C$$
$$f(B, x) = D \qquad\qquad f(B, y) = C$$
$$f(C, x) = B \qquad\qquad f(C, y) = D$$
$$f(D, x) = D \qquad\qquad f(D, y) = D$$

则它所对应的状态转换矩阵见表 3.2。

表 3.2 DFA 的状态转换矩阵

符号 状态	x	y
A	B	C
B	D	C
C	B	D
D	D	D

一个 DFA 也可以表示成一张状态转换图。假定 DFA M 含有 *m* 个状态和 *n* 个输入字符,那么,这个图含有 *m* 个状态结点,每个结点顶多有 *n* 条箭弧射出和别的结点相连接,每条箭弧用 $\sum$ 中的一个不同输入字符作标记,整张图含有唯一的一个初态结点和若干个(可以是 0 个)终态结点。如例 3.2 所定义的 DFA M 相应的状态转换图如图 3.9 所示。

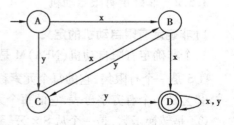

图 3.9 DFA 的状态转换图

2)确定有限自动机识别的语言

对于 $\sum^*$ 中的任何字 α,若存在一条从初态结点到某一终态结点的通路,且这条通路上所有弧的标记符连接成的字等于 α,则称 α 可为 DFA M 所识别(即接受)。若 DFA M 的初态结

点同时又是终态结点,则空字 ε 可为 M 所识别(或接受)。DFA M 所能识别的所有字的集合称为该自动机识别的语言,记为 L(M)。例 3.2 所定义的 DFA M 能识别∑上所有含有相继两个 x 或相继两个 y 的字。

例 3.3 设计能接受偶数个 0 和偶数个 1 组成的数字串的有限自动机,画出其状态转换图及转换矩阵。

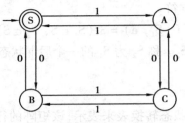

图 3.10 有限自动机的状态转换图

解 首先设计能接受偶数个 0 和偶数个 1 组成的数字串的有限自动机如下:

$$M = (\{S,A,B,C\},\{0,1\},f,S,\{S\})$$

$$f(S,0) = B \qquad f(S,1) = A$$
$$f(A,0) = C \qquad f(A,1) = S$$
$$f(B,0) = S \qquad f(B,1) = C$$
$$f(C,0) = A \qquad f(C,1) = B$$

其状态转换图如图 3.10 所示,状态转换矩阵见表 3.3。

表 3.3 有限自动机的状态转换矩阵

状态 \ 符号	0	1
S	B	A
A	C	S
B	S	C
C	A	B

DFA 的确定性表现在转换函数 $f: S \times \sum \to S$ 是一个单值函数。也就是说,对任何状态 $S_i \in S$ 和输入符号 $a \in \sum$,$f(S_i,a)$ 唯一地确定了下一个状态。从状态转换图的角度来看,假定字母表∑含有 n 个输入字符,那么,任何一个状态结点最多只有 n 条弧射出,而且每条箭弧以一个不同的输入字符来标记。如果 f 是一个多值函数,这就涉及非确定有限自动机的概念。

3.5.2 非确定有限自动机

1)非确定有限自动机的定义

一个非确定有限自动机(NFA)M 是一个五元式:$M = (S, \sum, f, S_0, Z)$,其中:

①S 是一个有限集,它的每个元素称为一个状态。

②∑是一个有穷字母表,它的每个元素称为一个输入字符。

③f 是转换函数,是一个从 $S \times \sum^*$ 到 S 的子集的映射,即 $f: S \times \sum^* \to 2^S$。

④$S_0 \subseteq S$,是一个非空初态集。

⑤$Z \subseteq S$,是一个终态集(可空)。

与确定有限自动机一样,非确定有限自动机也可以用状态转换图和状态转换矩阵来表示。显然,一个含有 m 个状态和 n 个输入字符的 NFA 可表示成如下的状态转换图:该图含有 m 个状态结点,每个节点可射出若干条箭弧与别的结点相连接,每条弧用∑*中的一个字(不一定要不同的字而且可以使空串 ε)作标记,整张图至少含有一个初态结点以及若干个(可以是 0 个)终态结点。某些结点既可以是初态结点也可以是终态结点。若 f(S_i, a) = S_j,则从结点 S_i 到结点 S_j 画标记为 a 的箭弧。

例 3.4 已知 NFA M = ({0,1,2,3},{a,b},f,S_0,{3})其中 f 为

$$f(0,x) = \{1,3\} \qquad\qquad f(0,y) = \{2,3\}$$
$$f(1,x) = \phi \qquad\qquad\qquad f(1,y) = \{1,3\}$$
$$f(2,x) = \{2,3\} \qquad\qquad f(2,y) = \phi$$
$$f(3,x) = \phi \qquad\qquad\qquad f(3,y) = \phi$$

则它所对应的状态转换矩阵见表 3.4,其状态转换图如图 3.11 所示。

表 3.4 NFA 的状态转换矩阵

符号 状态	a	b
0	{1,3}	{2,3}
1	φ	{1,3}
2	{2,3}	φ
3	φ	φ

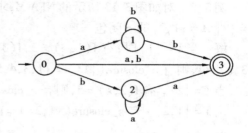

图 3.11 NFA 的状态转换图

2)非确定有限自动机识别的语言

对于 $\sum{}^*$ 中的 α,若存在一条从某一初态结点到某一终态结点的通路,且这条通路上所有箭弧的标记字依序连接成的字(忽略那些标记为 ε 的弧)等于 α,则称 α 可为 NFA M 所识别(即接受)。NFA M 所能识别的所有字的集合称为该自动机识别的语言,记为 L(M)。若 M 的某些结点既是初态结点又是终态结点,或者存在一条从某个初态结点到某个终态结点的 ε 通路,那么,空字 ε 可为 M 所接受。

如图 3.12 所示的就是一个 NFA,该 NFA 能识别 ∑ 上所有含有相继两个 a 或相继两个 b 的字。

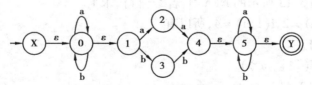

图 3.12 非确定有限自动机

显然,DFA 是 NFA 的特例,凡是能被 DFA 接受的符号串必然能被 NFA 所接受。NFA 与 DFA 的区别在于 DFA 只有唯一的一个初态,NFA 有一个非空初态集(即可以有若干初态);DFA 的转换函数 f 是一个单值函数,NFA 的转换函数 f 是一个多值函数。

3.5.3 非确定的有限自动机的确定化

非确定的有限自动机和确定的有限自动机从功能上来说是等价的,它们所接受的语言类相同。给定任一不确定的有限自动机 NFA M,就能构造一个确定的有限自动机 DFA M′,使得

$L(M) = L(M')$。为了实现 NFA 到 DFA 的转化,需介绍两个状态子集的计算方法,它们是从 NFA 到 DFA 的转化过程中需要计算的状态子集。

1)状态集 I 的 ε 闭包

假定 I 是 NFA M 的状态集 S 的一个子集,则 ε_closure(I) 称为状态集 I 的 ε 闭包,ε 闭包也是状态集 S 的一个子集,其计算方法如下:

①若 $q \in I$,则 $q \in$ ε_closure(I),即 I 的所有成员都是状态集 I 的 ε 闭包的成员。

②若 $q \in I$,那么从 q 出发经过任意条 ε 弧而能到达的任何状态都属于 ε_closure (I)。

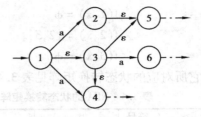

图 3.13 例 3.5 的 NFA M 的状态转换图

例 3.5 对如图 3.13 所示的 NFA M,求 I = {1}、I = {2}、I = {1,2} 的 ε 闭包。

解 当 I = {1} 时,有 $f(1,ε) = 3, f(3,ε) = 5, f(3,ε) = 4$,则有 ε_closure({1}) = {1,3,4,5};

当 I = {2},有 $f(2,ε) = 5$,则有 ε_closure({2}) = {2,5};

当 I = {1,2},有 ε_closure({1,2}) = ε_closure({1}) ∪ ε_closure({2})

$$= \{1,3,4,5\} \cup \{2,5\}$$
$$= \{1,2,3,4,5\}$$

2)状态集 I 的 a 弧转换集

假定 I 是 NFA M 的状态集 S 的一个子集,$I = \{P_1, P_2, \cdots, P_n\}$,$a \in \sum$,即 a 是字母表 $\sum$ 的一个输入符号,则 I 的 a 弧转换集为:

$I_a = $ ε_closure (J)

其中,$J = f(\{P_1, P_2, \cdots, P_n\}, a) = f(P_1, a) \cup f(P_2, a) \cup \cdots \cup f(P_n, a)$,即 J 是从状态子集 I 中的每个状态出发,沿着标记为 a 的箭弧而转移到达的状态所组成的集合。从定义可知,状态集 I 的 a 弧转换集 I_a 也是状态子集,其元素为从 I 的每个状态出发,沿着标记为 a 的箭弧所转移到达的每个后继状态的 ε 闭包。

例 3.6 对如图 3.13 所示的 NFA M,若 I = {1},求 I_a。

解 因为 $f(1,a) = 2, f(1,a) = 4$,所以有

$I_a = $ ε_closure(J)

$= $ ε_closure(f({1}, a))

$= $ ε_closure({2,4})

$= \{2,4,5\}$

3)非确定有限自动机的确定化方法——子集法

非确定有限自动机的确定化过程如下:

(1)假定 NFA $M = (S, \sum, f, S_0, Z)$,对 NFA M 的状态转换图进行改造

①引进新的初态结点 X 和终态结点 Y($X \notin S, Y \notin S$),从 X 到 S_0 任意状态结点连一条 ε 箭弧,从 Z 中任意状态结点连一条 ε 箭弧到 Y。

②对 M 的状态转换图进行如图 3.14 所示的替换,其中,k 是新引入的状态。重复这种分裂过程直至状态转换图中的每条箭弧上的标记或为 ε,或为 $\sum$ 中的单个字母。将最终得到的

NFA M′,显然 L(M′) = L(M)。

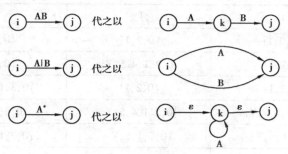

图 3.14　替换规则

（2）对改造后的 NFA M′使用子集法进行确定化

①对 ∑ = {a1,…,ak},构造一张表,该表的每一行含有 k + 1 列。置该表的首行首列为 ε_
CLOSURE({X}),它就是 DFA 的唯一初态。

②如果某一行的第一列的状态子集已经确定,如记为 I,那么,置该行的其他 k 列为 I_{ai}
(i=1,…,k)。然后,检查该行上的所有状态子集,看它们是否已在表的第一列中出现,将未
曾出现者填入到后面空行的第一列。重复上述过程,直至出现在第 $i + 1$ 列(i=1,…,k)上的
所有状态子集均已在第一列上出现。

③将构造出来的表视为状态转换矩阵,将其中的每个状态子集视为新的状态,就得到了
一个 DFA M′。它的初态是该表首行首列的那个状态,终态是那些含有原来 NFA M 的任一终
态的状态子集。

例 3.7　已知有非确定的有限自动机 NFA M,具体如图 3.15 所示,利用子集法将它确
定化。

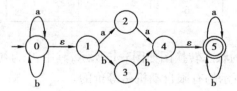

图 3.15　NFA M 的状态转换图

解　（1）改造状态转换图,引进新的初态结点 X 和终态结点 Y,得到新的状态转换图如图
3.16 所示。

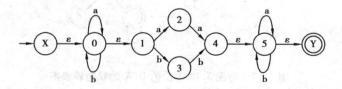

图 3.16　新的状态转换图

（2）构造状态转换矩阵,因为 f(X,ε) = 0,f(0,ε) = 1,所以 ε_CLOSURE{X} = {X,0,1},
根据子集法可构造出所有状态子集,具体见表 3.5。

表 3.5　对应图 3.16 的状态转换矩阵

I	I_a	I_b
{X,0,1}	{0,2,1}	{0,3,1}
{0,2,1}	{0,2,1,4,5,Y}	{0,3,1}
{0,3,1}	{0,2,1}	{0,3,1,4,5,Y}
{0,2,1,4,5,Y}	{0,2,1,4,5,Y}	{0,3,1,5,Y}
{0,3,1,5,Y}	{0,2,1,5,Y}	{0,3,1,4,5,Y}
{0,3,1,4,5,Y}	{0,2,1,5,Y}	{0,3,1,4,5,Y}
{0,2,1,5,Y}	{0,2,1,4,5,Y}	{0,3,1,5,Y}

对表 3.5 中的所有状态子集重新命名,得到表 3.6 所列的状态转换矩阵。

表 3.6　重新命名后的状态转换矩阵

I	I_a	I_b
0	1	2
1	3	2
2	1	5
3	3	4
4	6	5
5	6	5
6	3	4

（3）与表 3.6 相对应的状态转换图如图 3.17 所示,其中,0 为初态,3、4、5 和 6 为终态。显然,如图 3.15 和图 3.17 所示的有限自动机是等价的。

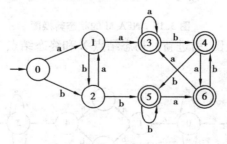

图 3.17　与图 3.15 等价的 DFA 的状态转换图

3.5.4　确定有限自动机的化简

确定有限自动机 DFA M 的化简是指:寻找一个状态数比 M 少的 DFA M′,使得 L(M) = SL(M′)。化简的方法就是消除 DFA M 中的无关状态,合并等价状态。

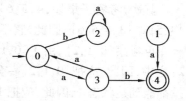

通常把无用状态和死状态统称为无关状态。所谓无用状态,就是指从初态出发,读入任何输入串都不可能到达的状态;所谓死状态,就是对于任何输入符号,该状态的后继状态都是它自身,而不可能从它到达终态。如图 3.18 所示的状态转换图中,状态 1 是无用状态,状态 2 是死状态,状态 1、2 均为无用状态。

图 3.18　状态转换图

两个不同的状态 s 和 t 等价,是指如果从状态 s 出发能读出某个字 w 而停于终态,那么,同样从 t 出发也能读出同样的 w 而停于终态。若从 t 出发能读出某个字 w 而停于终态,则从 s 出发也能读出同样的 w 而停于终态。

如果 DFA M 的两个状态 s 和 t 不等价,则称这两个状态是可区别的。如终态和非终态是可区别的。因为,终态能读出空字 ε,非终态不能读出空字 ε。

DFA M 的状态最小化过程的核心思想:将 DFA M 的状态集分割成一些不相交的子集,使得任何不同的两子集中的状态都是可区别的,而同一子集中的任何两个状态都是等价的。最后,在每个字集中选出一个代表,同时消去其他等价状态。具体过程如下:

①把 DFA M 的所有状态集 S 分成两个子集——终态集与非终态集,形成基本分划 $\prod$。显然,属于这两个不同子集的状态是可区别的。

②对各状态子集按下面的方法进一步划分:

假定经过第 i 次划分后,$\prod = \{S_1, S_2, \cdots, S_m\}$,其中的任何一个都是状态子集。对于任意一个状态子集 $S_j = \{q_1, q_2, \cdots, q_k\}$,若存在一个输入字符 $a \in \sum$,使得 $(S_j)_a$(即子集 S_j 的所有状态读入 a 所到达的状态的集合)不全包含在现行 $\prod$ 的某一子集中,就将 S_j 一分为二。

例如,假设状态 s_1 和 s_2 经 a 箭弧分别到达状态 t_1 和 t_2,而 t_1 和 t_2 属于现行 $\prod$ 的两个不同子集,那就将 S_j 分成两半,使得一半含有 $s_1: S_{j1} = \{s | s \in S_j,$ 且 s 经 a 弧到达 t_1 所在子集中的某状态$\}$,另一半含有 $s_2: S_{j2} = S_j - S_{j1}$。至此我们将 S_j 分成两半,形成了新的分划。

一般的,若 $(S_j)_a$ 落入现行 $\prod$ 中 N 个不同子集,则应将 S_j 划分为 N 个不相交的状态子集,使得每个子集 J 的 J_a 都落入 $\prod$ 的同一子集,这样形成新的分划。重复上述过程,直至分划中所含的子集数不再增长为止。至此,$\prod$ 中的每个子集亦不可再分(即每个子集中的状态是等价的,而不同子集中的状态则是可相互区别的)。

③经上述过程之后,得到一个最后分划 $\prod$。对于 $\prod$ 中的每一个子集,选取子集中的一个状态代表其他状态,删除其他一切的等价状态。例如,假定 $\prod$ 中有子集 $S_j = \{q_1, \cdots, q_k\}$,则可将 $q_2, \cdots, q_k$ 从原来的状态集中删除。若 S_j 中含有原来的初态,则 q_1 是新初态;若 S_j 中含有原来的终态,则 q_1 是新终态。

通过上述步骤进行化简后,再删除所有的无关状态,便可以得到最简的 DFA M。

例 3.8　已知,如图 3.19 所示的 DFA M,试写出其最小化过程。

解　首先,把 DFA M 的状态分成两个子集:终态集 $\{3,4,5,6\}$,非终态集 $\{0,1,2\}$,即 $S = \{3,4,5,6\} \cup \{0,1,2\}$。

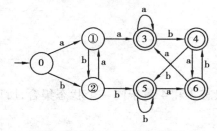

图 3.19　DFA M 的状态转换图

其次,考察子集$\{3,4,5,6\}$,由于$\{3,4,5,6\}_a = \{3,6\} \subset \{3,4,5,6\}$和$\{3,4,5,6\}_b = \{4,5\} \subset \{3,4,5,6\}$,因此,它不能再分划。

再考察$\{0,1,2\}$,由于$\{0,1,2\}_a = \{1,3\}$,它既不包含在$\{3,4,5,6\}$之中也不包含在$\{0,1,2\}$之中,因此,应把$\{0,1,2\}$一分为二。由于状态1经a箭弧到达状态3,而状态0和2经a箭弧都能到达状态1,因此,应把1分出来,形成$\{1\}$,$\{0,2\}$。

现在,整个状态集划分成3个子集,即$S = \{3,4,5,6\} \cup \{1\} \cup \{0,2\}$。

由于$\{0,2\}_b = \{2,5\}$未包含在上述3个子集中的任何一个子集之中,故$\{0,2\}$也应一分为二:$\{0\}$,$\{2\}$。

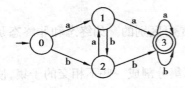

图 3.20　状态转换图

至此,整个划分结束,状态集可分成4个子集,即$S = \{3,4,5,6\} \cup \{0\} \cup \{1\} \cup \{2\}$,且每个子集都已不可再分。

最后,令状态3代表$\{3,4,5,6\}$,把原来进入状态4、5、6的箭弧都导入3,并删除4、5、6,这样就能得到化简后的DFA,具体如图3.20所示。

例3.9　已知有一个确定的有限自动机 DFA $M = (S, \Sigma, f, S_0, Z)$,其状态转换图如图3.21所示,对其进行简化。

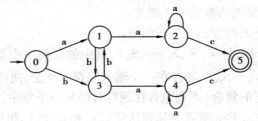

图 3.21　状态转换图

解　根据确定的有限自动机的简化方法,首先将状态划分为终态集$\{5\}$和非终态集$\{0,1,2,3,4\}$,则有:$S = \{0,1,2,3,4\} \cup \{5\}$。

首先,考察非终态集$\{0,1,2,3,4\}$:

因为$f(0,a) = 1$　$f(1,a) = 2$　$f(2,a) = 2$　$f(3,a) = 4$　$f(4,a) = 4$

其后继状态1、2、4属于同一个状态集$\{0,1,2,3,4\}$,所以状态集$\{0,1,2,3,4\}$对于输入符号a来讲是不可分的。

因为$f(0,b) = 3$　$f(1,b) = 3$　$f(2,b) = \phi$　$f(3,b) = 1$　$f(4,b) = \phi$

其后继状态1、3与ϕ不属于同一个状态集,所以将状态集$\{0,1,2,3,4\}$划分为:$\{0,1,3\} \cup \{2,4\}$。

此时,自动机的状态分划为

$S = \{0,1,3\} \cup \{2,4\} \cup \{5\}$

其次,考察状态集$\{0,1,3\}$:

因为$f(0,a) = 1$　　$f(1,a) = 2$　　$f(3,a) = 4$

其后继状态1、4不属于同一个状态集,而后继状态2和4属于同一个状态集合,所以将状态集$\{0,1,3\}$划分为:$\{1,3\} \cup \{0\}$

此时,自动机的状态为:

S = {0} ∪ {1,3} ∪ {2,4} ∪ {5}

考察状态集{1,3}:

对于输入符号 a,因为 f(1,a) = 2,f(3,a) = 4,其后继状态 2 和 4 属于同一个状态集合;

对于输入符号 b,因为 f(1,b) = 3,f(3,b) = 1,其后继状态 1、3 属于同一个状态集合;

对于输入符号 c 的情况,因为 f(1,c) = ϕ,f(3,c) = ϕ,其状态 ϕ 属于同一个状态集合(空集);

因此,不能再对状态{1,3}进行划分。

同理,考察状态集{2,4}也不能再进行划分。

至此,DFA M 的最终状态划分为

S = {0} ∪ {1,3} ∪ {2,4} ∪ {5}

因此,状态 1、3 是等价状态,现在选取状态 1 作为状态集{1,3}的代表,删去状态 3;同样,状态 2、4 是等价状态,选取状态 2 作为状态集{2,4}的代表,删去状态 4,从而可以得到简化的自动机,如图 3.22 所示。

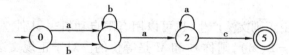

图 3.22　简化后 DFA 的状态转换图

如果直接画出状态转换图比较困难,可以先求出简化前 DFA 的状态转换矩阵,选出各状态子集的代表,在状态转换矩阵中,将同一状态集内的状态用代表进行替换,再将替换后矩阵中重复的行删除,最后根据状态转换矩阵中剩余部分画出简化后的 DFA。

对于例 3.9 来讲,简化前自动机的状态转换矩阵,见表 3.7。

表 3.7　DFA M 简化前的状态转换矩阵

符号＼状态	a	b	c
0	1	3→1	ϕ
1	2	3→1	ϕ
2	2	ϕ	5
3→1	4→2	1	ϕ
4→2	4→2	ϕ	5
5	ϕ	ϕ	ϕ

在表 3.7 中,"→"后面的状态即为替换后的状态,此时可知,状态转换矩阵中的第 2 行与第 4 行重复,第 3 行与第 5 行重复,删除重复第 4、5 行后,得到自动机简化后的状态转换矩阵,见表 3.8。

表 3.8　DFA M 简化后的状态转换矩阵

状态＼符号	a	b	c
0	1	1	φ
1	2	1	φ
2	2	φ	5
5	φ	φ	φ

同样,根据表 3.8 可以画出简化后的 DFA M 的状态转换图,具体如图 3.22 所示。

3.6　正规文法与有限自动机的等价性

一个正规集可以由正则文法产生,也可以用有限自动机来识别,对于正规文法 G 和有限自动机 M,如果 L(G) = L(M),则称 G 和 M 是等价的。对于正规文法和有限自动机的等价性,有以下两个结论:

①对任一正规文法 G(G_R 右线性文法和左线性文法 G_L),都存在一个有限自动机 M,使得 $L(M) = L(G_R) = L(G_L)$。

②对任一有限自动机 M,都存在一个正规文法(G_R 右线性文法和左线性文法 G_L),使得 $L(M) = L(G_R) = L(G_L)$。

3.6.1　右线性文法→有限自动机

设右线性文法 $G_R = (V_T, V_N, P, S)$,NFA 为 $(S, \sum, f, S_0, Z)$。根据右线性文法的 4 个部分求 NFA 的 5 个部分。

①文法 G_R 的开始符号 S 就是 NFA 的初态。

②文法 G_R 的 V_T 就是 NFA 的输入字母表 $\sum$。

③为 NFA 引入一个终态符号 Z',$Z' \notin V_N$,则 NFA 的终态集 $Z = \{Z'\}$。

④文法 G_R 的 $V_N \cup \{Z'\}$ 构成 NFA 的状态集 S。

⑤利用文法 G_R 的产生式集 P 来构成 NFA 的转换函数 f,具体方法如下:

a. 若对于某个 $A \in V_N$ 及 $a \in V_T \cup \{\varepsilon\}$,P 中产生式 A→a,则令 $f(A, a) = Z'$。

b. 对任意的 $A \in V_N$ 及 $a \in V_T \cup \{\varepsilon\}$,设 P 中左端为 A,右端第一符号为 a 的所有产生式为:$A \to aA_1 | \cdots | aA_k$(不包括 A→a),则令 $f(A, a) = \{A_1, \cdots, A_k\}$。

对于右线性文法 G_R,在 $S \Rightarrow w$ 的最左推导过程中,利用 A→aB 一次就相当于在 M 中从状态 A 经过标记为 a 的箭弧到达状态 B(包括 a = ε 的情形)。在推导的最后,利用 A→a 一次则相当于在 M 中从状态 A 经过标记为 a 的箭弧到达终结状态 Z(包括 a = ε 的情形)。

例 3.10　已知 $G_R[A] = (\{A, B, C, D\}, \{0, 1\}, A, P)$,其中产生式集 P 为:

A→0|0B|1D　　　　B→0D|1C

$$C \rightarrow 0 | 0B | 1D \qquad\qquad D \rightarrow 0D | 1D$$

解　根据上述步骤,得到有限自动机 $M = (S, \sum, f, S_0, Z)$,其中
$S = \{A, B, C, D, Z'\}$,$\sum = \{0, 1\}$,$Z = \{Z'\}$,$S_0 = A$ 为初态,f 为

$f(A, 0) = \{B, Z'\}$	$f(A, 1) = \{D\}$
$f(B, 0) = \{D\}$	$f(B, 1) = \{C\}$
$f(C, 0) = \{B, Z'\}$	$f(C, 1) = \{D\}$
$f(D, 0) = \{D\}$	$f(D, 1) = \{D\}$

其状态转换图如图 3.23 所示。

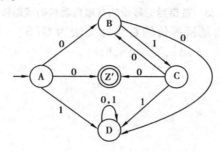

图 3.23　有限自动机的状态转换图

3.6.2　有限自动机→右线性文法

有限自动机转换成右线性文法,需要满足一个条件:有限自动机只有一个初态结,且终态结没有非 $\varepsilon\_$弧射入。

如果它不满足,则须对其进行改造,具体工作如下:如果 M 有多个初态结,则引入一个新的初态结,并从新的初态结 $\varepsilon\_$弧到原初态结(原初态结则不再作初态)。如果 M 的终态结有射入弧,则引入一新的终态,并从原来的每一终态结引 $\varepsilon\_$弧到新终态结(原终态结则不再作终态)。

一般的,改造后的非确定有限自动机 NFA $M = (S, \sum, f, S_0, Z)$,由它构造右线性文法 $G_R = (V_T, V_N, P, S)$ 的方法是:

①NFA M 的输入字母表 $\sum$ 就是文法 G_R 的终结符号集 V_T。

②NFA M 的初态结就是文法 G_R 的开始符号 S。

③文法 G_R 的产生式集 P 由 NFA M 的转换函数 f 得到,具体方法如下:

若 $f(A, a) = B$,则 $A \rightarrow aB \in P$。

若 $f(A, a) = Z'$,其中 $Z' \in Z$,则 $A \rightarrow a \in P$。

显然,NFA M 的终态不会出现在文法的产生式中,因此,V_N 为 NFA M 的状态集 S 去掉终态集 Z 中的状态构成,即 $V_N = S - Z$。

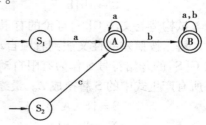

例 3.11　将图 3.24 的有限自动机转换成相应的右线性文法。

解　由于该有限自动机有多个初态,则引入一新初态 S;M 的终态结有射入弧,则引入一新终态 Y。所

图 3.24　状态转换图

47

以改造后的等价的有限自动机,如图 3.25 所示。

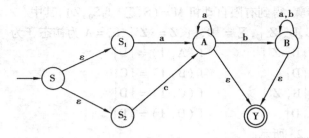

图 3.25　改造后的等价的有限自动机的状态转换图

按上述方法,与该有限自动机等价的右线性文法为 $G[S] = (V_N, V_T, P, S)$,其中,S 是文法的开始符号,$V_N = \{S, S_1, S_2, A, B\}$,$V_T = \{a, b, c\}$。

$$P = \{S \rightarrow S_1 | S_2,$$
$$S_1 \rightarrow aA,$$
$$S_2 \rightarrow cA,$$
$$A \rightarrow aA | bB | \varepsilon,$$
$$B \rightarrow aB | bB | \varepsilon\}$$

3.6.3　左线性文法→有限自动机

设左线性文法 $G_L = (V_T, V_N, P, S)$,NFA 为 $(S, \sum, f, S_0, Z)$。根据右线性文法的 4 个部分求 NFA 的 5 个部分。

①文法 G_L 的开始符号 S 就是 NFA 的终态。

②文法 G_L 的 V_T 就是 NFA 的输入字母表 $\sum$。

③为 NFA 引入一个初态 S',$S' \notin V_N$,则 NFA 的初态集 $S_0 = \{S'\}$。

④文法 G_L 的 $V_N \cup \{S'\}$ 构成 M 的状态集 S。

⑤利用文法 G_L 的产生式集 P 来构成 NFA 的转换函数 f,具体方法如下:

a. 若对某个 $A \in V_N$ 及 $a \in V_T \cup \{\varepsilon\}$,P 中有产生式 $A \rightarrow a$,则令 $f(S', a) = A$。

b. 对任意的 $A \in V_N$ 及 $a \in V_T \cup \{\varepsilon\}$,若 P 中所有右端第一符号为 A,第二个符号为 a 的产生式为:$A_1 \rightarrow Aa | \cdots, A_k \rightarrow Aa$,则令 $f(A, a) = \{A_1, \cdots, A_k\}$。

例 3.12　已知有左线性文法 $G[S]$:

$$S \rightarrow Sa | Aa | Bb$$
$$A \rightarrow Ba | a$$
$$B \rightarrow Ab | b$$

试构造与文法 $G[S]$ 等价的有限自动机。

解　按照左线性文法到有限自动机的转换方法,为有限自动机引入一个初态 S';因为文法 $G[S]$ 的开始符号 S 作为有限自动机的终态(设该终态为 Z'),为了方便设计,避免混淆现将所有产生式中的 S 替换成 Z。最终得到有限自动机 $M = (S, \sum, f, S_0, Z)$,其中,

$$S = \{S', A, B, Z\}$$
$$\sum = \{a, b\}$$
$$S_0 = \{S'\}$$

$$Z = \{Z\}$$

有限自动机的状态转换函数 f 为：

f (S', a) = {A}	f (S', b) = {B}
f (A, a) = {Z}	f (A, b) = {B}
f (B, a) = {A}	f (B, b) = {Z}
f (Z, a) = {Z}	f (Z, b) = φ

该有限自动机的状态转换图如图 3.26 所示。

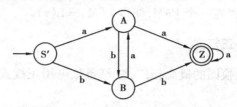

图 3.26　有限自动机的状态转换图

3.6.4　有限自动机→左线性文法

有限自动机转换成左线性文法，需要满足一个条件：有限自动机只有一个终态结，且初态结没有非 ε_弧射入。

如果它不满足，则须对其进行改造，具体工作如下：如果 NFA M 有多个终态结，则引入一个新的终态结，并从原来的终态结各引 ε_弧到新的终态结（原终态结则不再作终态）。如果 NFA M 的初态结有射入弧，则引入一新的初态，并从该初态结各引一 ε_弧到原初态结（原初态结则不再作初态）。

一般的，改造后的非确定有限自动机 NFA M = $(S, \sum, f, S_0, Z)$，由它构造左线性文法 $G_L = (V_N, V_T, P, S)$ 的方法是：

NFA M 的输入字母表 $\sum$ 就是文法 G_L 的终结符号集 V_T；NFA M 的唯一终态结就是文法 G_L 的开始符号；文法 G_L 的产生式集 P 由 NFA M 的转换函数 f 得到，具体方法是：

若 f(A, a) = B，则 B→Aa ∈ P；

若 f(S', a) = B，其中 $S' \in S_0$，则 B→a ∈ P；

显然，NFA M 的初态不会出现在文法的产生式中，因此，V_N 为 NFA M 的状态集 S 去掉初态集 S_0 中的状态构成，即 $V_N = S - S_0$。

例 3.13　将图 3.24 的有限自动机转换成与之等价的左线性文法。

解　按照有限自动机到左线性文法的转换方法，由于该有限自动机有多个终态，则引入一新终态 Z，则改造后的有限自动机如图 3.27 所示。

按上述方法，与该自动机相应的左线性文法为 G[Z] = (V_N, V_T, P, Z)，其中，Z 是文法开始符号，$V_N = \{Z, A, B\}$，$V_T = \{a, b, c\}$，p = {Z→A | B，A→Aa | a | c，B→Ba | Bb | Ab}。

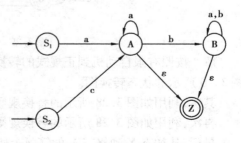

图 3.27　有限自动机的状态转换图

3.7 正规式与有限自动机的等价性

在理论上,正规式和有限自动机是等价的,对于正规式和有限自动机的等价性,有以下两个结论:

①对任何 FAM,都存在一个正规式 r,使得 L(r) = L(M)。

②对任何正规式 r,都存在一个 FAM,使得 L(M) = L(r)。

3.7.1 有限自动机→正规式

把 NFA M 中的状态转换图的概念拓广,令每条弧可用正规式来标记。有限自动机到正规式转换步骤如下:

①在 NFA M 的状态转换图上引入两个结点,一个为新的初态结点 X,另一个为新的终态结点 Y。从 X 引 ε_弧到 NFA M 的所有初态结点;从 NFA M 的所有终态结点引 ε_弧到 Y,从而形成一个新的 NFA M′,它只有一个初态 X 和一个终态 Y。显然,L(M) = L(M′)。

②反复使用图 3.28 的替换规则逐步消去 NFA M′中的除 X 和 Y 以外的所有结点,直至只剩下初态和终态结点为止。在消除结点的过程中,逐步用正规式来标记箭弧。

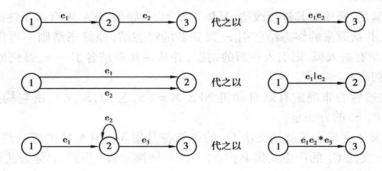

图 3.28 替换规则

例 3.14 已知有一个非确定的有限自动机 NFA M,如图 3.29 所示,试转换出与之等价的正规式。

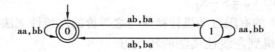

图 3.29 NFA M 的状态转换图

解 按照有限自动机到正规式的转换方法,首先,引入一个初态 X 和一个终态 Y,得到如图 3.30 所示的状态转换图。

其次,利用如图 3.28 所示的替换规则,消去状态 1,得到如图 3.31 所示的状态转换图。

再次,利用如图 3.28 所示的替换规则,消去状态 0,得到如图 3.32 所示的状态转换图。

最后,从初态 X 到终态 Y 的箭弧上所标记的正规式就与图 3.29 所示的 NFA M 等价,该正规式为:$((aa|bb)|(ab|ba)(aa|bb)^*(ab|ba))^*$。

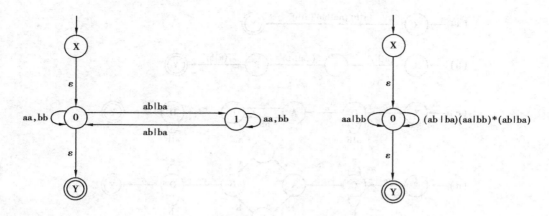

图 3.30　改造后的 NFA M 的状态转换图　　　图 3.31　消去状态 1 后的 NFA M 的状态转换图

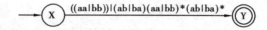

图 3.32　消去状态 0 后的 NFA M 的状态转换图

3.7.2　正规式→有限自动机

对于一个正规式 r,构造一个有限自动机 NFA M,使得 L(M) = L(r)。具体转换步骤如下:

①首先构造一个与正规式 r 对应的 NFA M 的广义转换图,其中,只有 X 与 Y 两个状态,X 是初态,Y 是终态,箭弧上是正规式 r。

②然后,按照图 3.33 中的替换规则对正规式 r 逐步进行分解,直到转换图中所有的弧上都是 Σ 中的单个符号或 ε 为止。

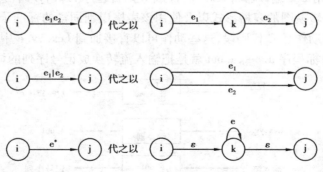

图 3.33　转换规则

例 3.15　构造与正规式 $(a|b)^*(aa|bb)^*(a|b)^*$ 等价的非确定的有限自动机。

解　首先,引入初态 X 和终态 Y,构造一个与正规式 $(a|b)^*(aa|bb)^*(a|b)^*$ 对应的 NFA M 的广义转换图,其次,反复利用如图 3.33 所示的替换规则进行转换,最后,得到与之等价的 NFA M,具体过程如图 3.34(a)、(b)、(c)、(d)所示。

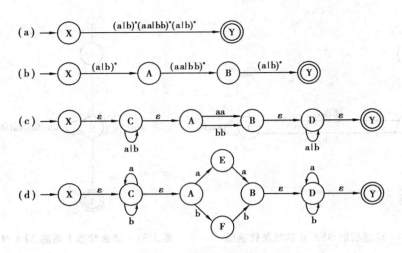

图 3.34 NFA M 的状态转换图

3.8 词法分析程序的自动生成

下面介绍一个词法分析器的自动生成工具 Lex,讨论 Lex 的具体实现:

Lex 是一个基于正规式的描述构造词法分析器的工具,也称为 Lex 编译器,它已经广泛用于产生各种语言的词法分析器。它输入的是用 Lex 语言编写的源程序,输出的是词法分析的 C 语言程序。

3.8.1 Lex 的使用方法

Lex 的使用方法通常如图 3.35 所示。首先,使用 Lex 语言写一个定义词法分析器的源程序 lex.l。其次,利用 Lex 编译器将 lex.l 转换成 C 语言程序 Lex.yy.c。它包括从 lex.l 的正规表达式构造的状态转换图的表格形式以及使用该表格识别词素的标准子程序。与 lex.l 中正规表达式相关联的动作是 C 代码段,这些动作可以直接加到 Lex.yy.c 中。最后,Lex.yy.c 通过 C 编译器生成目标程序 a.out,a.out 就是把输入流转换成记号序列的词法分析器。

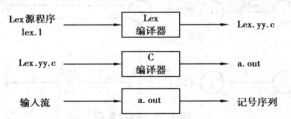

图 3.35 用 Lex 建立一个词法分析器的过程

3.8.2 Lex 源文件中正规式的约定

Lex 源文件中对正规式的定义与本章的第 3.4 节的定义类似,表 3.9 是常用的 Lex 元字符约定。

表 3.9　Lex 的元字符约定

格　式	含　义
a	字符 a
"a"	即使 a 是一个元字符,它仍是字符 a
\a	当 a 是一个元字符时,为字符 a
a*	a 的零次或多次重复
a+	a 的一次或多次重复
a?	一个可选的 a
a|b	a 或 b
(a)	a 本身
[abc]	字符 a、b 或 c 中的任一个
[a-d]	字符 a、b、c 或 d 中的任一个
[^ab]	除了 a 或 b 外的任一个字符
·	除了换行符之外的任一个字符
{xxx}	名字 xxx 表示的正规式
\<EOF\>	匹配文件结束标志

下面对表 3.9 中的约定进行简要说明:

①Lex 允许匹配单个字符或字符串,只需按顺序写出字符即可。

②Lex 允许把字符放在双引号中而将元字符作为真正的字符来匹配。引号可用于并不是元字符的字符前后,但此时的引号毫无意义。例如,可以用 if 或"if"来匹配一个 if 语句开始的保留字 if。

③如果要匹配左括号,就必须写作"(",这是因为左括号是一个元字符。另一个方法是利用反斜杠元字符\,但它只有在单个元字符时才起作用:如果匹配字符序列(*,就必须重复使用反斜杠,写作\(*。很明显,"(*"更简单一些。另外,将反斜杠与正规字符一起使用就有了特殊意义。例如,\n 匹配一新行,\t 匹配一个制表位(这些都是典型的 C 语言约定,大多数这样的约定在 Lex 中也可使用)。

④Lex 按正规式中通常的意义来解释元字符 *、+、(、)和 |。Lex 还利用问号作为元字符指示可选部分(注意:在文本文件中、正规式中的 *、+ 用普通字符)。例如,正规式

$$(aa|bb)(a|b)^*c?$$

表示以 aa 或 bb 开头,末尾则是一个可选的 c。

⑤字符类是将字符类写在方括号之中。例如,[abxz]就表示 a、b、x 或 z 中的任意一个字符。由此前面的正规式可以写作:

$$(aa|bb)[ab]^*c?$$

⑥在使用方括号表示字符类时,还可以利用连字符表示出字符的范围。因此,表达式 [0-9]表示任何一个 0-9 的数字。

Lex 有一个特征:在方括号(表示字符类)中,大多数的元字符都丧失了其特殊含义,且无

须用引号引出。甚至如果可以首先将连字符列出来的话,则也可以将其写作正规字符。("＋"|"－")写作[－ ＋],但不能写作[＋ －]这是因为元字符"－"用于表示字符的一个范围。又例如,[.″?]表示了句号、引号和问号3个字符中的任意一个字符(这3个字符在方括号中都失去了它们的元字符含义)。但是一些字符即使是在方括号中也仍然是元字符,一次为了得到真正的字符就必须在字符前加一个反斜杠(由于引号已失去了它们的元字符含义,所以不能用它),一次[\^]就表示了真正的字符^。

⑦互补集合(也就是不包含某个字符的集合)也可以使用这种表示法:将插入符^作为括号中的第一个字符,因此[^0-9abc]就表示不是任何数字且不是字母a、b或c中任何一个符号的其他任意字符。

⑧据点是一个表示字符集的元字符:它表示除新行(\n)以外的任意字符。

⑨Lex中一个更为重要的元字符是用花括号指出正规式的名字。只要没有递归引用,这些名字也可使用在其他的正规式中。

例3.16 整数和标识符的正规式的定义可写成:

```
digit              [0-9]
letter             [a-ZA-Z]
number             {digit} +
id                 {letter}({letter}|{digit}) *
```

3.8.3 Lex 源程序的编写

使用Lex构造词法分析器的关键是编写Lex源程序。Lex源程序包括3个部分:说明、识别规则和辅助程序,这3个部分由%%分开,因此,Lex输入文件的格式为:

说明(辅助定义部分)
%%
识别规则
%%
辅助程序(用户子程序部分)

其中,规则部分是必须的,定义和辅助程序部分是任选的。如果没有辅助程序部分,则第二个分隔号%%(双百分号)可以省去;但由于第一个%%用来指示规则部分的开始,故即使没有说明部分,也不能将其省去。

(1)说明部分

它是C和Lex的全局声明。它的作用在于对规则部分要引用的文件和变量进行说明,通常可包含头文件、常数定义、全局变量定义、正则式定义等。每一个正则式定义由分隔符(适当个数的空格或制表符)连接的正则式的名字和正则式表达式组成,即:Di Ri

其中,Di表示正则式的名字,Ri表示正则表达式。除正则式定义以外,定义部分的其余代码须用符号%{和%}括起来,其间可以是包括include语句、声明语句在内的C语句。

例如:

```
%{
int wordCount = 0;
int noCount = 0;
```

```
%}
chars            [A-Za-z]
numbers          ([0-9])+
words            {chars}+
```

注意:凡是对已经定义的正则表达式的名字的引用,都必须用花括号将它们括起来。

(2)识别规则部分

识别规则部分起始于"%%"符号,终止于"%%"符号,其间则是词法规则。词法规则由词形和动作两部分组成。即

```
Pi               {ACTION i}
```

Pi 词形部分可以由任意的正则表达式组成,ACTION i 动作部分是由 C 语言语句组成,这些语句用来对所匹配的词形进行相应处理。规则部分完全决定了词法分析程序的功能,它只能识别出词形中正则表达式所定义的单词。

例如:

```
%%
{words}              {wordCount++; /* increase the word count */}
{numbers}            {noCount++; /* increase the number count */}
\n                   {;}
.                    {;}
```

(3)辅助程序部分

这部分包含了识别规则部分的动作代码段中所调用的各个局部函数,这些函数由用户用 C 语言编写的,这样就可以达到简化编程的目的。它们将由 Lex 系统直接拷贝到输出文件 lex.yy.c 中。

例如:

```
%%
main(  )
{
yylex(  ); /* start the analysis */
printf(" Count of words:%d\n", wordCount);
printf(" Count of numbers:%d\n", noCount);
}
```

综合上述几个例子,可以得到一个统计字(由字母组成的)和数字(由数字组成)的个数的 Lex 源程序。

```
%{
int wordCount=0, noCount=0;
%}
chars            [A-Za-z]
numbers          ([0-9])+
words            {chars}+
%%
```

```
{words}              {wordCount ++ ; /* increase the word count */}
{numbers}            {noCount ++ ; /* increase the number count */}
\n                   {; /* do  nothing */}
.                    {; /* do  nothing */}
%%
main(    )
{
yylex( ); /* start the analysis */
printf(" Count of words:%d\n", wordCount);
printf(" Count of numbers:%d\n", noCount);
}
```

Lex 还提供了一些内部名字,在与正规式匹配的动作函数或辅助程序中都可以使用。在这里列出了一些常用的具体见表 3.10。

表 3.10　常用的 Lex 内部名字

内部名字	含义/使用
yylex	Lex 扫描程序
yytext	当前规则匹配的串
yyin	Lex 输入文件,缺省为 stdin
yyout	Lex 输出文件,缺省为 stdout
input	Lex 缓冲的输入程序
ECHO	将 yytext 的内容打印出来

例 3.17　编写一个 Lex 源文件,其功能是将输入文件中注释以外的所有大写字母转变成小写字母。

```
%{
#include  <stdio. h>
#define    FALSE 0
#define    TRUE 1
%}
%%
"/*" {char c;
        int done = FALSE;
        ECHO;
        do{
        while((c = input( ))! = '*') putchar(c);
        putchar(c);
        while((c = input( )) == '*') putchar(c);
        putchar(c);
```

```
        if( c == '/' ) done = TRUE;
        }while( ! done ) ;
    }
[A - Z]{ putchar( tolower( yytext[0])) ;
        }
%%
int main( )
{ yylex( ) ;   return 0;}
int yywrap( )
{ return 1;}
```

习题 3

3.1 词法分析的主要任务是什么?

3.2 已知有限自动机 DFA M = ({S,A,B,C},{0,1},f,S,{S}),其转换函数 f 为:

$$f(S,0) = B \qquad f(B,0) = S$$
$$f(S,1) = A \qquad f(B,1) = C$$
$$f(A,0) = C \qquad f(C,0) = A$$
$$f(A,1) = S \qquad f(C,1) = B$$

请画出该有限自动机的状态转换图,并说明它所识别的语言是什么?

3.3 设计字母表 $\Sigma = \{a,c\}$ 上的有限自动机,使它能识别下列语言:

(1)以 aa 为首的所有符号串集合。

(2)以 cc 结尾的所有符号串集合。

3.4 试把图 3.36 所示的 NFA 变换为 DFA。

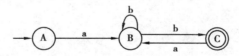

图 3.36

3.5 试把图 3.37 所示的有限自动机最小化。

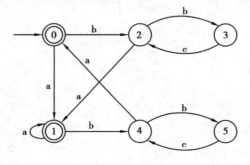

图 3.37

3.6 构造与正规表达式 a(b|a)*ba 等价的有限自动机。

3.7 写出与图 3.38 所示的有限自动机等价的正规表达式。

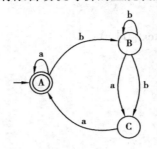

图 3.38

3.8 构造与右线性文法 $G_R[S]$：

S→mA|m

A→mA|nS|m

等价的有限自动机。

3.9 写出与图 3.39 所示的有限自动机等价的左线性文法和右线性文法。

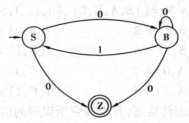

图 3.39

3.10 编写一个统计文本文件中的字符数和行数的 Lex 源程序。

第4章
语法分析——自顶向下分析

语法分析是编译原理的核心部分,它的主要任务是从词法分析输出的单词符号串中识别出各类语法成分,同时判定程序的语法结构是否符合语法规则,为语义分析和目标代码生成作准备。完成语法分析任务的程序称为语法分析程序或语法分析器。语法分析器在编译程序中的地位,如图4.1所示。

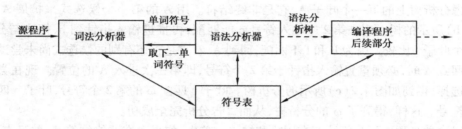

图4.1 语法分析器在编译程序中的地位

语言的语法结构是用上下文无关文法描述的。因此,语法分析器的工作本质上就是按文法的产生式,识别输入的单词符号串是否为一个句子。若是,则输出该句子的分析树;否则就表示源程序存在语法错误,需要报告错误的性质和位置。

按照语法分析树的建立方法,可将语法分析方法分成自顶向下和自底向上两大类。

①自顶向下分析方法。语法分析从顶部(树根、语言的识别符号)到底部(叶子、语言的终结符号)为输入的单词符号串建立语法分析树。本章将介绍的递归下降分析方法和 LL 分析方法就属于自顶向下分析方法。

②自底向上分析方法。语法分析从底部到顶部为输入的单词符号串建立语法分析树。最常见的自底向上分析方法有算符优先分析法和 LR 分析方法,该部分内容将在第 5 章介绍。

无论采用哪种分析方法,语法分析都是自左向右读入符号。

4.1 自顶向下分析面临的问题

所谓自顶向下分析方法就是从文法的开始符号出发,按最左推导方式向下推导,试图推出要分析的输入串。它的宗旨是,对任何输入串,试图用一切可能的办法,从文法开始符号出发,自上而下,从左到右的为输入串建立分析树。或者说,为输入串寻找最左推导。这种分析过程本质上是一种试探过程,是反复使用不同的产生式谋求匹配输入串的过程。

例 4.1 若有文法 G[S]:

$$S \rightarrow aAb$$
$$A \rightarrow cf \mid c$$

为了自顶向下地为输入串 $\omega = acb$ 建立分析树,首先,建立只有标记为 S 的单个结点树,输入指针指向 ω 第一个符号 a,接着用 S 的第一个候选式来扩展该树,得到的树如图 4.2(a)所示。

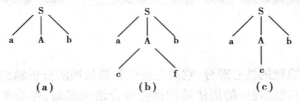

图 4.2　自顶向下分析的试探过程

最左边的叶子标记为 a,匹配 ω 的第一个符号。于是,推进输入指针到 ω 的第二个符号 c,并考虑分析树上的下一个叶子 A,它是非终结符。用 A 的第一个候选式来扩展 A,得到如图 4.2(b)所示的树。现在第 2 个输入符号 c 能匹配,再推进输入指针到 b,把它与分析树上的下一个叶子 f 比较。因为 b 和 f 不匹配,回到 A,看它是否还有别的候选式尚未尝试。

在回到 A 时,必须重置输入指针于第 2 个符号,即第一次进入 A 的位置。现在尝试 A 的第 2 个选择,得到如图 4.2(c)所示的分析树。叶子 c 匹配 ω 的第 2 个符号,叶子 b 匹配 ω 的第 3 个符号。这样,得到了 ω 的分析树,从而宣告分析完全成功。

上述这种自顶向下分析法存在困难和缺点。首先,如果存在非终结符 A,并且有 $A \overset{+}{\Rightarrow} Aa$ 这样的左递归,文法将使上述自顶向下分析过程陷入无限循环。因为当试图用 A 去匹配输入串时会发现,在没有吃进任何输入符号的情况下,又得要求用下一个 A 去进行新的匹配。因此,使用自上而下分析法时,文法应该没有左递归。

其次,当非终结符用某个选择匹配成功时,这种成功可能仅是暂时的。由于这种虚假现象,需要使用复杂的回溯技术。由于回溯,需要把已做的一些语义工作(如中间代码的生成等)推倒重来。这些事情既麻烦又费时间,所以最好设法消除回溯。同时,回溯使得分析器难以报告输入符号串出错的确切位置。

最后,试探与回溯是一种穷尽一切可能的办法,效率低,代价高,它只有理论意义,在实践中的价值不大。

4.2　LL(1)文法

从上一节的讨论可见,并非所有的文法都能进行确定的自顶而下的语法分析。在判定一个文法能否进行不带回溯的确定的自顶向下分析过程中,将涉及一些集合,如 FIRST、FOLLOW 及 SELECT。因此,先介绍这些集合的构造方法,然后再介绍 LL(1)文法。

4.2.1　FIRST 集

FIRST 集合（首符号集）的定义：

假定 α 是给定上下文无关文法 $G = (V_N, V_T, P, S)$ 的任意符号串，$\alpha \in (V_T \cup V_N)^*$，则

$$FIRST(\alpha) = \{a | \alpha \overset{*}{\Rightarrow} a\cdots, a \in V_T\}$$

若 $\alpha \overset{*}{\Rightarrow} \varepsilon$，则规定 $\varepsilon \in FIRST(\alpha)$。

实际上，$FIRST(\alpha)$ 就是从符号串 α 出发能够推导出来的所有符号串中，处于符号串头部的终结符号和可能的 ε 的集合。

FIRST 集合的构造方法：

对于上下文无关文法 G 中的任意一个符号 $X \in (V_N \cup V_T)$，其 $FIRST(X)$ 集合可反复使用下列规则计算，直到其 FIRST 集合不再增大为止。

①若 $X \in V_T$，则 $FIRST(X) = \{X\}$。

②若 $X \in V_N$，且具有形如 $X \rightarrow a$ 的产生式形式（$a \in V_T$），或形如 $X \rightarrow \varepsilon$ 的产生式，则把 a 或 ε 加入 $FIRST(X)$。

③设文法 G 中形如 $X \rightarrow Y_1 Y_2 \cdots Y_k$ 的产生式，若 $Y_1 \in V_N$，则把 $FIRST(Y_1)$ 中的一切非 ε 符号加入 $FIRST(X)$；对于一切 $2 \le i \le k$，若 $Y_1, Y_2, \cdots Y_{i-1}$ 均为非终结符号，其 $\varepsilon \in FIRST(Y_j)$（其中 $1 \le j \le i-1$），则将 $FIRST(Y_i)$ 中的一切非 ε 符号加入 $FIRST(X)$；但若对一切 $1 \le i \le k$，均有 $\varepsilon \in FIRST(Y_i)$，则将 ε 符号加入 $FIRST(X)$。

对于文法 G 的任意一个符号串 $\alpha = X_1 X_2 \cdots X_n$，可按下列方法构造其 $FIRST(\alpha)$：

①置 $FIRST(\alpha) = \phi$。

②将 $FIRST(X_1)$ 中的一切非 ε 符号加入 $FIRST(\alpha)$。

③若 $\varepsilon \in FIRST(X_1)$，将 $FIRST(X_2)$ 中的一切非 ε 符号加入 $FIRST(\alpha)$。

若 $\varepsilon \in FIRST(X_1)$ 和 $FIRST(X_2)$，将 $FIRST(X_3)$ 中的一切非 ε 符号加入 $FIRST(\alpha)$，以此类推。

④若对于一切 $1 \le t \le n$，$\varepsilon \in FIRST(X)$，在将 ε 符号加入 $FIRST(\alpha)$。

例 4.2　已知文法 G[E]：

$$E \rightarrow TE'$$
$$E' \rightarrow +TE' | \varepsilon$$
$$T \rightarrow FT'$$
$$T' \rightarrow *FT' | \varepsilon$$
$$F \rightarrow (E) | i$$

求文法中的非终结符号以及符号串 TE'、$+TE'$、ε、FT' 的 FIRST 集。

解　首先，求各非终结符号 FIRST 集：

$FIRST(E) = FIRST(T) = FIRST(F) = \{(, i\}$

$FIRST(E') = \{+, \varepsilon\}$

$FIRST(T') = \{*, \varepsilon\}$

其次，求符号串的 FIRST 集：

FIRST(TE') = FIRST(T) = FIRST(F) = { (,i}

FIRST(+ TE') = { + }

FIRST(ε) = {ε}

FIRST(FT') = FIRST(F) = { (,i}

4.2.2 FOLLOW 集

FOLLOW 集(后继符号集)的定义:

假定 S 是上下文无关文法 G = (V_N , V_T , P , S) 的开始符号,对于 G 的任何非终结符号 A,则

$$FOLLOW(A) = \{ a \mid S \overset{*}{\Rightarrow} \cdots Aa \cdots, a \in V_T \}$$

若 S $\overset{*}{\Rightarrow}$ ···A,则规定# $\in$ FOLLOW(A),# $\notin$ V_T,'#'为输入串的结束符。

从定义可以看出,FOLLOW(A)就是在所有句型中出现在紧接 A 之后的终结符号或#。对于文法中的非终结符号 A $\in$ V_N,其 FOLLOW(A)集合可反复使用下列规则计算,直到其 FOLLOW(A)集合不再增大为止:

①对于文法的开始符号 S,令'#' $\in$ FOLLOW(S)。

②若文法 G 中有形如 A→αBβ 的产生式,且 β $\neq$ ε,则将 FIRST(β)中的一切非 ε 符号加入 FOLLOW(B)。

③若文法 G 中有形如 A→αB 或 A→αBβ(且 ε $\in$ FIRST(β))的产生式,则 FOLLOW(A)中的全部元素均属于 FOLLOW(B)。

注意:在 FOLLOW 集合中无 ε。

例 4.3 已知文法 G[E]:

E→TE'

E'→ + TE' | ε

T→FT'

T'→ * FT' | ε

F→(E) | i

求各非终结符号的 FOLLOW 集。

解 首先求 FOLLOW(E):

因为 E 是文法开始符号,所以 # $\in$ FOLLOW(E);

又因为 F→(E),所以) $\in$ FOLLOW(E);

故,FOLLOW(E) = {) ,#}

同理,可以求出其他非终结符号的 FOLLOW 集:

FOLLOW(E') = FOLLOW(E) = {) ,#}

FOLLOW(T) = FIRST(E') $\cup$ FOLLOW(E') = { + ,) ,#}

FOLLOW(T') = FOLLOW(T) = { + ,) ,#}

FOLLOW(F) = FIRST(T') $\cup$ FOLLOW(T) = { + , * ,) ,#}

4.2.3　SELECT 集

SELECT 集(可选集)的定义如下:

给定不含左递归的上下文无关文法 G 的产生式 $P\to\alpha$, $P\in V_N$, $\alpha\in V^*$,定义选择集 SELECT($P\to\alpha$)如下:

若 α 不能推导出 ε,则 SELECT($P\to\alpha$) = FIRST(α);

若 α 可以推导出 ε,则 SELECT($P\to\alpha$) = (FIRST(α) - {ε})$\cup$FOLLOW(P)。

从定义可以看出,SELECT($P\to\alpha$)是指在推导过程中,如果采用了产生式 $P\to\alpha$ 来进行推导,下一个可能推导出的终结符号集。

例 4.4　文法 G[S]:

$$S\to aA\mid d$$

$$A\to bAS\mid\varepsilon$$

解　由定义有,SELECT($S\to aA$) = FIRST(aA) = {a}

SELECT($S\to d$) = FIRST(d) = {d}

SELECT($A\to bAS$) = FIRST(bAS) = {b}

SELECT($A\to\varepsilon$) = (FIRST(ε) - {ε})$\cup$FOLLOW(A) = {a,d,#}

例 4.5　已知文法 G[S]:

$$S\to AB\mid bC$$

$$A\to b\mid\varepsilon$$

$$B\to aD\mid\varepsilon$$

$$C\to AD\mid b$$

$$D\to aS\mid c$$

求符号串 AB、bC、ε、AD 的 FIRST 集,所有非终结符号的 FOLLOW,以及所有产生式的 SELECT集。

解　(1)求 FIRST 集,由定义有:

FIRST(AB) = (FIRST(A) - {ε})$\cup$(FIRST(B) - {ε})$\cup${ε} = {a,b,ε}

FIRST(bC) = {b}

FIRST(ε) = {ε}

FIRST(AD) = (FIRST(A) - {ε})$\cup$(FIRST(D)) = {b,a,c}

(2)求 FOLLOW 集,由定义有:

FOLLOW(S) = {#}$\cup$FOLLOW(D)

FOLLOW(A) = FIRST(B) - {ε}$\cup$FIRST(D)$\cup$FOLLOW(S) = {a,c}$\cup$FOLLOW(S)

FOLLOW(B) = FOLLOW(S)

FOLLOW(C) = FOLLOW(S)

FOLLOW(D) = FOLLOW(B)$\cup$FOLLOW(C)

从 FOLLOW(S) = {#}开始,不断循环求解直到所有 FOLLOW 集不再增大,最后可得:

FOLLOW(S) == {#}$\cup$FOLLOW(D) = {#}

FOLLOW(A) = {a,c,#}

FOLLOW(B) = {#}

FOLLOW(C) = {#}

FOLLOW(D) = {#}

(3)求 SELECT 集,由定义有:

SELECT(S→AB) = FIRST(AB) ∪ FOLLOW(S) = {b,a,#}

SELECT(S→bC) = FIRST(bC) = {b}

SELECT(A→ε) = FIRST(ε) − {ε} ∪ FOLLOW(A) = {a,c,#}

SELECT(A→b) = FIRST(b) = {b}

SELECT(B→ε) = FIRST(ε) − {ε} ∪ FOLLOW(B) = {#}

SELECT(B→aD) = FIRST(aD) = {a}

SELECT(C→AD) = FIRST(AD) = {a,b,c}

SELECT(C→b) = FIRST(b) = {b}

SELECT(D→aS) = FIRST(aS) = {a}

SELECT(D→c) = FIRST(c) = {c}

4.2.4 LL(1)文法

通过前面的介绍已经明确知道,自顶向下分析方法不允许文法含有任何左递归。为了构造不带回溯的自顶向下分析算法,以便进行确定的自顶而下分析,首先必须消除文法的左递归性,并找出克服回溯的充分必要条件。

欲构造行之有效的自顶向下分析器,则必须消除回溯。为了消除回溯就必须保证对文法的任何非终结符,当要它去匹配输入串时,能够根据它所面临的输入符号准确地指派它的一个候选去执行任务,并且此候选的工作结果应是确信无疑的。也就是说,若此候选式获得成功匹配,那么,这种匹配绝不是虚假的;而若此候选式无法完成匹配任务,则任何其他候选式也肯定无法完成。换句话讲,假定现在轮到非终结符号 A 去执行匹配(即识别)任务,A 有 n 个候选式 $\alpha_1,\alpha_2,\cdots,\alpha_n$,即 A→$\alpha_1$|$\alpha_2$|$\cdots$|$\alpha_n$。A 所面临的第一个输入符号为 a,如果 A 能够根据不同的输入符号指派相应的唯一的候选式 α_i 作为全权代表去执行匹配任务,那就肯定无须回溯了。

假定一个文法不含左递归,如果非终结符 A 对应产生式中的所有候选式的首符号集两两不相交,即 A 的任何两个不同的候选式 α_i 和 α_j,有

$$FIRST(\alpha_i) \cap FIRST(\alpha_j) = \phi \qquad (i \neq j)$$

则当要求这个非终结符 A 匹配输入串时,就能根据它所面临的第一个输入符号 a,准确地指派某一个候选式去执行任务,这个候选式就是那个首符号集含输入符号 a 的 α。

应该指出,许多文法都存在那样的非终结符号,它的所有候选式的首符号集并非两两不相交。例如,G[S]:S→aS|a|b 就是这样一种情形。

如何把一个文法改造成任何非终结符号的所有候选式的首符号集两两不相交呢? 其办法是提取公共左因子。对于文法产生式,经过反复提取左因子,就能够把每个非终结符号(包括新引进者)的所有候选式的首符号集变成两两不相交。而付出的代价就是大量引入新的非终结符号和 ε − 产生式。

对于提取公共左因子的具体实施办法,在前面章节已经有详细介绍,在这里仅通过一个例子简单回顾一下。

例4.6　已知文法 G[S]:

$$S \rightarrow aSb \mid P$$

$$P \rightarrow bPc \mid bQc$$

$$Q \rightarrow Qa \mid a$$

消除文法的左递归,提取公共左因子。

解　消除文法的左递归,得到 G′[S]:

$$S \rightarrow aSb \mid P$$

$$P \rightarrow bPc \mid bQc$$

$$Q \rightarrow aQ′$$

$$Q′ \rightarrow aQ′ \mid \varepsilon$$

提取公共左因子后得到的文法 G″[S]:

$$S \rightarrow aSb \mid P$$

$$P \rightarrow bP′$$

$$P′ \rightarrow Pc \mid Qc$$

$$Q \rightarrow aQ′$$

$$Q′ \rightarrow aQ′ \mid \varepsilon$$

当一个文法不含左递归,并且满足每个非终结符号的所有候选式的首符号集两两不相交的条件,是不是就一定能进行有效的自顶向下分析了呢?如果空符号串 ε 属于某个非终结符的候选首符集,那么,问题就比较复杂。

例4.7　已知文法 G[E]:

$$E \rightarrow TE′$$

$$E′ \rightarrow + TE′ \mid \varepsilon$$

$$T \rightarrow FT′$$

$$T′ \rightarrow * FT′ \mid \varepsilon$$

$$F \rightarrow (E) \mid i$$

试对输入符号串 i + i 进行自上而下分析。

首先,从文法开始符号 E 出发来匹配输入符号串,面临的第一个输入符号为 i,因为 E 只有一个候选 TE′,且 i ∈ FIRST(TE′),所以使用 E→TE′ 进行推导。接下来,再从 T 出发匹配输入符号串,面临的输入符号还是 i,因为 i ∈ FIRST(FT′),所以用 T→FT′ 进行推导。再接下来,再从 F 出发进行匹配,面临输入符号 i,由于 i ∈ FIRST(i),所以用 F→i 进行推导,使输入符号串的第一个 i 得到匹配。到此时,便可得到如图 4.3(a)所示的语法树。

现在,要从 T′ 出发进行匹配,面临的输入符号为 +。因为 + 不属于 T′ 的任一候选式的首符号集,但由于有 T′→ε,因此,在这里进行特殊处理,让 T′ 自动得到匹配(即 T′ 匹配于空字符串 ε,注意这种情况下,输入符号并不读进)。这样便可得到如图 4.3(b)所示的语法树。在后面的分析过程中,如果遇到类似情况也这样处理。最后,我们可得到与 i + i 相匹配的语法分析树,具体如图 4.3(c)所示。

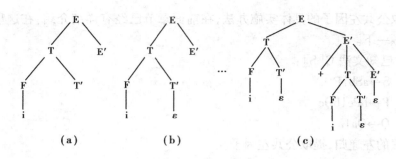

图4.3 语法分析树

那是不是意味着,当非终结符 A 面临输入符号 a,且 a 不属于 A 的任意候选式的首符号集,但 A 的某个候选式的首符号集包含 ε 时,就一定可以使 A 自动匹配?经过研究发现,只有当 a 是允许在文法的某个句型中跟在 A 后面的终结符号时,才可能允许 A 自动匹配,否则,a 在这里的出现就是一种语法错误。也就是说,当非终结符 A 面临输入符号 a,且 a 不属于 A 的任意候选式的首符号集,但 A 的某个候选首符集包含 ε 时,只有当 a ∈ FOLLOW(A),才可能允许 A 自动匹配。

通过上面一系列讨论,我们找到了满足构造不带回溯的自顶向下分析的文法条件:

①文法不含左递归。

②对于文法中每一个非终结符 A 的各个产生式的候选式的首符号集两两不相交。即,若 A→α₁|α₂|⋯|αₙ,则

$$FIRST(\alpha_i) \cap FIRST(\alpha_j) = \phi \quad (i \neq j)$$

③对文件中的每个非终结符 A,若它存在某个候选式的首符号集包含 ε,则

$$FIRST(A) \cap FOLLOW(A) = \phi$$

如果一个文法 G 满足以上条件,则称该文法 G 为 LL(1)文法。

对于 LL(1)文法,可以从左到右扫描输入串,并按最左推导的方式求得与输入串中各符号的匹配,每步推导只需查看一个输入符号,就可准确地选择所用的产生式。因此,由前面介绍的 SELECT 集可以得到 LL(1)文法的另外一个定义,具体如下:

一个上下文无关文法是 LL(1)文法,当且仅当对于每个非终结符 A 的任何两个候选式 A→α|β 满足:

$$SELECT(A \rightarrow \alpha) \cap SELECT(A \rightarrow \beta) = \phi$$

其中,$A \in V_N$,α、β ∈ V*,且不能同时推导出 ε。

例4.8 判断下面的文法是否是 LL(1)文法:

(1)G[S]:

    S→aA|d

    A→bAS|ε

(2)G[S]:

    S→aAS|b

    A→bA|ε

解 (1)因为有 SELECT(S→aA) = FIRST(aA) = {a}

        SELECT(S→d) = FIRST(d) = {d}

$$SELECT(A{\rightarrow}bAS) = FIRST(bAS) = \{b\}$$

$$SELECT(A{\rightarrow}\varepsilon) = (FIRST(\varepsilon) - \{\varepsilon\}) \cup FOLLOW(A) = \{a,d,\#\}$$

所以有,$SELECT(S{\rightarrow}aA) \cap SELECT(S{\rightarrow}d) = \{a\} \cap \{d\} = \phi$

$$SELECT(S{\rightarrow}bAS) \cap SELECT(A{\rightarrow}\varepsilon) = \{b\} \cap \{a,d,\#\} = \phi$$

由 LL(1) 文法的定义可知,该文法是 LL(1) 文法。

(2)因为有 $SELECT(S{\rightarrow}aAS) = FIRST(aAS) = \{a\}$

$$SELECT(S{\rightarrow}b) = FIRST(b) = \{b\}$$

$$SELECT(A{\rightarrow}bA) = FIRST(bA) = \{b\}$$

$$SELECT(A{\rightarrow}\varepsilon) = (FIRST(\varepsilon) - \{\varepsilon\}) \cup FOLLOW(A) = \{a,b,\#\}$$

所以有,$SELECT(S{\rightarrow}aAS) \cap SELECT(S{\rightarrow}b) = \phi$

$$SELECT(S{\rightarrow}bA) \cap SELECT(S{\rightarrow}\varepsilon) \neq \phi$$

由 LL(1) 文法的定义可知,该文法是 LL(1) 文法。

由定义可知,LL(1) 文法没有左因子,它不是二义的,也不含左递归。一个文法中若含有左递归和左因子,则它一定不是 LL(1) 文法,也就不可能用确定的自顶向下分析。然而,某些含有左递归和左因子的文法在通过等价变换后就可能变为 LL(1) 文法,不过仍需要用 LL(1) 文法的定义来加以判别。也就是说,文法中不含左递归和左因子只是 LL(1) 文法的必要条件。

4.3　递归下降分析法

任何一个给定的 LL(1) 文法,都可以构造一个不带回溯的自顶向下分析程序,这个分析程序由一组递归过程组成,每个过程对应文法的一个非终结符,用于识别该非终结符的语法成分,这样一个语法分析程序称为递归下降分析器。也就是说递归下降分析法为文法中的每一个非终结符编写一个递归过程,识别由该非终结符推出的符号串,当某个非终结符有多个候选式时,能够按照 LL(1) 形式确定地选择某个产生式进行推导。用这种方法进行语法分析时,从读入第一个单词开始,由开始符号出发进行分析。若遇到非终结符,则调用相应的处理过程;若遇到终结符,则判断当前读入的单词是否与该终结符相匹配,如果匹配,则读取下一个单词继续分析。

设 LL(1) 文法 $G(V_N, V_T, P, S)$, $V_N = \{X_1, X_2, \cdots, X_n\}$。对文法的每个非终结符号 X_i,可以按照以下方法来设计递归下降分析子程序 $X_i()$:

①对于形如 $X_i{\rightarrow}\gamma_1 | \gamma_2 | \cdots | \gamma_m$ 的产生式,在相应子程序 $X_i()$ 中,应该能够判断当前输入符号 a 属于哪个候选式 γ_j 的 SELECT 集,并转入该候选式相应的代码段,继续识别,对候选式的选择可用 if 语句或 case 语句实现。

②对于形如 $X_i{\rightarrow}Y_1 Y_2 \cdots Y_k (Y_j \in V_N \cup V_T)$ 的产生式,相应子程序 $X_i()$ 是一个依次识别其右部各符号 $Y_j (j = 1, 2, \cdots, k)$ 的过程;如果 $Y_j \in V_T$,则判断当前输入符号是否与 Y_j 匹配;若 $Y_j \in V_N$,则应调用相应于 Y_j 的子程序的代码。

③对于形如 $X_i{\rightarrow}\varepsilon$ 的产生式,在相应的子程序 $X_i()$ 中,应能够判断当前输入符号 a 是否

属于集合 FOLLOW(X_i),从而决定是从 X_i()返回还是报错。

④在各个子程序 X_i()中,均应含有进行语法检查的代码。

使用上述方法,就可以为 LL(1)文法构造一个不带回溯的递归下降分析程序。如果用某种高级语言写出所有递归过程,那么就可以用这个语言的编译系统来产生整个的分析程序。下面通过例子具体说明递归下降分析器的设计。

例4.9   下面 LL(1)文法产生 pascal 类型的子集,用 dotdot 表示"..",以强调这个字符序列作为一个词法单元。

$$type \rightarrow simple$$
$$| \uparrow id$$
$$| array [simple] of type$$
$$simple \rightarrow integer$$
$$| char$$
$$| num \ dotdot \ num$$

解   设计全局变量 lookahead 来存放向前查看的单词符号,根据该单词符号的不同而选择不用的动作;设计函数 Nexttoken()来读取下一个单词符号,并改变变量 lookahead 的值。

该文法的两个非终结符对应的递归分析子程序如下:

```
procedure type;
  begin
      if lookahead in {integer,char,num} then
          simple( )
      else if lookahead = '↑'then
          begin
              match('↑');
              match(id)
          end
      else if lookahead = array then
          begin
              match(array);
              match('[');
              simple( );
              match(']');
              match(of);
              type( )
          end
      else error( )
  end;
procedure simple;
  begin
```

```
            if lookahead = integer then
                match(integer)
                    else if lookahead = char then
                        match(char)
                    else if lookahead = num then
                        begin
                        match(num);
                        match(dotdot);
                        match(num)
                        end
                else error( )
        end;
```

在上述程序中，变量 lookahead 来存放向前查看的单词符号，并根据该单词符号的不同而选择不用的动作。具体来说，如果 lookahead ∈ SELECT(simple) = {integer, char, num}，则转入 simple 子程序；如果当前单词符号为↑，则调用匹配函数 match( )，检查是否匹配，若匹配则读入下一个单词符号，存放到变量 lookahead 中，然后继续调用 match( )，检查当前符号是否与 match 函数的参数 id 匹配，若匹配则意味着可以选取产生式 type→↑id；如果当前单词为 array，则依次执行以下操作：匹配 array，匹配"["，调用 simple( )，匹配"["，匹配 of，调用 type( )；如果 lookahead 中的单词符号不是上述符号，则调用出错处理函数 error( )。

在上述程序中，用到了匹配函数 match( )，其程序设计如下：

```
    procedure match(t:token);
    begin
        if lookahead = t then
            lookahead : = nexttoken( )
        else error( )
    end;
```

递归下降分析器的主程序设计：首先需要读入一个单词符号，然后调用文法开始符号的子程序，让其自动递归下降进行子程序调用。当所有调用结束回到主程序时，判断是否到达输入串末尾，如果到达，则分析成功，否则出错。其中，用函数 get_token( ) 读入输入串第一个单词符号，则主程序的伪代码如下：

```
    begin
    lookahead = get_token( );
        type( );
        if lookahead = # then    exit;
        else error( )
    end if
    end;
```

若将上面的各部分程序结合起来，就得到了该文法的递归下降分析器。

例 4.10 编写文法 G[E]的递归下降分析子程序。

$$G[E]: E \rightarrow E + T | T$$
$$T \rightarrow T * F | F$$
$$F \rightarrow (E) | i$$

解 由于该文法存在直接左递归,不满足 LL(1)文法的定义,因此,首先消除文法的直接左递归,得到

$$G[E]: E \rightarrow TE'$$
$$E' \rightarrow + TE' | \varepsilon$$
$$T \rightarrow FT'$$
$$T' \rightarrow * FT' | \varepsilon$$
$$F \rightarrow (E) | i$$

其次,针对每一非终结符号,编写递归分析子程序,在此使用类 C 语言形式:

(1)对于规则 E→TE'有:

```
void   E( )
{    T( );
     E'( );
}
```

(2)对于规则 E'→ + TE'|ε 有:

```
void   E'( )
{ if   (lookahead == '+')
     {   match('+');
         T( );
         E'( );
     }
}
```

(3)对于规则 T→FT'有:

```
void T( )
{   F( );
    T'( );
}
```

(4)对于规则 T'→ * FT'|ε 有:

```
void T' ( )
{   if (lookahead == '*')
    {   match('*');
        F( );
        T' ( );
    }
}
```

（5）对于规则 F→(E)|i 有:

```
void   F( )
{
if( lookahead == 'i' )
    match('i');
else   if( lookahead == '(' )
        { match('(');
        E( );
if( lookahead == ')' )
        match(')');
    else   error( );
}
else   error( );
}
```

虽然,递归下降分析法对文法要求比较高,必须满足 LL(1) 文法。同时,因为递归调用多,所以速度慢,占用空间多。但是,由于递归下降分析法的实现思想简单,其程序结构与语法规则有直接的对应关系。因此,递归下降分析方法仍是许多程序语言(如 PASCAL,C 等编译系统)常采用的语法分析方法。

4.4　预测分析法

预测分析法是一种常用的确定的自顶向下分析方法,它不含递归调用,它使用一张分析表和一个分析栈进行联合控制,从而实现对输入符号串的自顶向下分析。预测分析法也称为 LL(1) 分析法,是指从左到右扫描输入源程序,同时采用最左推导,且对每次直接推导只需向前查看一个输入符号,便可以确定当前所应选择的规则。第一个"L"表示:自顶向下分析是从左向右扫描输入串;第二个"L"表示:分析过程中将用最左推导;"1"表示:只需向右看一个符号便可决定如何推导(即选择哪个产生式进行推导)。

4.4.1　预测分析器的结构

预测分析器(即实现预测分析法的程序)的结构如图 4.4 所示。

从图 4.4 中可以看出,它是由一张分析表驱动的预测分析程序,其核心是预测分析总控程序,它还有一个输入缓冲区、先进后出分析栈(STACK)、预测分析表 M、一个输出流。各部分的功能如下:

输入缓冲区:用于存放待分析的符号串 ω,ω

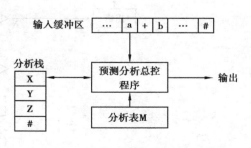

图 4.4　预测分析器的结构图

71

后紧跟边界符#。

分析栈:存放一系列文法符号,边界符#存于栈底。分析开始时,先将#入栈,然后再置入文法开始符号。

预测分析表 M:它与文法有关,是一个二维数组 M[A,a],其中,A 是非终结符号,a 是终结符号或#,存放非终结符号 A 对应输入符号 a 时应该选择的产生式,是预测分析时的主要依据。

输出流:分析过程中所采用的产生式序列。

预测分析总控程序:它是预测分析器的核心,它总是根据栈顶符号 X 和当前输入符号 a 来决定分析程序应该采取的动作,有 4 种可能:

①若 X = a≠#,则分析程序从 STACK 的栈顶弹出非终结符号 X,输入指针前移一个位置,指向下一个输入符号(即 a 的后继符号)。

②若 X = a = #,则分析程序宣告分析成功,停止分析。

③若 X ∈V_T(即 X 是终结符号),但 X≠a,则分析程序调用出错处理程序,以报告错误。

④若 X ∈V_N(即 X 是非终结符号),则分析程序访问分析表 M[X,a]:

a. 若 M[X,a]的值是 X 的产生式 X→Y_1 Y_2…Y_K,则先 X 弹出分析栈,然后把产生式的右部符号串按反序(即 Y_K,…Y_2,Y_1 的顺序)——压入分析栈。特别的,若 X 的产生式的右部是 ε(即 X→ε)时,则分析程序只需要将 X 弹出分析栈即可。

b. 若 M[X,a]的值是出错标记 error,则分析程序调用出错处理程序,以报告错误。

4.4.2　预测分析器的工作过程

预测分析程序在分析过程中总是按照 STACK 的栈顶符号 X 和当前输入符号 a 来决定采取的动作,其具体分析过程如图 4.5 所示。

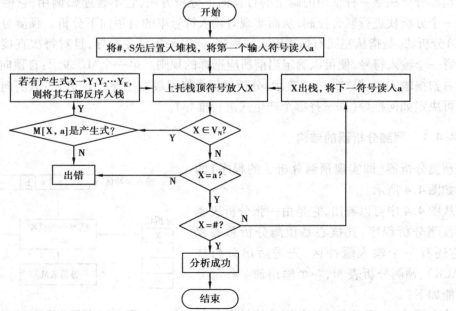

图 4.5　预测分析法的分析过程示意图

预测分析器的总控程序的算法描述,如图4.6所示。

```
输入: 输入符号串 ω 和文法 G[S]的预测分析表 M;
输出: 如果输入符号串 ω∈L(G), 则输出 ω 的最左推导, 否则报告错误。
将#和文法开始符号 S 先后压入分析栈 (即 S 处于栈顶), ω#放在输入缓冲区。
        flag=true;
        while (flag)
        {
                令 X 等于分析栈的栈顶符号, a 是 ip 指向输入缓冲区的符号;
                if (X∈VN)
                  {
                        if (M[X,a]=X→Y1Y2…YK)
                        {
                        从分析栈中弹出 X; 把 YK, …, Y2,Y1 依次压入栈, Y1 在栈顶;
                        输出产生式 X→Y1Y2…YK
                        }
                         else error( );
                  }
                else if (X=a)
                  {
                        if (X=#) flag=false;
                        else
                        {
                        把 X 从栈顶弹出; ip 指向下一个符号;
                        }
                  }
                else error( );
        }
```

图4.6　预测分析总控程序的算法

4.4.3　预测分析表的构造

对于预测分析法来讲,如何构造预测分析表是必须要解决的问题。预测分析表是一个矩阵 M[A,a],其中行标 A 是非终结符,列标 a 是终结符号或#(边界符);矩阵元素 M[A,a]存放 A 的一个产生式,指出当前栈顶符号为 A 且面临输入符号为 a 时应选的候选式;矩阵元素 M[A,a]也可能存放"出错标志",指出 A 不该面临输入符号 a。值得注意的是,#不是文法的终结符号,但是当它为输入符号串的右边界时,可以把它当作输入串的结束符,利用它可以简化分析算法的描述。

预测分析表的 M[A,a]实际上是表明要由 A 推导出终结符号 a 所应采用的产生式,而前面介绍的 SELECT 集则表明采用某产生式可推导出哪些终结符号,因此,可以利用 SELECT 集来构造预测分析表 M。

预测分析表的构造过程如下:

设有文法 G[S] = (VN,NT,P,S), VN = {A1,A2,…,Am},令 i=1。

①若关于非终结符号 Ai 的产生式有:Ai→α1|α2|…|αn,则求出各产生式的 SELECT 集。

②若 a ∈SELECT(Ai→αj),则

$$M[A_i,a] = A_i \rightarrow \alpha_j$$

③i = i +1,重复①、②,直到 i > m,即对文法的所有非终结符号讨论填写完为止。

④最后在预测分析表中所有无定义的 M[A,a]填上出错标记。

上述过程可以用一个算法来描述,具体如图4.7 所示。

```
输入:文法 G[S]所有产生式的 SELECT 集
输出:预测分析表 M
      for(每一个产生式 A→α)
      {
            for(每个终结符 a∈SELECT(A→α))
            {
            把 A→α 放入 M[A,a];
            }
      }
      把分析表中所有无定义的 M[A,a]填上出错标记。
```

图4.7 预测分析表的算法

例4.11 已知文法 G[E]:

E→TE′

E′→ + TE′|ε

T→FT′

T′→ * FT′|ε

F→(E)|i

构造该文法的预测分析表,然后依据该分析表,对输入符号串 i + i * i#进行预测分析。

解 (1)所有非终结符的 FIRST 集为:

FIRST(E) = { (,i}

FIRST(E′) = { + ,ε}

FIRST(T) = { (,i}

FIRST(T′) = { * ,ε}

FIRST(F) = { (,i}

(2)所有非终结符的 FOLLOW 集为:

FOLLOW(E) = {) ,#}

FOLLOW(E′) = {) ,#}

FOLLOW(T) = { + ,) ,#}

FOLLOW(T′) = { + ,) ,#}

FOLLOW(F) = { * , + ,) ,#}

(3)所有产生式的 SELECT 集为:

SELECT(E→TE′) = { (,i}

SELECT(E′→ + TE′) = { + }

SELECT(E′→ε) = {) ,#}

SELECT(T→FT′) = { (,i}

$SELECT(T' \rightarrow * FT') = \{ * \}$

$SELECT(T' \rightarrow \varepsilon) = \{ + ,) , \# \}$

$SELECT(F \rightarrow (E)) = \{ (\}$

$SELECT(E \rightarrow i) = \{ i \}$

利用上述所有产生式的 SELECT 集,按照构造算法,则可得到预测分析表,具体见表4.1,其空白处均为出错标记 error。

表 4.1　文法 G[E] 的预测分析表

	i	+	*	(	)	#
E	E→TE′			E→TE′		
E′		E′→+TE′			E′→ε	E′→ε
T	T→FT′			T→FT′		
T′		T′→ε	T′→ * FT′		T′→ε	T′→ε
F	F→i			F→(E)		

利用该预测分析表分析输入串 i + i * i#,其过程见表4.2。

表 4.2　对输入串 i + i * i# 的预测分析过程

分析步骤	分析栈	剩余输入符号串	使用的产生式	动　作
(1)	# E	i+i*i#	E→TE′	弹出 E,E′T 进栈
(2)	# E′ T	i+i*i#	T→FT′	弹出 T,T′F 进栈
(3)	# E′ T′ F	i+i*i#	F→i	弹出 F,i 进栈
(4)	# E′ T′ i	i+i*i#		弹出 i,扫描指针后移一个符号
(5)	# E′ T′	+i*i#	T′→ε	弹出 T′
(6)	# E′	+i*i#	E′→+TE′	弹出 E′,E′T + 进栈
(7)	# E′ T +	+i*i#		弹出 +,扫描指针后移一个符号
(8)	# E′ T	i*i#	T→FT′	弹出 T,T′F 进栈
(9)	# E′ T′ F	i*i#	F→i	弹出 F,i 进栈
(10)	# E′ T′ i	i*i#		弹出 i,扫描指针后移一个符号
(11)	# E′ T′	*i#	T′→ * FT′	弹出 T′,T′F * 进栈
(12)	# E′ T′ F *	*i#		弹出 *,扫描指针后移一个符号
(13)	# E′ T′ F	i#	F→i	弹出 F,i 进栈
(14)	# E′ T′ i	i#		弹出 i,扫描指针后移一个符号
(15)	# E′ T′	#	T′→ε	弹出 T′
(16)	# E′	#	E′→ε	弹出 E′
(17)	#	#		分析成功

由表 4.2 可知,①当分析栈栈顶符号为非终结符时,总是通过查分析表获得下一步动作的提示:或者"出错"退出,或者继续推导。如第 0 步时,由于 M[E,i] = E→TE′,表明要由 E 推导出 i,下一步应该用规则 E→TE′进行推导,即用 TE′替换栈顶符号 E。必须指出的是,为了保证进行的是最左推导,弹出栈顶符号后规则右部的符号串必须按逆序进栈。②当分析栈栈顶符号为终结符时,该终结符必然与扫描指针所指示的待输入符号相同,表明该待输入符号已被推导出,此时弹出栈顶符号,扫描指针后移一个符号,即为推导下一个符号作准备(注意:余留符号串中的第一个符号就是扫描指针所指的待输入符号)。③当分析栈栈顶符号 = 待输入符号 ="#"时,表明待输入符号串分析成功,是文法的句子。

4.4.4　预测分析中的错误处理

在预测分析器中,当栈顶的 X 是终结符,但它与当前输入符号 a 不匹配,或者栈顶 X 是非终结符,但 M[X,a]中没有产生式,这时预测分析器的总控程序就报告发现错误。

对于预测分析,采用紧急方式的错误恢复,它是最简单的方法,适用于大多数分析方法。这种方法不会陷入死循环,其缺点是常常跳过一段输入符号而不检查其中是否有其他错误。但是在一个语句很少出现其他错误的情况下,它还是行之有效的。紧急方式错误恢复的效果依赖于同步记号集合的选择。这种集合的选择应该使得分析器能迅速地从实际可能发生的错误中恢复过来。

在预测分析过程中,如果栈顶的终结符不能被匹配,最简单的办法就是跳过该输入符号,让 a 指向下一个符号,并给出提示的信息,说明输入中插入了该终结符,然后继续进行分析。否则,可以为非终结符号定义同步符号集,当分析程序遇到错误时,让其跳过一些符号,直到遇有同步符号,然后继续分析。同步符号一般是定界符,如分号或 end。

紧急方式的错误恢复的效果依赖于同步记号集合的选择。这种集合的选择应该使得分析器能迅速地从实际可能发生的错误中恢复过来,一些提示如下:

①一般的,可以将 FOLLOW(A)中所有符号定义为非终结符 A 的同步符号。当出现错误时,可以跳过一些符号直到出现 FOLLOW(A)中的符号,则 A 弹出堆栈,分析一般可以继续下去。

②仅仅使用 FOLLOW(A)作为 A 的同步符号集是不够的。比如,在 C 语言中,用分号作为语句的结束符,语句开始的关键字可能不出现在表达式非终结符的 FOLLOW(A)集中,这样当分号被遗漏时,下一语句的关键字就可能被跳过。

语言的结构往往是分层次的,如表达式出现在语句中,语句出现在程序块中等。可以把高层结构的开始符号加到低层结构的同步符号集中,比如可以把表示语句开始的关键字加入到表达式非终结符的同步符号集。

③如果把 FIRST(A)中的终结符号加入非终结符 A 的同步符号集,那么只要 FIRST(A)中的终结符号在输入中出现,就可以恢复关于 A 的分析。

④如果出错时,栈顶的非终结符能推导出空串 ε,则将产生空串的产生式作为默认选择,可以减少错误恢复时要考虑的非终结符号的个数,这样会延迟发现某些错误,而不会漏掉错误。

⑤如果终结符号在栈顶而不能匹配,简单的办法是,除了报告错误外,弹出此终结符号,继续分析。效果上,这种方式等于把所有其他的记号作为该终结符号的同步集合。

习题4

4.1 已知文法 G[S]：

S→a|b|（T）

T→T,S|S

(1)求出各非终结符号的 FIRST 集,FOLLOW 集;

(2)求出所有产生式的 SELECT 集;

(3)判断 G[S]是否为 LL(1)文法? 如果不是,请改写为等价的文法 G′[S],证明改写后的文法是否为 LL(1)文法。

4.2 构造文法 G[S]：

S→（S）S|a

(1)求出所有产生式的 SELECT 集;

(2)构造文法 G[S]的递归子程序。

4.3 已知文法 G[S]：

S→aH

H→aMd|d

M→Ab|ε

A→aM|e

判断 G[S]是否为 LL(1)文法? 如果是,请构造相应的预测分析表,并给出对输入符号串 aaabd#的预测分析过程。

4.4 已知文法 G[S]：

S→BA

A→BS|d

B→aA|bS|c

(1)证明文法 G[S]是 LL(1)文法;

(2)构造预测分析表;

(3)写出输入符号串 adccd#的预测分析过程。

第 **5** 章

语法分析——自底向上分析

所谓自底向上的语法分析,就是对输入符号串从左向右进行扫描,逐步进行"归约",直至归约到文法的开始符号。或者说,从语法树的末端开始,步步向上"归约",直到根结点。

自底向上的语法分析,也称移进—归约分析,它的实现思想是对输入符号串从左向右进行扫描,并将输入符逐个移入一个"后进先出栈"中,边移入边分析,一旦栈顶符号串形成某个句型的句柄时,就用该句柄所对应的产生式的左部非终结符代替相应右部。重复这一过程,直到归约到栈顶中只剩文法的开始符号时则表示分析成功,从而确认输入符号串是文法的句子。

自底向上的语法分析需要解决的关键问题是:如何确定可归约串(即可以归约的字符串)以及每个可归约串用哪个产生式左部的非终结符来归约?针对这些问题的不同解决方法,本章将描述以下两类分析算法:算法优先分析法和 LR 分析法。其中,LR 分析法在目前编译程序中的应用最为广泛,它包括一组分析能力不同的 4 种算法,按照分析能力从弱到强分别是:LR(0)、SLR(1)、LALR(1)和 LR(1)。同时,本章还介绍了编译器构造的常用工具 YACC——LALR(1)文法的自动生成器。

5.1　自底向上的语法分析概述

5.1.1　自底向上语法分析器的体系结构

自底向上语法分析器的体系结构如图 5.1 所示,它主要包括 4 个组成部分:待分析的输入符号串、记录语法分析信息和过程的分析栈、语法分析总控程序以及表达文法结构和存储控制信息的语法分析表。

在自底向上的语法分析过程中,语法分析的总控程序从左向右逐个扫描输入字符,根据栈顶元素 A 和输入符号 a 所构成的二元组 < A, a > 查语法分析表,以执行不同的分析动作。其分析动作一共有 4

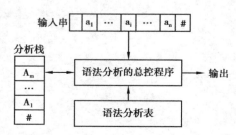

图 5.1　自底向上语法分析器的体系结构

种,分别如下:

①移进。把输入串的当前符号 a 压入栈顶,并把指针指向下一个输入符号。

②归约。把自栈顶 A 向下的若干个符号用某个产生式左端的非终结符替换。

③接受。表示语法分析成功,此时分析栈的指针指向栈内的唯一符号(即文法的开始符号),输入串指针指向结束符号#。

④出错。发现源程序有语法错,调用出错处理程序。

5.1.2 自底向上分析的归约过程

下面通过一个例子来阐述自底向上分析的规范归约过程:

例 5.1 已知文法 G [E]:

$$E \rightarrow E + T \mid T$$
$$T \rightarrow T * F \mid F$$
$$F \rightarrow (E) \mid i$$

采用自底向上的分析方法分析输入符号串 i + i,把它归约到文法的开始符号 E。对输入串 i + i 的规范归约过程见表 5.1。

表 5.1 对输入串 i + i 的规范归约过程

分析步骤	分析栈	剩余输入符号串	动作	可归约串	归约使用的产生式
1	#	i + i#	移进		
2	#i	+ i#	归约	i	F→i
3	#F	+ i#	归约	F	T→F
4	#T	+ i#	归约	T	E→T
5	#E	+ i#	移进		
6	#E +	i#	移进		
7	#E + i	#	归约	i	F→i
8	#E + F	#	归约	F	T→F
9	#E + T	#	归约	E + T	E→E + T
10	#E	#	接受		

分析开始前把结束符号"#"放在栈底(注意:分析栈要横向来看,栈顶在右端,栈底在左端)。分析开始时把输入符号 i 移入栈顶,接着进行一系列的归约,把 i 归约成 F。在第(2)、(3)和(4)步,i、F 和 T 对于特定的栈顶和输入符号对都是可归约字符串,分别用产生式 F→i、T→F 和 E→T 进行归约,即用产生式左端非终结符取代和产生式右端匹配的栈顶的符号串。在第(10)步,分析程序控制器面临的二元对是 <E,# >,因此表示分析成功,表示输入符号串 i + i 的语法结构是正确的。

实际上,规范归约过程是最右推导的逆过程,从表 5.1 可以看出,表中从下往上的 6 个归约正好对应了最右推导(规范推导)的6个步骤：

$$E \Rightarrow E + T \Rightarrow E + F \Rightarrow E + i \Rightarrow T + i \Rightarrow F + i \Rightarrow i + i$$

很显然,该语法分析过程还可以用一棵语法分析树表示出来。在自底向上的分析过程中,每一步归约都可以用一棵子树表示,当归约完成时,这些子树就被连成一棵完整的语法分析树,该过程如图5.2所示。

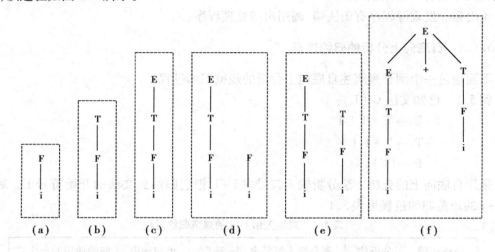

图5.2　对输入串 i + i 构造语法分析树的过程

上面这个例子有以下两个关键问题值得大家讨论：

①如何确定是执行"移进"还是"归约"？比如,在表5.1中,我们可以看出,当输入符号同样是"＋"时,第(2)、(3)、(4)步执行的是"归约"操作,而第(5)步执行的却是"移进"操作。

②什么是可归约串？比如,在表5.1中,在第(8)步分析栈中的 E + F 的 F 是可归约串;在第(9)步分析栈中的 E + T 是可归约串。

本章后续将讨论两种自底向上的分析方法：一种是算法优化分析法,另外一种是 LR 分析法。这两种分析方法对于上述两个问题分别提供了不同的解决方法,但是由于算法的不同,它们分析的精确程度、时空效率以及实现的难易等各方面都存在着显著的差异。

5.2　算符优先分析法

算符优先分析法是一种分析过程比较迅速的自底向上的分析方法,特别适用于表达式的分析,易于手工实现。算符优先分析的基本思想则是只规定算符之间的优先关系,也就是只考虑终结符之间的优先关系,由于算符优先分析不考虑非终结符之间的优先关系,在归约过程中只要找到可归约串就归约,并不考虑归约到那个非终结符名,因而算符优先归约不是规范归约。在算符优先分析方法中,可归约串的是最左素短语。

所谓算符优先就是借鉴了表达式运算不通同优先顺序的概念,在终结符之间定义某种优先归约的关系从而在句型中寻找可归约串。由于终结符关系的定义和普通算术表达式的算符(如加减乘除)运算的优先关系一般,所以得名算符优先分析方法。这种方法可以用于一大类上下文无关文法,GNU GCC 中的 Java 编译器 GCJ 就采用了算符优先分析方法。

5.2.1　算符优先文法

1)算符文法的定义

设有一文法 G,如果 G 中没有形如 A→…BC…的产生式,其中 B 和 C 为非终结符,则称 G 为算符文法(Operater Grammar)也称 OG 文法。

例如,文法 G[E]:E→E＋E|E－E|E＊E|E/E|E↑E|(E)|i,其中的任何一个产生式中都不包含两个非终结符相邻的情况,因此该文法是算符文法。

算符文法有如下两个性质:

①在算符文法中任何句型都不包含两个相邻的非终结符。

②如果 Ab(或 bA)出现在算符文法的句型 γ 中,其中,A ∈ V$_N$,b ∈ V$_T$,则 γ 中任何含此 b 的短语必含有 A。

2)算符优先关系的定义

设 G 是一个不含 ε-产生式的算符文法,a 和 b 是任意两个终结符号,A、B、C 是非终结符,算符优先关系≐、⋖、⋗的定义如下:

①a ≐ b:当其仅当 G 中含有形如 A→…ab…或 A→…aBb…的产生式。

②a ⋖ b:当其仅当 G 中含有形如 A→…aB…的产生式,且 B$\overset{+}{\Rightarrow}$b… 或 B$\overset{+}{\Rightarrow}$Cb…。

③a ⋗ b:当其仅当 G 中含有形如 A→…Bb…的产生式,且 B$\overset{+}{\Rightarrow}$…a 或 B$\overset{+}{\Rightarrow}$…aC。

注意:定义中的 a ⋖ b、a ⋗ b 和 a ≐ b 分别表示在同一个句型中两相邻(或只隔一非终结符)的终结符对 a、b 之间的优先关系:前 a 的优先级低于后 b、前 a 的优先级高于后 b 和前 a 的优先级等于后 b。特别注意这是符号串中符号的优先关系比较,不可任意调换位置。如,a ⋖ b 不等价于 b ⋗ a,a ≐ b 不等价于 b ≐ a。

规定:"#"作为句子的起始和终止边界符,为了分析过程的确定性,把"#"作为终结符号对待。假设 S 是文法 G 的开始符号,则应有#S#存在,则有#≐#、#⋖ a 和 b ⋗#,其中 a 为任何从 S 推导出的所有句型中的第一个终结符号,b 为任何从 S 推导出的所有句型中的最后一个终结符号。

算符优先关系≐、⋖、⋗也可用语法树来说明:

①a ≐ b,则存在语法子树如图5.3(a)所示,其中 δ 为 ε 或为 B,这样 a,b 在同一句柄中同时归约所以优先级相同。

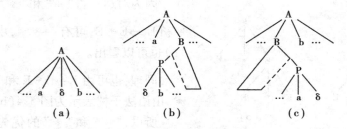

图 5.3　由语法树结构决定优先性

②a ⋖ b,则存在语法子树如图5.3(b)所示,其中 δ 为 ε 或为 C,a,b 不在同一句柄中,b 先归约,所以 a 的优先级低于 b。

③a ＞ b,则存在语法子树如图5.3(c)所示,其中δ为ε或为C,a,b不在同一句柄中,a先归约,所以a的优先级高于b。

3）算符优先矩阵的定义

所谓算符优先矩阵,是关于特定文法的所有终结符对之间算符优先关系的一个二维表。当文法较简单时,可以根据算符优先关系的定义直接构造文法的算符优先矩阵。

例5.2 已知文法 G[S]:S→aSb|ab,构造该文法的算符优先矩阵。

解 则按算符优先关系的定义有:

因为 S⇒aSb 或 S⇒ab,所以 a ≐ b。

因为 S⇒aSb 且 S⇒ab,所以 a ＜ a,b ＞ b。

因为总有 #＜句型的第一个终结符号(含以一非终结符开头的情况),

句型的最后一个终结符号(含以一非终结符结尾的情况)＞#,

及#≐#。

所以#＜ a,b ＞#,#≐#。

于是得文法 G[S]的算符优先矩阵,见表5.2。

表5.2 文法 G[S]的算符优先矩阵

	a	b	#
a	＜	≐	
b		＞	＞
#	＜		≐

4）算符优先文法的定义

设有一不含 ε-产生式的算符文法 G,如果对任意两个终结符对 a,b 之间至多只有＜、＞和≐3 种关系的一种成立,则称 G 是一个算符优先文法(Operator Precedence Grammar)即 OPG文法。

例5.3 已知文法 G[E]:

$$E→E + E|E - E|E * E|E/E|(E)|i$$

证明该文法不是算符优先文法。

证明 首先该文法是不含 ε-产生式的算符文法。

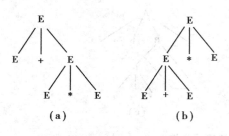

（a） （b）

图5.4 二义性文法的语法树

因为对运算符"+"和"*"来讲,由 E→E + E 和 E $\overset{+}{⇒}$E * E,可有 + ＜ *,由语法子树图5.4(a)也可以看出。

同理,也可由 E→E * E 和 E $\overset{+}{⇒}$E + E 得 + ＞ *,由语法子树表示为图5.4(b)所示。

所以,"+"和"*"的优先关系不唯一(即 + ＜ *、+ ＞ *),因此,该文法仅是算符文法而不是算符优先文法。

5.2.2　算符优先关系表的构造

1）FIRSTVT 和 LASTVT

对于算符文法 G,下面给出了非终结符号 A 的 FIRSTVT 和 LASTVT 集合的定义:

$$FIRSTVT(A) = \{a \mid A \overset{+}{\Rightarrow} a \cdots, 或 A \overset{+}{\Rightarrow} Ba \cdots, a \in V_T, B \in V_N\}$$

$$LASTVT(A) = \{a \mid A \overset{+}{\Rightarrow} \cdots a, 或 A \overset{+}{\Rightarrow} \cdots aB, a \in V_T, B \in V_N\}$$

实际上,FIRSTVT 指出了每个产生式右部的第一个终结符号,LASTVT 指出了每个产生式右部的最后一个终结符号。

对于 FIRSTVT 集合的构造,通常按照以下方法进行计算:

①若有产生式 A→a⋯或 A→Ba⋯,则把 a 加入到 FIRSTVT(A)中,即 a ∈ FIRSTVT(A)。

②若有产生式 A→B⋯,则把 FIRSTVT(B)并入到 FIRSTVT(A),即若 b ∈ FIRSTVT(B),则有 b ∈ FIRSTVT(A)。

③重复反复运用上述两条规则,直到 FIRSTVT(B)不再增大为止。

其中,A、B 为非终结符号,a、b 为终结符号。

与 FIRSTVT 集合的构造方法类似,LASTVT 集合的构造可按照以下方法计算:

①若有产生式 A→⋯a,或 A→⋯aB,则把 a 加入到 LASTVT (A) 中,即 a ∈ LASTVT (A)。

②若有产生式 A→⋯B,则把 LASTVT(B)并入到 LASTVT(A),即若 b ∈ LASTVT(B),则有 b ∈ LASTVT(A)。

③重复反复运用上述两条规则,直到 LASTVT(A)不再增大为止。

其中,A、B 为非终结符号,a、b 为终结符号。

有了上述两个集合后,现在可通过检查文法的产生式来求各终结符号对之间的算符优先关系:

①"≐"关系:若有形如 A→⋯ab ⋯或 A→⋯aBb ⋯的产生式,则 a ≐ b 成立,可直接查看产生式。

②"⋖"关系:若有形如 A→⋯aB ⋯的产生式,对任何 b ∈ FIRSTVT(B),有 a ⋖ b。

③"⋗"关系:若有形如 A→⋯Bb⋯的产生式,对任何 a ∈ LASTVT(B),有 a ⋗ b。

此外,若将边界符"#"作为终结符号对待,并设 S 是文法 G 的开始符号,则应有#S#存在,即可由上述构造方法得到#≐#,#⋖ FIRSTVT(S)集合的终结符号(注意:为了描述方便,习惯性写成#⋖ FIRSTVT(S)),LASTVT(S)集合的终结符号⋗#(注意:为了描述方便,习惯性写成 LASTVT(S)⋗#)。

2）算符优先表的构造算法

有了文法中的每个非终结符的 FIRSTVT 和 LASTVT 集合,一般可以用如图 5.5 所示的算法来构造文法的优先关系表。

```
FOR    每个产生式 A→X₁X₂…Xₙ    DO
   FOR   i:=1 TO n−1       DO
       BEGIN
          IF   Xᵢ和Xᵢ₊₁均为终结符
          THEN   置 Xᵢ≐Xᵢ₊₁;
          IF   i≤n−2 且 Xᵢ和Xᵢ₊₂都为终结符，但 Xᵢ₊₁为非终结符
          THEN   置 Xᵢ≐Xᵢ₊₂
          IF   Xᵢ为终结符而 Xᵢ₊₁为非终结符
          THEN   FOR  FIRSTVT(Xᵢ₊₁)中的每个b    DO 置 Xᵢ<b;
          IF   Xᵢ为非终结符而 Xᵢ₊₁为终结符
          THEN   FOR  LASTTVT(Xᵢ)中的每个a DO  置 a>Xᵢ₊₁
END
```

图 5.5 算符优先表的构造算法

例 5.4 已知表达式文法 G[E]：

$$E \to E + T | T \qquad (1)$$
$$T \to T * F | F \qquad (2)$$
$$F \to P \uparrow F | P \qquad (3)$$
$$P \to (E) | i \qquad (4)$$

构造该文法的算符优先表。

解 (1)计算每个非终结符的 FIRSTVT 集合和 LASTVT 集合：

FIRSTVT(E) = { + , * , ↑ , (, i}
FIRSTVT(T) = { * , ↑ , (, i}
FIRSTVT(F) = { ↑ , (, i}
FIRSTVT(P) = { (, i}
LASTVT(E) = { + , * , ↑ ,) , i}
LASTVT(T) = { * , ↑ ,) , i}
LASTVT(F) = { ↑ ,) , i}
LASTVT(P) = {) , i}

(2)考察规则,计算各终结符号对之间的优先关系：

将边界符"#"作为终结符号对待,由于 E 是文法开始符号,则应有#E#存在,因此可以得到#≐#,#< FIRSTVT(E),LASTVT(E)>#,则有

#≐#
#<{ + , * , ↑ , (, i}
{ + , * , ↑ ,) , i}>#

因为 E→E + T,所以有 LASTVT(E)>+ 、+ < FIRSTVT(T),则有

{ + , * , ↑ , (, i}> +
+ <{ * , ↑ , (, i}

因为 T→T * F,所以有 LASTVT(T) > * 、* < FIRSTVT(F),则有

{ * , ↑ ,) , i}> *

$$* <\{ \uparrow , (, i\}$$

因为 $F \to P \uparrow F$，所以有 LASTVT(P) $>\uparrow$、$\uparrow < $ FIRSTVT(F)，则有

$$\{) , i\} > \uparrow$$

$$\uparrow < \{ \uparrow , (, i\}$$

因为 $P \to (E)$，所以有($<$ FIRSTVT(E)、LASTVT(E)$>$)、($\doteq$)，则有

$$(< \{ + , * , \uparrow , (, i\}$$

$$\{ + , * , \uparrow ,) , i\} >)$$

$$(\doteq)$$

(3)构造优先关系表,具体见表 5.3。

表 5.3　算符优先关系表

	+	*	↑	i	(	)	#
+	$>$	$<$	$<$	$<$	$<$	$>$	$>$
*	$>$	$>$	$<$	$<$	$<$	$>$	$>$
↑	$>$	$>$	$<$	$<$	$<$	$>$	$>$
i	$>$	$>$	$>$			$>$	$>$
(	$<$	$<$	$<$	$<$	$<$	$\doteq$	
)	$>$	$>$	$>$			$>$	$>$
#	$<$	$<$	$<$	$<$	$<$		$\doteq$

5.2.3　算符优先分析算法

前面介绍了如何构造算符优先关系表,有了算符优先关系表并满足算符优先文法时,通常可对任意给定的符号串进行归约分析,进而判定输入串是否为该文法的句子。然而用算符优先分析法的归约过程与规范归约是不同的。

1)算符优先分析句型的性质

由算符文法的定义,我们知道它的任何一个句型应为如下形式:

$$\#N_1 \ a_1 \ N_2 \ a_2 \cdots N_n a_n N_{n+1} \#$$

其中,$N_i (1 \le i \le n+1)$ 为非终结符或空,$a_i (1 \le i \le n)$ 为终结符。

若有句型 $\cdots N_i a_i \cdots N_j a_j N_{j+1} \cdots$,当 $a_i \cdots N_j a_j$ 属于句柄,则 N_i 和 N_{j+1} 也在句柄中,这是由于算符文法的任何句型中均无两个相邻的非终结符,且终结符和非终结符相邻时,含终结符的句柄必含有相邻的非终结符。

该句柄中终结符之间的关系为

$$a_{i-1} < a_i$$

$$a_i \doteq a_{i+1} \doteq \cdots \doteq a_{j-1} \doteq a_j$$

$$a_j > a_{j+1}$$

这是因为算符优先文法有如下性质,即:如果 aNb(或 ab)出现在句型 r 中,则 a 和 b 之间有且只有一种优先关系即

若 $a \lessdot b$，则在 r 中必含有 b 而不含 a 的短语存在。

若 $a \gtrdot b$，则在 r 中必含有 a 而不含 b 的短语存在。

若 $a \doteq b$ 则在 r 中含有 a 的短语必含有 b，反之亦然。

由此可知，算符优先文法在归约过程中只考虑终结符之间的优先关系来确定句柄，而与非终结符无关，只需知道把当前句柄归约为某一非终结符，不必知道该非终结符的名字是什么，这样也就去掉了单非终结符的归约。

为了解决在算符优先分析过程中如何寻找句柄的问题，在此引入最左素短语的概念。

2）最左素短语

假设有文法 G[S]，其句型的素短语是一个短语，它至少包含一个终结符，并除自身外不包含其他素短语，最左边的素短语则被称最左素短语。

算符优先文法的最左素短语 $N_i a_i N_{i+1} \cdots a_j N_j$ 满足如下条件：

$$a_{i-1} \lessdot a_i \doteq a_{i+1} \cdots \doteq a_j \gtrdot a_{j+1}$$

例 5.5 已知文法 G[E]：

$$E \rightarrow E + T \mid T$$
$$T \rightarrow T * F \mid F$$
$$F \rightarrow P \uparrow F \mid P$$
$$P \rightarrow (E) \mid i$$

找出句型 $T + T * F + i$ 的最左素短语。

解 首先画出句型 $T + T * F + i$ 的语法树，如图 5.6 所示。

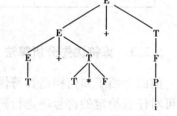

从语法树可知，其短语有：

①$T + T * F + i$，相对于非终结符 E 的短语。

②$T + T * F$，相对于非终结符 E 的短语。

③T，相对于非终结符 E 的短语。

④$T * F$，相对于非终结符 T 的短语。

⑤i，相对于非终结符 P,F,T 的短语。

图 5.6　句型 $T + T * F + i$ 的语法树

根据定义可知，i 和 $T * F$ 为素短语，$T * F$ 为最左素短语，也为算符优先分析的句柄。

3）算符优先分析归约过程算法

算符优先分析法，它是从左向右归约，但不是规范归约。算符优先分析归约的关键是如何找最左素短语。最左素短语 $N_i a_i N_{i+1} a_{i+1} \cdots a_j N_{j+1}$ 应满足：

$$a_{i-1} \lessdot a_i$$
$$a_i \doteq a_{i+1} \doteq \cdots \doteq a_j$$
$$a_j \gtrdot a_{j+1}$$

在文法的产生式中存在右部符号串的符号个数与该素短语的符号个数相等，非终结符号对应 $N_k (k = i, \cdots, j+1)$。终结符对应 $a_i, \cdots, a_j$，其符号表示要与实际的终结符相一致才有可能形成素短语。

算符优先分析仍然采用移进-归约方式来进行，在分析过程中使用一个符号栈和一个输入缓冲区，当前句型表示为：

符号栈内容 + 输入缓冲区内容 = #当前句型#

算符优先分析过程如下:

①开始:符号栈中为"#",输入缓冲区为"输入串#"。

②采用移进 - 归约的方法,当符号栈的栈顶形成可归约串——最左素短语时,进行归约。具体方法如下:

   a. 从左向右扫描输入符号并移进堆栈,查找算符优先关系表,直到找到某个 j 满足 $a_j \gtrdot a_{j+1}$ 时为止;

   b. 从 a_j 开始往左扫描符号栈,直到找到某个 i 满足 $a_{i-1} \lessdot a_i$ 为止;

   c. $N_i a_i N_{i+1} a_{i+1} \cdots a_j N_{j+1}$ 形成的子串就构成了最左素短语,用相应产生式进行归约。在归约时要检查是否有相对应产生式的右部与其他形式相符(忽略非终结符名的不同),若有才可归约,否则出错。

③结束:如果符号栈中为#S,输入缓冲区为#,分析成功。

例如,利用例 5.4 的算符优先关系表(见表 5.3),分析输入串 i + i#,其归约过程见表 5.4。

表 5.4　对输入串 i + i#的算符优先归约过程

步骤	符号栈	优先关系	当前符号	剩余输入串	动作
(1)	#	$\lessdot$	i	+ i#	移进
(2)	#i	$\gtrdot$	+	i#	归约
(3)	#F	$\lessdot$	+	i#	移进
(4)	#F +	$\lessdot$	i	#	移进
(5)	#F + i	$\gtrdot$	#		归约
(6)	#F + F	$\gtrdot$	#		归约
(7)	#F	$\doteq$	#		接受

5.2.4　优先函数

前面用算符优先分析法时,用优先矩阵对算符之间的优先关系,这样需占用大量的内存空间,当文法有 n 个终结符时,就需要有 $(n+1)^2$ 个内存单元(终结符和#号),因而在实际应用中往往用优先函数来代替优先矩阵表示优先关系。它对具有 n 个终结符的文法,只需 $2(n+1)$ 个单元存放优先函数值,这样可节省大量的存储空间。

在这里定义了两个优先函数 f,g,它们满足如下条件:

当 $a \doteq b$,则令 $f(a) = g(b)$;

当 $a \lessdot b$,则令 $f(a) < g(b)$;

当 $a \gtrdot b$,则令 $f(a) > g(b)$。

优先函数 f,g 的值可用整数表示,下面给出其构造方法:

由定义直接构造优先函数。若已知文法 G 终结符之间的优先关系,可按如下步骤构造其优先函数 f,g。

①对每个终结符号 $a \in V_T$（包括#号在内）令 $f(a) = g(a) = 1$（也可以是其他整数）。

②对每一终结符对逐一比较：

如果 $a \gtrdot b$，而 $f(a) \leqslant g(b)$ 则令 $f(a) = g(b) + 1$；

如果 $a \lessdot b$，而 $f(a) \geqslant g(b)$ 则令 $g(b) = f(a) + 1$；

如果 $a \doteq b$，而 $f(a) \neq g(b)$ 则令 $\min\{f(a), g(b)\} = \max\{f(a), g(b)\}$。

重复②直到过程收敛。如果重复过程中有一个值大于 $2n$，则表明该算符优先文法不存在算符优先函数。

例如，若已知文法的算符优先矩阵见表 5.3，在这里按上述规则构造它的优先函数。其优先函数的构造过程如下：

首先，把所有 $f(a), g(a)$ 的值置为 1，见表 5.5 中的初值（0 次迭代）。

其次，对算符优先关系矩阵逐行扫描，按前述算法步骤②的规则修改函数 $f(a), g(a)$ 的值，这是个迭代过程，一直进行到优先函数的值再无变化为止。在表 5.5 中列出每次迭代对优先关系矩阵逐行扫描后函数值 $f(a), g(a)$ 的变化结果。

表 5.5　优先函数计算过程

迭代次数		+	*	↑	i	(	)	#
0（初值）	f	1	1	1	1	1	1	1
	g	1	1	1	1	1	1	1
1	f	2	4	4	6	1	6	1
	g	2	3	5	5	5	1	1
2	f	3	5	5	7	1	7	1
	g	2	4	6	6	6	1	1
3	f				同第 2 次迭代结果			
	g							

在本例中，优先函数的计算迭代三次收敛。不难看出，对优先函数每个元素的值都增加同一个常数，优先关系不变，因此，同一个文法的优先关系矩阵对应的优先函数不唯一。然而也有一些优先关系矩阵中的优先关系式唯一的，却不存在优先函数，例如下面优先关系矩阵：

	a	b
a	$\doteq$	$\gtrdot$
b	$\doteq$	$\doteq$

不存在优先函数 f, g 的对应关系。由于若存在优先函数 f, g，则必定满足下列条件，由矩阵的第一行应有 $f(a) = g(a)$，$f(a) \gtrdot g(a)$，由矩阵的第二行应有 $f(b) = g(a)$，$f((b) = g(b)$，使得 $f(a) = g(a) = f(b) = g(b)$。这就与 $f(a) \gtrdot g(b)$ 矛盾，因而优先函数不存在。

5.3　LR 分析法

5.3.1　LR 分析法概述

LR 分析法是一个有效的自底向上分析方法,它可以用于很大一类上下文无关文法的语法分析。LR 分析方法的 L 表示从左到右扫描所给定的输入串,R 最右推导(规范推导)的逆过程。

LR 分析过程是在其总控程序的控制下,从左到右扫描输入符号串,根据分析栈中的符号状态,以及当前输入符号,查阅分析并按分析表的指示完成相应的分析动作,直到符号栈中出现开始符号。LR 分析方法对文法适应性强,分析能力强,对源程序中错误的诊断灵敏;但结构比前面介绍的自顶向下的分析方法复杂,向前查看的符号越多,相应的分析方法越复杂。LR(0)分析器是 LR 分析方法中最简单的一种,在确定分析动作时,不需要向前查看任何符号。这种分析器分析能力较弱,实用性差;但作为构造其他更复杂的 LR 分析器的基础,必须先从 LR(0)分析器入手,然后再引入向前查看一个符号的分析器,即 SLR(1)、LR(1)和 LALR(1)分析器。

规范归约(最左归约—最右推导的逆过程)的关键问题是寻找句柄。在一般的"移进-归约"过程中,当一串貌似句柄的符号串出现在栈顶时,用什么方法来判断它是否为一个真正的句柄呢?LR 方法的基本思想是,在规范归约过程中,一方面记住已移进和归约出的整个符号串,即记住"历史",另一方面根据所用的产生式推测未来可能碰到的输入符号,即对未来进行"展望"。当一串貌似句柄的符号串呈现于分析栈的顶端时,我们希望能够根据所记载的"历史"和"展望"以及"现实"的输入符号这 3 个方面的材料,来确定栈顶的符号串是否构成相对某一产生式的句柄。

1)LR 分析器的结构

LR 分析器由 LR 分析的总控程序、分析表和分析栈组成,如图 5.7 所示。

①LR 分析的总控程序,也称为驱动程序,用于控制分析器的动作。对所有的 LR 分析器,总控程序都是相同的。其工作过程很简单,它的任何一步动作都是根据栈顶状态和当前输入符号去查分析表,完成分析表中规定的动作。

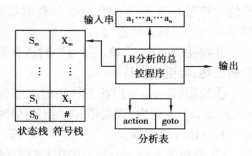

图 5.7　LR 分析器的结构框图

②分析表:分析表是 LR 分析器的核心部分。不同的文法分析表不同,同一个文法采用的 LR 分析器不同时,分析表也不同。分析表分为"动作"(action)表和"状态转换"(goto)表两部分,以二维数组表示。

③分析栈:分析栈包括文法符号栈和相应的状态栈,其结构如图 5.7 所示。将"历史"和"展望"综合成"状态"。栈里的每个状态概括了从分析开始直到某一归约阶段的全部历史和展望资料,分析时不必像算符优先分析法那样必须翻阅栈中的内容才能决定是否要进行归约,只需根据栈顶状态和现行输入符号就可以唯一决定下一个动作。显然,文法符号栈是多

余的,它已经概括到状态栈里了,保留在这里是为了让大家更加明确归约过程。S_0 和#是分析开始前预先放入栈里的初始状态和句子括号;栈顶状态为 S_m,符号串 $X_1 X_2 \cdots X_m$ 是至今已移进-归约出的文法符号串。

2) LR 分析表构成

LR 分析表是 LR 分析器的核心部分,它由两张表组成:一是动作表(即 action 表);二是状态转换表(即 goto 表),见表 5.6。表中的 $S_1, S_2, \cdots, S_n$ 为分析器的各个状态;$a_1, a_2, \cdots, a_m$ 为文法的全部终结符号及右界符'#';$A_1, A_2, \cdots, A_k$ 为文法的非终结符号。

表 5.6　LR 分析表

状态	动作表 action				状态转换表 goto			
	a_1	a_2	...	#	A_1	A_2	...	A_k
S_1								
S_2								
⋮								
S_n								

在 action 表中,$action[S_i, a_j]$(即 S_i 所在的行与 a_j 所在的列对应的单元)表示当分析状态栈的栈顶为 S_i,输入符号为 a_j 时应执行的动作。

在 goto 表中,$goto[S_i, A_j]$(即 S_i 行 A_j 列对应的单元)表示当前状态为 S_i 而符号栈顶为非终结符号 A_j 后应移入状态栈的状态。action 表的动作有以下 4 种:

①移进(S_m)。将输入符号 a_j 移进符号栈,将状态 m 移进状态栈,输入指针指向下一个输入符号。

②归约(R_j)。当栈顶形成句柄时,按照第 j 条产生式(如 U→ω)进行归约。若产生式右部 ω 的长度为 x,则将符号栈栈顶 x 个符号和状态栈栈顶 x 个状态出栈,然后将归约后的文法非终结符号 U 移入符号栈,并根据此时状态栈顶的状态 S_i 及符号栈顶的符号 U,查 goto 表,将 $goto[S_i, U]$ 移入状态栈。

③接受(acc)。当输入符号串到达右界符'#'时,且符号栈只有文法的开始符号时,则宣布分析成功,接受输入符号串。

④报错(Error)。当状态栈顶的状态为 S_i 时,如果输入符号为不应该遇到的符号时,即 $action[S_i, a_j]$ = 空白,则报错,调用出错处理程序。

3) LR 分析步骤

LR 分析器是按照分析表的指示进行语法分析,其具体的步骤如下:

①将初始状态 0、句子的左界符#分别进状态栈和符号栈。

②从输入串中读入当前输入符 a,然后由状态栈栈顶元素 i 与当前输入字符 a 查 action 表,决定应取何种动作。

若 $action[i, a] = s_j$,则将状态 j 及相应的输入符 a 分别移入状态栈和符号栈栈顶。

若 $action[i, a] = r_j$,则按第 j 个生产式 A→β 右部符号 β 的长度 t 分别将符号栈、状态栈栈顶 t 个元素上托出栈,将归约后的 A 移入符号栈。据此时状态栈栈顶元素 i 与归约后的非终结符 A,查 goto 表的 [i, A]项,设得到状态 j,则将状态 j 移入状态栈栈顶。

若为 action[i,a] = acc,则结束分析,输入串被接受。否则转错误处理程序。

③重复②的工作,直到接受或出错为止。

LR 分析步骤可用如图 5.8 所示的流程图来表示。

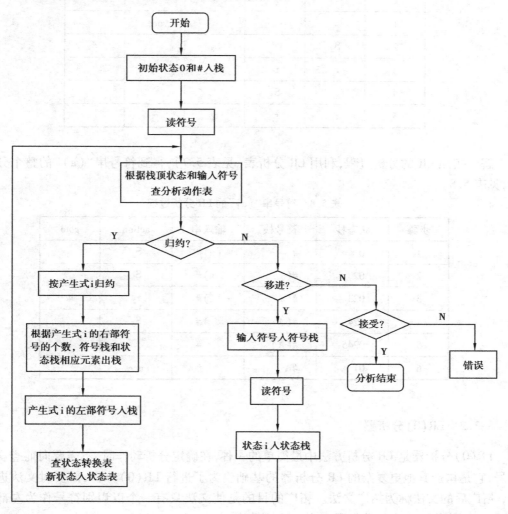

图 5.8 LR 的分析流程

例 5.6 已知文法 G [A']:

(0) A'→A

(1) A→(A)

(2) A→a

采用 LR 分析法,以表 5.7 提供的 LR 分析表为依据,写出输入串"(a)"的整个分析过程。

表 5.7 LR 分析表

状态	action				goto
	(	)	a	#	A
0	S₂		S₃		1

91

续表

状态	action				goto
	(	)	a	#	A
1				acc	
2	S_2		S_3		4
3	r_2	r_2	r_2	r_2	
4		S_5			
5	r_1	r_1	r_1	r_1	

解 按照 LR 的分析过程,利用 LR 分析表(见表5.7),得到符号串"(a)"的整个分析过程,见表5.8。

表5.8 符号串"(a)"的 LR 分析过程

步骤	状态栈	符号栈	输入串	action	goto
1	0	#	(a)#	S_2	
2	02	#(	a)#	S_3	
3	023	#(a	)#	r_2	4
4	024	#(A	)#	S_5	
5	0245	#(A)	#	r_1	1
6	01	#A	#	acc	

5.3.2 LR(0)分析器

LR(0)分析器是 LR 分析方法中最简单的一种,在确定分析动作时,不需要向前查看任何符号,它是构造其他更复杂的 LR 分析器的基础。为了进行 LR(0)分析,需要对文法进行拓广,拓广后的文法称为拓广文法。拓广的目的是使文法只有一个以识别符号作为左部的产生式,从而使构造出来的分析器有唯一的接受状态。

例如,已知文法 G[A]:

$$A \rightarrow (A)$$

$$A \rightarrow a$$

则引入一个新的文法开始符号 A′,得到拓广文法 G[A′]:

$$A' \rightarrow (A$$

$$A \rightarrow (A)$$

$$A \rightarrow a$$

为了更好地理解 LR 分析过程,下面介绍"活前缀"和"可归前缀"的概念。

1)活前缀和可归前缀

在前面已经介绍过前缀的概念,前缀指从任意符号串 x 的末尾删除 0 或多个符号得到的符号串。活前缀是前缀的子集,它是针对规范句型而言的,而可归前缀是一个特殊的活前缀。

对于一个规范句型来说,其活前缀定义如下:

设 $\lambda\beta t$ 是一个规范句型,即 $\lambda\beta t$ 是能用最右推导得到的句型,其中,β 表示句柄,$t \in V_T^*$,如果 $\lambda\beta = u_1 u_2 \cdots u_r$,那么称符号串 $u_1 u_2 \cdots u_i$(其中 $l \leqslant i \leqslant r$)是句型 $\lambda\beta t$ 的活前缀。

从活前缀的定义可知,一个规范句型的活前缀可以有多个,但观察这些活前缀,会发现其中活前缀 $u_1, u_1 u_2, u_1 u_2 \cdots u_{r-1}$ 不含有完整句柄 β,只有活前缀 $u_1 u_2 \cdots u_r$ 含有完整句柄 β,那么这个含有句柄的活前缀 $u_1 u_2 \cdots u_r$ 称为可归前缀,是最长的活前缀。

从上述定义可知,活前缀不含句柄右边的任意符号,而可归前缀是含有句柄的活前缀。对一个规范句型来说,活前缀可有多个,可归前缀只有一个。

例 5.7　已知文法 G[E]:
$$E \rightarrow T \mid E + T \mid E * T$$
$$T \rightarrow (E) \mid i$$

试找出规范句型 E + (T * i) 的活前缀和可归前缀。

解　首先画出 E + (T * i) 的语法树如图 5.9 所示,可以找出 T 是句柄,则根据活前缀和可归前缀的定义有:

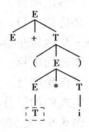

图 5.9　语法树

$$\lambda = E + (\qquad \beta = T \qquad t = * i)$$

因此,活前缀为:E,E + ,E + (,E + (T,其中 E + (T 是可归前缀。

从例 5.7 中可以总结出活前缀的求法:首先画出句型的语法树,找出句柄。然后,从句型的左边第一个符号开始,取长度分别为 1,2,…的符号串,直到包含句柄在内的长度符号串就是该句型所有的活前缀。而可归前缀就是最长的活前缀。值得注意的是,所有活前缀都不包括句柄右边的任何符号,即 t 中的任何符号。在 LR 分析过程中,如果输入符号串没有语法错误,则在分析的每一步,若将符号栈中的全部文法符号与剩余的输入符号串连接起来,得到的一定是所给文法的一个规范句型。也就是说,压入符号栈中的符号串一定是某一个规范句型的前缀,而且这种前缀不会含有任何句柄右边的符号,所有都是活前缀。当符号栈形成句柄,即符号栈的内容为可归前缀时,就会立即被归约。所有说,LR 分析就是逐步在符号栈中产生可归前缀,再进行归约的过程。

2) LR(0) 项目

虽然 LR 分析器可以识别活前缀,但它的主要目的是为了给定的输入串构造最右推导时使用的产生式序列。因此,分析器的一个基本功能就是要检测句柄。为了检测句柄,分析器首先必须能够识别出当前句型中含有句柄的可归前缀。在介绍如何构造 LR 分析器之前,先要了解项目及项目有效性的概念。

项目的定义:

对某个文法 G 来说,在其任何一个产生式右部的某个位置添加一个"·",比如 $A \rightarrow \alpha\beta$ 为 G 的一条产生式,那么,在它的右部加上一个圆点"·"就得到形如 $A \rightarrow \alpha \cdot \beta$ 的项目。点号左边表示该产生式的右部在符号栈的栈顶已经出现的部分,点号右边表示如果要用该产生式进行规约,还应该出现的部分。

圆点是表示项目的一种标记,也就是说,如果一条产生式的右部标有圆点,那么它就是项目。一般情况下,因为圆点的位置不同,一条产生式可以有几个项目。一般产生式 $A \rightarrow \beta$ 对应

的项目个数为 $|\beta|+1$,特别地,产生式 $A\to\varepsilon$ 的项目个数为 1,即 $A\to\cdot$。

例 5.8 已知文法 G[A']:

$$A'\to A$$
$$A\to(A)$$
$$A\to a$$

对于产生式 $A'\to A$,右部有 1 个符号,因此有以下两个项目:

$$A'\to\cdot A,A\to A\cdot$$

对于产生式 $A\to(A)$,右部有 3 个符号,因此可有下面 4 个项目:

$$A\to\cdot(A),A\to(\cdot A),A\to(A\cdot),A\to(A)\cdot$$

项目中点后面的符号称为该项目的后继符号。后续符号可能是终结符号,也可能是非终结符号,如果点在最后,后继符号则为空。实际上,不同的项目反映了分析过程中栈顶的不同情况。

根据项目中点的位置和后续符号,可把项目分成以下几类:

①移进项目。后继符号为终结符号,如例 5.8 的项目 $A\to\cdot(A)$。

②待约项目。后继符号为非终结符号,如例 5.8 的项目 $A\to(\cdot A)$ 和 $A'\to\cdot A$(可把 $A'\to\cdot A$ 称为开始项目)。

③归约项目。后继符号为空,即点在最后。如例 5.8 的项目 $A\to(A)\cdot$ 和 $A'\to A\cdot$。

④接受项目。文法的开始符号 E' 的归约项目。接受项目是一个特殊的归约项目,它表示该产生式归约后分析将结束。例 5.8 的项目 $A'\to A\cdot$ 就是接受项目。

例 5.9 已知文法 G[E']:

$$E'\to E$$
$$E\to T|E+T|E*T$$
$$T\to(E)|i$$

列出该文法的所有 LR(0)项目,并指出项目类别。

解 由项目的定义有:

对于 $E'\to E$,有项目 $E'\to\cdot E,E'\to E\cdot$

对于 $E\to T$,有项目 $E\to\cdot T,E\to T\cdot$

对于 $E\to E+T$,有项目 $E\to\cdot E+T,E\to E\cdot+T,E\to E+\cdot T,E\to E+T\cdot$

对于 $E\to E*T$,有项目 $E\to\cdot E*T,E\to E\cdot*T,E\to E*\cdot T,E\to E*T\cdot$

对于 $T\to(E)$,有项目 $T\to\cdot(E),T\to(\cdot E),T\to(E\cdot),T\to(E)\cdot$

对于 $T\to i$,有项目 $E\to\cdot i,E\to i\cdot$

其中,移进项目:$E\to E\cdot+T,E\to E\cdot*T,T\to\cdot(E),T\to(E\cdot),E\to\cdot i$

待约项目:$E'\to\cdot E,E\to\cdot T,E\to\cdot E+T,E\to E+\cdot T,E\to\cdot E*T,E\to E*\cdot T,T\to(\cdot E)$

归约项目:$E'\to E\cdot,E\to T\cdot,E\to E+T\cdot,E\to E*T\cdot,T\to(E)\cdot,E\to i\cdot$

接受项目:$E'\to E\cdot$

开始项目:$E'\to\cdot E$

3)构造识别活前缀的有限自动机

在 LR 分析过程中,并不直接分析符号栈中的符号是否形成句柄,但它给出一个启示:可以把文法中的符号都看成是有限自动机的输入符号,每当一个符号进栈时表示已经识别了该符号,并进行状态转换;当识别出"可归前缀"时(即在栈顶形成句柄),则认为到达了识别句柄的状态。自动机中的每个状态都和无数个活前缀密切相关,每个状态中都包含该状态所能识别的活前缀。因此,如果能得到对应分析器中每个状态的有效项目的有限集合,那么也就能得到识别活前缀的有限自动机。

构造识别活前缀的有限自动机,首先需要掌握两种运算。

(1)项目集的闭包运算

设 I 为一项目集,I 的闭包运算 CLOSURE(I)定义如下:

①I 中每个项目都属于 CLOSURE(I)。

②如项目 A→α·Bβ 属于 CLOSURE(I),且 B 是非终结符号,B→γ 是文法中的一个产生式,则将形如 B→·γ 的项目添加到 CLOSURE(I)中。

③重复执行步骤②,直到 CLOSURE(I)不再增大为止。

例 5.10　已知文法 G[A′]:

$$A′→A$$
$$A→(A)$$
$$A→a$$

设项目集 I = {A′→·A},求 CLOSURE(I)。

解　根据闭包运算的第 1 条,CLOSURE(I) = {A′→·A}

根据闭包运算的第 2 条,将产生式 A→(A)和 A→a 对应的点在最左边的项目 A→·(A)和 A→·a 加进 CLOSURE(I)中:

CLOSURE(I) = {A′→·A, A→·(A), A→·a}

至此,按照算法 CLOSURE(I)不再增大。

(2)项目集之间的转换函数 go

假设有一项目为 A→α·Xβ,令 X 是任意一个文法符号,则对项目 A→α·Xβ 进行读 X 操作,结果为项目 A→αX·β。

设 I 是一个项目集,X ∈ V_T ∪ V_N,则项目集之间的转换用 go(I,X)函数表示,定义为:

$$go(I,X) = CLOSURE(J)$$

其中,J = {A→αX·β|A→α·Xβ ∈I},即对项目集 I 中所有的项目进行读 X 操作的结果。CLOSURE(J)为对 J 进行了闭包运算得到的项目集,称为 I 的后继项目集。

实际上,计算 go(I,X)时,可以先找出 I 中所有形如 A→α·Xβ 的项目,然后将它们变成 A→αX·β 放入集合 J 中,最后再求 CLOSURE (J)。

例 5.11　设 I = {A′→.A,A→.(A),A→.a},求 go (I,() = ?

分析:首先在 I 中找出点号后面是"("的项目:A′→.(A),然后将点号移到"("的后边变成:A→(.A)并放入 J 中,即 J = {A→(.A)},最后对 J 进行闭包运算:

CLOSURE (J) = CLOSURE ({A→(.A)}) = {A→(.A),A→.(A),A→.a}

(3)LR(0)项目集规范族的构造

要构造识别所有规范句型全部活前缀的 DFA,首先要确定 DFA 的状态,而每一个状态都是由若干个 LR(0)项目组成的集合,称为项目集。对于构成识别一个文法活前缀的 DFA 的项目集的全体,称为这个文法的 LR(0)项目集规范族(即 DFA 的所有状态)。

对于 LR(0)项目集规范族——在 CLOSURE(I)和 go(I_i, X)作用下,可获得的项目集的全体 C：

①令 C = {I₀}，其中 I₀ = CLOSURE({开始项目,如 S′→·S})。

②对每个 Iᵢ ∈ C 和 Iᵢ 中形如"·X"的项目,若 go(Iᵢ, X)非空且不属于 C,则将 go(Iᵢ, X)之值加入 C。

③重复②直至 C 不再增大。

例 5.12 求文法 G [A′]的 LR(0)项目集规范族 C：

$$(0)A′→A$$
$$(1)A→(A)$$
$$(2)A→a$$

解 初始化 C = {I₀}

$$I_0 = CLOSURE(\{开始项目\}) = CLOSURE(\{A′→·A\})$$
$$= \{A′→·A, A→·(A), A→·a\}$$

$$go(I_0, A) = CLOSURE(J) = CLOSURE(\{A′→A·\})$$
$$= \{A→′A·\} = I_1$$

$$go(I_0, ( ) = CLOSURE(J) = CLOSURE(\{A→(·A)\})$$
$$= \{A→(·A), A→·(A), A→·a\} = I_2$$

$$go(I_0, a) = CLOSURE(J) = CLOSURE(\{A→a·\})$$
$$= \{A→a·\} = I_3$$

$$go(I_2, A) = CLOSURE(J) = CLOSURE(\{A→(A·)\})$$
$$= \{A→(A·)\} = I_4$$

$$go(I_2, ( ) = CLOSURE(J) = CLOSURE(\{A→(·A)\})$$
$$= \{A→(·A), A→·(A), A→·a\} = I_2$$

$$go(I_2, a) = CLOSURE(J) = CLOSURE(\{A→a·\})$$
$$= \{A→a·\} = I_3$$

$$go(I_4,)) = CLOSURE(J) = CLOSURE(\{A→(A)·\})$$
$$= \{A→(A)·\} = I_5$$

4) 构造识别活前缀的有限自动机

如果 LR(0)项目集规范族中的每个项目集看做有限自动机的一个状态,则项目集规范的 go 函数把这些项目集连接成一个 DFA。令 C₀ 为 DNF 的初态,则该 DFA 就是恰好识别文法所有活前缀的有限自动机。因此,在得到文法的 LR(0)项目集规范族 C 以后,可按照下述方法构造识别活前缀的有限自动机 DFA,具体如下：

①把文法的 LR(0)项目集规范族中的每一个项目集作为 DFA 的一个状态。

②把含有开始项目的项目集作为 DFA 的初态。

③把只含有归约项目的项目集作为 DFA 的终态,表示识别出句柄。

④把文法的终结符和非终结符作为 DFA 的字母表。

⑤go(Iᵢ, X)作为单值转换函数。

在例 5.12 求得的 LR(0)项目集规范族 C 的基础上,便可以画出识别活前缀的有限自动机,具体如图 5.10 所示。

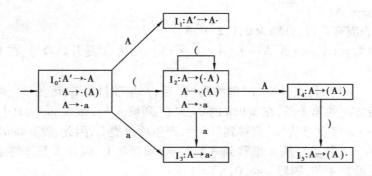

图 5.10　识别活前缀的有限自动机

5) LR(0) 分析表的构造

构造出了识别活前缀的有限自动机后,就可以很方便地构造 LR(0) 分析表。前面已经介绍,LR(0) 分析表有两部分:动作表每列的开头是文法的终结符以及右界符"#";而状态转换表每列的开头为文法的非终结符号,每行的开头为状态号。其构造算法如下:

假设已经构造出 LR(0) 项目集规范族:$C = \{I_0, I_1, \cdots, I_n\}$

其中,$I_i (i = 0, 1, \cdots, n)$ 为项目集的名字,对应的状态为 i。假设 $S' \rightarrow \cdot S$ 是开始项目(即文法开始符号所在产生式的待约项目),令包含项目 $S' \rightarrow \cdot S$ 的项目集 I_k 对应的状态 k 为开始状态。

分析表的动作表和状态转换表的构造方法如下:

①若项目 $A \rightarrow \alpha \cdot b\beta \in I_i$,且 $go(I_i, b) = I_j$,其中 b 为终结符,置 action[i,b] 把状态 j 和符号 b 移进栈,简记为 S_j。

②若项目 $A \rightarrow \alpha \cdot \in I_i$,则对于任何输入符号 b,b 属于终结符或结束符"#",置 action[i, b] = "用产生式 $A \rightarrow \alpha$ 进行归约"简记为 r_j(假定 $A \rightarrow \alpha$ 是拓广文法 G 的第 j 条产生式)。

③若项目 $S' \rightarrow S \cdot \in I_i$ 则置 action[i,#] = "接受",简记"acc"。

④若 $go(I, A) = I_j$,A 为非终结符,则置 goto[i, A] = j。

⑤分析表中凡不能用规则①~④填入信息的单元为空或均置上 error,表示有错。

例 5.13　已知文法 G[A']:

    (0) A' → A

    (1) A → (A)

    (2) A → a

根据例 5.12 的项目集规范族构造 LR(0) 分析表。

解　因为文法有 3 个终结符号,除开始符号外只有一个非终结符号 A,所以,分析动作表有 4 列,分别为'('、')'、'a' 和 '#',goto 表有 1 列 A。前面的例子已经求出该文法的项目集规范族为:

    $I_0 = \{A' \rightarrow \cdot A, A \rightarrow \cdot (A), A \rightarrow \cdot a\}$

    $I_1 = \{A' \rightarrow A \cdot \}$

    $I_2 = \{A \rightarrow (\cdot A), A \rightarrow \cdot (A), A \rightarrow \cdot a\}$

    $I_3 = \{A \rightarrow a \cdot \}$

    $I_4 = \{A \rightarrow (A \cdot)\}$

$I_5 = \{A \rightarrow (A) \cdot \}$

因此,分析表应有 6 行,分别为 0,1,2 …,5。

观察项目集 $I_0 = \{A' \rightarrow \cdot A, A \rightarrow \cdot (A), A \rightarrow \cdot a\}$,因为 A' 是开始符号,在 I_0 中,因此,0 为开始状态。

对项目 $A \rightarrow \cdot (A)$,将点号从 '(' 前移到 '(' 后,产生项目集 I_2,因为 '(' 是终结符,因此,按照分析表构造方法的第 1 条,在 action 的 0 行 '(' 列填入 S_2,即 $action[0,(] = S_2$。

对项目 $A \rightarrow \cdot a$ 将点号从 'a' 前移到 'a' 后,产生项目集 I_3,因此,置 $action[0,a] = S_3$。

对项目 $A' \rightarrow \cdot A$ 将点号从 A 前移到 A 后,产生项目集 I_1,因为 A 是非终结符,因此,按照分析表构造方法的第 4 条,则置 $goto[0,A] = 1$。

观察 $I_1 = \{A' \rightarrow A \cdot\}$,因为 A' 是文法开始符号,$A' \rightarrow A \cdot$ 在 I_1 中,符合分析表构造方法的第 3 条,因此,置 $action[1,\#] = "acc"$,即接受。

观察 $I_3 = \{A \rightarrow a \cdot\}$,符合分析表构造方法的第 2 条,因为 $A \rightarrow a$ 是文法第 2 条产生式,因此对 action 表的 3 行的所有单元填写 r_2。

同理观察 $I_2 = \{A \rightarrow (\cdot A), A \rightarrow \cdot (A), A \rightarrow \cdot a\}$、$I_4 = \{A \rightarrow (A \cdot)\}$ 和 $I_5 = \{A \rightarrow (A) \cdot\}$,可填写分析表的其他内容,最后可得分析表见表 5.9。

表 5.9　LR(0) 分析表

状态	action				goto
	(	)	a	#	A
0	S_2		S_3		1
1				acc	
2	S_2		S_3		4
3	r_2	r_2	r_2	r_2	
4		S_5			
5	r_1	r_1	r_1	r_1	

6) LR(0) 分析器的工作过程

分析表是 LR 分析的关键,有了分析表后就可以在总控程序的控制下对输入符号串进行分析,其分析如下:

①若 $action[S,a] = S_j$,S 为状态,a 为终结符,则把 a 移入符号栈,状态 j 移入状态栈。

②若 $action[S,a] = r_j$,a 为终结符或 '#',则用第 j 个产生式归约;设 k 为第 j 个产生式右部的符号长度,将符号栈和状态栈顶的 k 个元素出栈,将产生式左部符号入符号栈。

③若 $action[S,a] = "acc"$,a 为 '#',则为接受,表示分析成功。

④若 $goto[S,A] = j$,A 为非终结符号并且是符号栈的栈顶,表示前一个动作是归约,A 是归约后移入符号栈的非终结符,则将状态 j 移入状态栈。

⑤若 $action[S,a] =$ 空白,则转入错误处理。

例 5.14　已知文法 G [A']:

　　　　(0) $A' \rightarrow A$

　　　　(1) $A \rightarrow (A)$

（2）A→a

利用表 5.9 的 LR（0）分析表，采用 LR 分析法分析符号串（（a））。

解　按照 LR（0）分析器的工作过程，表 5.10 列出符号串（（a））的分析过程。

表 5.10　对输入符号串（（a））的分析过程

步骤	状态栈	符号栈	输入串	action	goto
1	0	#	（（a））#	S_2	
2	02	#（	（a））#	S_2	
3	022	#（（	a））#	S_3	
4	0223	#（（a	））#	r_2	4
5	0224	#（（A	））#	S_5	
6	02245	#（（A）	）#	r_1	4
7	024	#（A	）#	S_5	
8	0245	#（A）	#	r_1	1
9	01	#A	#	acc	

例 5.15　已知拓广文法 G[S′]：

（0）S′→E

（1）E→aA

（2）E→bB

（3）A→cA

（4）B→cB

（5）A→d

（6）B→d

试写出对输入串 bccd# 的 LR（0）分析过程。

解　根据题意，首先写出该文法的所有 LR（0）的项目。

S′→·E　　　　　S′→E·

E→·aA　　　　　E→a·A　　　　　E→aA·

E→·bB　　　　　E→b·B　　　　　E→bB·

A→·cA　　　　　A→c·A　　　　　A→cA·

B→·cB　　　　　B→c·B　　　　　B→cB·

A→·d　　　　　A→d·

B→·d　　　　　B→d·

然后，求出文法的 LR（0）项目集规范族 C：

I_0 = {S′→·E,E→·aA,E→·bB}

I_1 = {S′→E·}

I_2 = {E→a·A,A→·cA,A→·d}

I_3 = {E→b·B,B→·cB,B→·d}

$$I_4 = \{A \rightarrow c \cdot A, A \rightarrow \cdot cA, A \rightarrow \cdot d\}$$

$$I_5 = \{B \rightarrow c \cdot B, B \rightarrow \cdot cB, B \rightarrow \cdot d\}$$

$$I_6 = \{E \rightarrow aA \cdot\}$$

$$I_7 = \{E \rightarrow bB \cdot\}$$

$$I_8 = \{A \rightarrow cA \cdot\}$$

$$I_9 = \{B \rightarrow cB \cdot\}$$

$$I_{10} = \{A \rightarrow d \cdot\}$$

$$I_{11} = \{B \rightarrow d \cdot\}$$

在 LR(0)项目集规范族 C 的基础上,画出识别活前缀的有限自动机如图 5.11 所示,并构造出分析表见表 5.11。

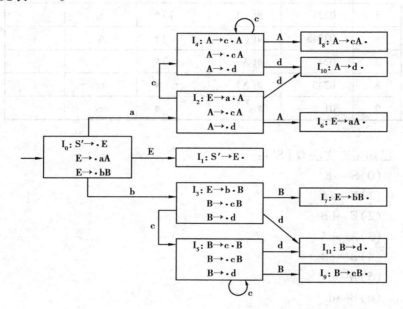

图 5.11　识别活前缀的有限自动机

表 5.11　LR(0)分析表

状态	action					goto		
	a	b	c	d	#	E	A	B
0	S_2	S_3				1		
1					acc			
2			S_4	S_{10}			6	
3			S_5	S_{11}				7
4			S_4	S_{10}			8	
5			S_5	S_{11}				9
6	r_1	r_1	r_1	r_1	r_1			
7	r_2	r_2	r_2	r_2	r_2			

续表

状态	action					goto		
	a	b	c	d	#	E	A	B
8	r_3	r_3	r_3	r_3	r_3			
9	r_4	r_4	r_4	r_4	r_4			
10	r_5	r_5	r_5	r_5	r_5			
11	r_6	r_6	r_6	r_6	r_6			

最后,利用表 5.11 的 LR(0)分析表对输入串 bccd#用 LR(0)分析器进行分析,其状态栈、符号栈及输入串的变化过程见表 5.12。

表 5.12 对输入串 bccd#的 LR(0)分析过程

步骤	状态栈	符号栈	输入串	action	goto
(1)	0	#	bccd#	S_3	
(2)	03	#b	ccd#	S_5	
(3)	035	#bc	cd#	S_5	
(4)	0355	#bcc	d#	S_{11}	
(5)	0355<u>11</u>	#bccd	#	r_6	9
(6)	03559	#bccB	#	r_4	9
(7)	0359	#bcB	#	r_4	7
(8)	037	#bB	#	r_2	1
(9)	01	#E	#	acc	

注:由于状态 11 都是由两位数组成,为防止与状态 1 或状态 0 混淆,特加下画线表示。

通常一个项目集中可能包含不同类型的项目。如果某一项目集出现移进项目和归约项目并存,则该项目集存在"移进-归约"冲突;如果某一项目集出现多个归约项目并存,则该项目集存在"归约-归约"冲突。比如,某项目集为{A→α·bβ, A→α·},因为 A→α·是归约项目,而 A→α·bβ 是移进项目,所以该项目集存在"移进-归约"冲突。

如果一个文法的项目集规范族不存在"移进-归约"冲突或"归约-归约"冲突的项目集,那么,称该文法为 LR(0)文法,所构造的分析表为 LR(0)分析表。只有 LR(0)文法才能构造 LR(0)分析表,否则,构造的分析表会出现多重定义。

例 5.16 拓广文法 G[S]:

(0)S→E

(1)E→E + T

(2)E→T

(3)T→F * T

(4)T→F

(5) F→(E)

(6) F→i

按照前面介绍的方法,可以很容易地求出该文法的项目集规范族 C。

$I_0 = \{S→\cdot E, E→\cdot T, E→\cdot E+T, T→\cdot T*F, T→\cdot F, F→\cdot(E), F→\cdot i\}$

$I_1 = \{S→E\cdot, E→E\cdot +T\}$

$I_2 = \{E→T\cdot, E→T\cdot *F\}$

$I_3 = \{T→F\cdot\}$

$I_4 = \{T→(\cdot E), E→\cdot E+T, E→\cdot T, T→\cdot T*F, T→\cdot F, F→\cdot(E), F→\cdot i\}$

$I_5 = \{F→i\cdot\}$

$I_6 = \{E→E+\cdot T, T→\cdot T*F, T→\cdot F, F→\cdot(E), F→\cdot i\}$

$I_7 = \{T→T*\cdot F, F→\cdot(E), F→\cdot i\}$

$I_8 = \{T→(E\cdot), E→E\cdot +T\}$

$I_9 = \{E→E+T\cdot, T→T\cdot *F\}$

$I_{10} = \{T→T*F\cdot\}$

$I_{11} = \{F→(E)\cdot\}$

观察上面的项目集会发现 I_1、I_2 和 I_9,都存在"移进-归约"冲突。比如,项目集 I_2 包含两个项目,其中项目 $E→T\cdot$ 是归约项目,而另外一个项目 $E→T\cdot *F$ 是移进项目。因此,该文法不是 LR(0) 文法。按照 LR(0) 分析表的构造方法可得到分析表见表 5.13。

表 5.13   LR(0) 分析表

状态	action						goto		
	i	+	*	(	)	#	E	T	F
0	S_5			S_4			1	2	3
1		S_6				acc			
2	r_2	r_2	S_7/r_2	r_2	r_2	r_2			
3	r_4	r_4	r_4	r_4	r_4	r_4			
4	S_5			S_4			8	2	3
5	r_6	r_6	r_6	r_6	r_6	r_6			
6	S_5			S_4				9	3
7	S_5			S_4					10
8		S_6			S_{11}				
9	r_1	r_1	S_7/r_1	r_1	r_1	r_1			
10	r_3	r_3	r_3	r_3	r_3	r_3			
11	r_5	r_5	r_5	r_5	r_5	r_5			

从表 5.13 可以看出,action[2,*] 和 action[9,*] 出现了多重定义,当分析过程中查到这两个地方时,就无法确定相应的分析动作。

LR(0) 文法是一类非常简单的文法,它要求每个状态对应的项目不能含有冲突项目,但很多语言不能满足 LR(0) 文法的条件。实际上,LR(0) 文法并不能充分表达当前程序设计语言中的各种结构。当某种语言的项目集规范族中存在"移进-归约"或"归约-归约"冲突时,不能再用 LR(0)分析法,要解决冲突,就可以用下面将要介绍的 SLR(1)分析器。

5.3.3　SLR(1)分析器

当文法的 LR(0)项目集规范族中的项目集出现冲突时,就不能采用 LR(0)分析法。实际上,在通过文法的 LR(0)项目集规范族构造 LR(0)分析表时,若项目 $A \rightarrow \alpha . \in I_i$,对于任何输入符号 $a \in (V_T \cup \{\#\})$,则置 $action[i,a] = r_j$,即"用第 j 条产生式 $A \rightarrow \alpha$ 进行归约"。也就是当 α 在符号分析栈顶部时就进行归约,此时,我们根本就不管下一个输入符号是什么。

SLR(1)分析法使用的是 LR(0)项目集合的 DFA,它对 LR(0)规范族中有冲突的项目集采用向前看一个输入符号的方法进行处理,以解决"移进-归约"或"归约-归约"冲突。

1) SLR(1)解决冲突的基本思路

在例 5.16 中,项目集 $I_2 = \{E \rightarrow T \cdot, E \rightarrow T \cdot * F\}$。如果选择了将句柄 T 归约为 E,那么,E 的后继符号将跟随在 T 后面;如果由这些符号所构成的集合与不进行归约时跟随在 E 后面的符号集不相交,那么通过向前看一个符号,该冲突就可以得到解决。对于归约项目,$E \rightarrow T \cdot$ 所对应的非终结符号 E 的 $FOLLOW(E) = \{\#, +,)\}$,表示如果下一个输入符号是其中的任何一个就进行归约。对于移进项目 $E \rightarrow T \cdot * F$ 而言,下一个符号是"*"就进行移进。这样就解决了冲突。

考虑如下项目集中的冲突:

$$\{A \rightarrow \alpha \cdot b\beta, B \rightarrow \gamma \cdot, C \rightarrow \delta \cdot\}, b \in V_T$$

该项目集存在"移进-归约"冲突和"归约-归约"冲突。如果 3 个集合 $FIRST(b\beta)$、$FOLLOW(B)$、$FOLLOW(C)$ 存在下列关系:

$$FIRST(b\beta) \cap FOLLOW(B) \cap FOLLOW(C) = \phi$$

则通过向前看一个输入符号,移进或归约动作便可唯一确定,即可采用 SLR(1)分析法。则当状态为 S_i,输入符号为 $a(a \in V_T \cup \#)$ 时,利用下列方法可解决冲突:

①若 $a = b$,则移进 a。

②若 $a \in FOLLOW(B)$,则用生产式 $B \rightarrow \gamma$ 归约。

③若 $a \in FOLLOW(C)$,则用生产式 $C \rightarrow \delta$ 归约。

④其他报错。

当"移进-归约"冲突和"归约-归约"冲突可以通过考察有关非终结符的 FOLLOW 集而得到解决,即通过向前查看一个输入符号来协助解决冲突时,该文法就是 SLR(1)文法。

2) SLR(1)分析表的构造

设文法 $G[S']$ 的 LR(0)项目集规范族 $C = \{I_0, I_1, \cdots, I_i, \cdots, I_n\}$,对应的状态为 $\{0, 1, \cdots, i, \cdots, n\}$。令其中每个项目集 $I_i(i = 0, 1, \cdots, n)$ 的下标作为分析器的状态 i,令包含 $[S' \rightarrow \cdot S]$ 的项目集 I_k 的下标 k 作为分析器的初态。则构造 SLR(1)分析表的步骤如下:

①若项目 $A \rightarrow \alpha \cdot b\beta \in I_i$ 且 $go(i,a) = I_j$,其中,a 为终结符,置 $action[i,a] = $"把状态 j 和符号 a 移进栈",简记为 S_j。

②若项目 $A \rightarrow \alpha \cdot \in I_i$,则对 $a(a$ 为终结符或#$) \in FOLLOW(A)$,置 $action[i,a] = $"用生产式 $A \rightarrow \alpha$ 进行归约",简记为 r_j(假定 $A \rightarrow \alpha$ 是文法 $G[S']$ 的第 j 条产生式)。

③若项目 $S'{\rightarrow}S\cdot\in I_i$,则置 action$[i,\#]$ = "接受",简记为 acc。

④若 go$(i,A)=I_j$,A 为非终结符,则置 goto$[i,A]=j$。

⑤分析表中凡不能用规则①~④添入信息的元素为空或均置上 error。

从上述 SLR(1)分析表的构造方法不难看出,与构造 LR(0)分析表相比只是在处理归约项目时不同,其他是一样的。

例5.17 构造例5.16 文法的 SLR(1)分析表,然后对"i * i"进行分析。

解 观察其 LR(0)项目集规范族 C,其中,项目集 I_1、I_2 和 I_9 含有冲突项目:

$$I_1 = \{S{\rightarrow}E\cdot,E{\rightarrow}E\cdot + T\}$$
$$I_2 = \{E{\rightarrow}T\cdot,E{\rightarrow}T\cdot * F\}$$
$$I_9 = \{E{\rightarrow}E + T\cdot,T{\rightarrow}T\cdot * F\}$$

针对归约项目,求其左部非终结符号 S、E 的 FOLLOW 集:

$$FOLLOW(S) = \{\#\}$$
$$FOLLOW(E) = \{\#, +,)\}$$

对于项目集 $I_1 = \{S{\rightarrow}E\cdot,E{\rightarrow}E\cdot + T\}$:

由于 FIRST$(+ T) = \{ + \}$,FIRST$(+ T) \cap$ FOLLOW$(S) = \phi$,因此,I_1"移进-归约"冲突可解决。

对于项目集 $I_2 = \{E{\rightarrow}T\cdot,E{\rightarrow}T\cdot * F\}$ 和 $I_9 = \{E{\rightarrow}E + T\cdot,T{\rightarrow}T\cdot * F\}$:

由于 FIRST$(* F) = \{ * \}$,FIRST$(* F) \cap$ FOLLOW$(E) = \phi$,因此,I_2 和 I_9"移进-归约"冲突可解决。

故该文法是 SLR(1)文法。

现在按照 SLR(1)分析表的构造方法,可以得到 SLR(1)分析表,如图5.14 所示。注意与表5.13 比较,从而找出与 LR(0)分析表的构造方法的不同点。

表5.14 SLR(1)分析表

状态	action						goto		
	i	+	*	(	)	#	E	T	F
0	S_5			S_4			1	2	3
1		S_6				acc			
2		r_2	S_7		r_2	r_2			
3		r_4	r_4		r_4	r_4			
4	S_5			S_4			8	2	3
5		r_6	r_6		r_6	r_6			
6	S_5			S_4				9	3
7	S_5			S_4					10
8		S_6			S_{11}				
9		r_1	S_7		r_1	r_1			
10		r_3	r_3		r_3	r_3			
11		r_5	r_5		r_5	r_5			

虽然 SLR(1)与 LR(0)的分析表构造方法略有不同,但它们的分析器的工作过程却完全一样。利用表 5.14 分析符号串"i * i"的分析过程见表 5.15。

表 5.15　符号串"i * i"的分析过程

步骤	状态栈	符号栈	输入串	action	goto
1	0	#	i * i#	S_5	
2	05	#i	* i#	r_6	3
3	03	#F	* i#	r_4	2
4	02	#T	* i#	S_7	
5	027	#T *	i#	S_5	
6	0275	#T * i	#	r_6	10
7	02710	#T * F	#	r_3	2
8	02	#T	#	r_2	1
9	01	#E	#	acc	

注:由于状态 10 都是由两位数组成,为防止与状态 1 或状态 0 混淆,特加下划线表示。

通常,把能用 SLR(1)分析器的语言称为 SLR(1)语言。如果一个文法的项目集规范族的某些项目集存在冲突,但这种冲突能用 SLR(1)方法解决,那么,该文法就是 SLR(1)文法,由此构造的分析表为 SLR(1)分析表。

综上所述,下面给出构造 SLR(1)分析表的步骤如下:

①文法拓广。

②构造 LR(0)项目集规范族 C。

③求出非终结符的 FOLLOW 集。

④根据构造 SLR(1)分析表的方法构造分析表。

尽管采用 SLR(1)分析方法能够对某些 LR(0)项目集规范族中存在的冲突的项目集,通过向前查看一个符号的办法来解决冲突,但是仍有许多文法构造的 LR(0)项目集规范族存在的冲突不能用 SLR(1)方法来解决。

例 5.18　拓广文法G[S′]:

$$(0)S'{\rightarrow}S$$
$$(1)S{\rightarrow}aAd$$
$$(2)S{\rightarrow}bAc$$
$$(3)S{\rightarrow}aec$$
$$(4)S{\rightarrow}bed$$
$$(5)A{\rightarrow}e$$

试判断该文法是否是 SLR(1)文法。

解　按照前面介绍的方法,利用闭包函数 closure 和 go 函数可以很容易地求出该文法的项目集规范族 C,并得到其识别活前缀的有限自动机,如图 5.12 所示。

$I_0 = \{S' \rightarrow \cdot S, S \rightarrow \cdot aAd, S \rightarrow \cdot bAc, S \rightarrow \cdot aec, S \rightarrow \cdot bed\}$

$I_1 = \{S' \rightarrow S \cdot\}$

$I_2 = \{S \rightarrow a \cdot Ad, S \rightarrow a \cdot ec, A \rightarrow \cdot e\}$

$I_3 = \{S \rightarrow b \cdot Ac, S \rightarrow b \cdot ed, A \rightarrow \cdot e\}$

$I_4 = \{S \rightarrow aA \cdot d\}$

$I_5 = \{S \rightarrow ae \cdot c, A \rightarrow e \cdot\}$

$I_6 = \{S \rightarrow bA \cdot c\}$

$I_7 = \{S \rightarrow be \cdot d, A \rightarrow e \cdot\}$

$I_8 = \{S \rightarrow aAd \cdot\}$

$I_9 = \{S \rightarrow aec \cdot\}$

$I_{10} = \{S \rightarrow bAc \cdot\}$

$I_{11} = \{S \rightarrow bed \cdot\}$

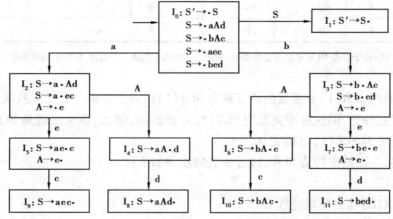

图5.12 识别活前缀的有限自动机

观察项目集 $I_5 = \{S \rightarrow ae \cdot c, A \rightarrow e \cdot\}$，$I_7 = \{S \rightarrow be \cdot d, A \rightarrow e \cdot\}$ 都存在"移进-归约"冲突。

因为 $FOLLOW(A) = \{c, d\}$，所以在 I_5 中，$FOLLOW(A) \cap \{c\} \neq \phi$。同样，在 I_7 中，$FOLLOW(A) \cap \{d\} \neq \phi$。显然，该文法显然不是 SLR(1) 文法，$I_5$ 和 I_7 的冲突不能用 SLR(1) 方法解决。

在这种情况下，就不能为文法构造一个 SLR(1) 分析器。这时就需要更好的 LR 分析法来解决，即接下来将介绍的 LR(1) 分析器。

5.3.4 LR(1)分析器

1) LR(1)项目

前面提到的，在 SLR(1) 分析器中，通过计算 FOLLOW 集合来获得超前的信息，实际中从 FOLLOW 集合获得的超前信息大于实际能够出现的超前信息。为了在有效项目中加入超前信息，因此，LR(1)项目由两部分组成：第一部分 LR(0)的项目相同；第二部分是超前信息，根据超前信息，有时可能需要将一个状态分成几个状态。

LR(1)项目定义:一个 LR(1)项目的形式[A→α·β,u],其中第一部分是一个 LR(0)项目,即带有圆点的产生式 A→α·β,称为 LR(1)项目的核;第二部分 u 是第一个超前扫描字符,且 $u \in V_T \cup \{\varepsilon\}$。

对于一个 LR(1)项目[A→α·β,u],如果存在规范推导(最右推导)

$$S \overset{*}{\Rightarrow} \lambda A\omega \Rightarrow \lambda\alpha\beta\omega$$

其中,λα 是活前缀,且 u 是 ω 的第一个符号或者'#'(ω 为 ε),那么说这个 LR(1)项目对话前缀 λα 有效。

例 5.19　已知文法 G[S′]:

(0)S′→S

(1)S→E = E

(2)S→i

(3)E→T

(4)E→E + T

(5)T→i

(6)T→T * i

考虑哪些项目对话活前缀 E = T 有效。

解　因为最右推导 $S' \overset{*}{\Rightarrow} E = T + i \Rightarrow E = T * i + i$。对照定义,A = T,α = T,β = * i,ω = + i,u = + ,所以项目[T→T·* i, +]对活前缀 E = T 是有效的。

最右推导 $S' \overset{*}{\Rightarrow} E = T * i \Rightarrow E = T * i * i$,A = T,β = * i,ω = * i,u = * ,所以项目[T→T·* i, *]对活前缀 E = T 是有效的。

具有相同核的项目,可以组合成复合项目。组合成复合项目时,只需将超前字符合并,即项目[A→α·β,u_1], [A→α·β,u_2],…,[A→α·β,u_m]能够合并成[A→α·β,$u_1:u_2:\cdots:u_m$]。例如,观察项目[T→T·* i, +]和[T→T·* i, *],它们具有相同的核,因此,可以组合成符合项目[T→T·* i, + : *]。

2)LR(1)项目集规范族的构造

LR(1)的项目集规范族构造算法与 LR(0)的构造算法几乎是一样的。只是 LR(1)的项目比 LR(0)项目多了超前信息,而且,LR(1)项目集的闭包运算比 LR(0)的要更加复杂。

(1)LR(1)项目集的闭包运算

LR(1)分析器的生成算法类似于 LR(0)分析器,主要不同之处是 LR(1)分析器还必须确定超前扫描符号。生成 LR(1)项目集的闭包运算则比 LR(0)项目集的闭包运算要更复杂,因为必须同时生成超前扫描信息。要构造 LR(1)的项目集规范族,同样需要用到两个函数,闭包运算和转换函数,下面分别介绍它们的定义。

I 为 LR(1)项目集,LR(1)闭包运算 CLOSURE(I)定义如下:

①I 中的任何 LR(1)项目集都属 CLOSURE(I)。

②如项目[A→α·Bβ,a]属于 CLOSURE(I),且 B→δ 是一个产生式,那么对于 FIRST(βa)中的每个终结符号 b,如果[B→·δ,b]原来不在 CLOSURE(I)中,则把它加进去。

③重复执行步骤②,直到 CLOSURE(I)不再增大为止。

例 5.20　已知文法 G[S′]:

$(0)S'{\rightarrow}S$

$(1)S{\rightarrow}E = E$

$(2)S{\rightarrow}i$

$(3)E{\rightarrow}T$

$(4)E{\rightarrow}E + T$

$(5)T{\rightarrow}i$

$(6)T{\rightarrow}T * i$

试对$[E{\rightarrow} \cdot T, =]$进行闭包运算。

解 根据闭包运算的第 1 条,$CLOSURE(I) = \{[E{\rightarrow} \cdot T, =]\}$。

根据闭包运算的第 2 条,因为有产生式 $T{\rightarrow}i$,所以$[T{\rightarrow} \cdot i, =]$也属于该项目集,此时 $\beta = \varepsilon$。又因为有产生式 $T{\rightarrow}T * i$,所以$[T{\rightarrow} \cdot T * i, =]$也是该项目集成员。

$CLOSURE(I) = \{[E{\rightarrow} \cdot T, =], [T{\rightarrow} \cdot i, =], [T{\rightarrow} \cdot T * i, =]\}$

又根据闭包运算的第 2 条,项目$[T{\rightarrow} \cdot T * i, =]$的闭包将产生式两个新项目$[T{\rightarrow} \cdot i, *]$和$[T{\rightarrow} \cdot T * i, *]$。

$CLOSURE(I) = \{[E{\rightarrow} \cdot T, =], [T{\rightarrow} \cdot i, =], [T{\rightarrow} \cdot T * i, =], [T{\rightarrow} \cdot i, *], [T{\rightarrow} \cdot T * i, *]\}$

对$[E{\rightarrow} \cdot T, =]$进行闭包运算得到的项目集为:

$CLOSURE(I) = \{[E{\rightarrow} \cdot T, =], [T{\rightarrow} \cdot i, =], [T{\rightarrow} \cdot T * i, =], [T{\rightarrow} \cdot i, *], [T{\rightarrow} \cdot T * i, *]\}$

(2)LR(1)项目集转换函数 go

转换函数用于定义项目集之间的转换。LR(1)转换器函数的构造与 LR(0)的也相似,其定义如下:

设 I 是一个集,X 是任一文法符号,则 go(I,X)定义为:

$$go(I, X) = CLOSURE(I)$$

其中,J = {任何具有$[A{\rightarrow}\alpha X \cdot \beta, a]$的项目 $| [A{\rightarrow}\alpha \cdot X\beta, a] \in I$},即对项目集 I 中所有的项目进行读 X 操作的结果。CLOSURE(J)为对 J 进行了闭包运算得到的项目集,称为 I 的后继项目集。

(3)LR(1)项目集规范族

对于一个给定拓广文法 $G = (V_N, V_T, P, S)$,可以用下面算法构造 LR(1)项目集规范族 C。

①令 $C = \{I_0\}$,其中初始状态项目集 $I_0 = CLOSURE(\{[S'{\rightarrow} \cdot S, \#]\})$,S'是拓广文法的开始符号。

②对一个项目集 I_i,利用转换函数求其后继项目集 I_j,构造项目集转换。对项目集 I_i 中的每个后继符号 X 进行读操作,生成一个新项目集 I_j。如果该项目集已经存在,则 I_j 就是已经存在的项目集;否则,得到一个新的基本项目集 I_j,$go(I_i, X) = I_j$。

③重复步骤②,直到不再增加新项目集为止。

关于文法的 LR(1)项目集规范族的构造算法如图 5.13 所示。

例 5.21 拓广文法 G[S']:

```
begin
令 C={I₀}, 其中 I₀=CLOSURE({[S′→·S, #]})
repeat
  for  C 中每个项目集 I 和拓广文法 G 的每个文法符号 X   do
    if  go(Iᵢ, X)非空且不属于 C   then   将 go(Iᵢ, X)加到 C
until   C 不再增大
end
```

图 5.13　LR(1)项目集规范族的构造算法

$(0) S' \rightarrow S$

$(1) S \rightarrow aAd$

$(2) S \rightarrow bAc$

$(3) S \rightarrow aec$

$(4) S \rightarrow bed$

$(5) A \rightarrow e$

构造它的 LR(1)项目集规范族如下。

解　令 $C = \{I_0\}$，首先项目 $[S' \rightarrow \cdot S, \#]$ 加进 I_0 中。对 I_0 执行闭包运算，即 $I_0 = \text{CLOSURE}(\{[S' \rightarrow \cdot S, \#]\})$，根据闭包运算的第 2 条，因为有产生式 $S \rightarrow aAd$，所以 $[S \rightarrow \cdot aAd, =]$ 也属于该项目集，此时 $\beta = \varepsilon$。同理，$[S \rightarrow \cdot bAc, \#]$，$[S \rightarrow \cdot aec, \#]$，$[S \rightarrow \cdot bed, \#]$ 也是该项目集成员。故 $I_0 = \{[S' \rightarrow \cdot S, \#], [S \rightarrow \cdot aAd, \#], [S \rightarrow \cdot bAc, \#], [S \rightarrow \cdot aec, \#], [S \rightarrow \cdot bed, \#]\}$。

利用转换函数求后继项目集：

$\text{go}(I_0, S) = \text{CLOSURE}(J) = \text{CLOSURE}(\{[S' \rightarrow S \cdot, \#]\}) = \{[S' \rightarrow S \cdot, \#]\} = I_1$

$\text{go}(I_0, a) = \text{CLOSURE}(\{[S \rightarrow a \cdot Ad, \#], [S \rightarrow a \cdot ec, \#]\}) = \{[S \rightarrow a \cdot Ad, \#], [S \rightarrow a \cdot ec, \#], [A \rightarrow \cdot e, d]\} = I_2$

……

反复利用闭包运算和转换函数，可以得到该文法的 LR(1)项目集规范族 C，具体如下：

$I_0 = \{[S' \rightarrow \cdot S, \#], [S \rightarrow \cdot aAd, \#], [S \rightarrow \cdot bAc, \#], [S \rightarrow \cdot aec, \#], [S \rightarrow \cdot bed, \#]\}$

$I_1 = \{[S' \rightarrow S \cdot, \#]\}$

$I_2 = \{[S \rightarrow a \cdot Ad, \#], [S \rightarrow a \cdot ec, \#], [A \rightarrow \cdot e, d]\}$

$I_3 = \{[S \rightarrow b \cdot Ac, \#], [S \rightarrow b \cdot ed, \#], [A \rightarrow \cdot e, c]\}$

$I_4 = \{[S \rightarrow aA \cdot d, \#]\}$

$I_5 = \{[S \rightarrow ae \cdot c, \#], [A \rightarrow e \cdot, d]\}$

$I_6 = \{[S \rightarrow bA \cdot c, \#]\}$

$I_7 = \{[S \rightarrow be \cdot d, \#], [A \rightarrow e \cdot, c]\}$

$I_8 = \{[S \rightarrow aAd \cdot, \#]\}$

$I_9 = \{[S \rightarrow aec \cdot, \#]\}$

$I_{10} = \{[S \rightarrow bAc \cdot, \#]\}$

$I_{11} = \{[S \rightarrow bed \cdot, \#]\}$

3) LR(1)分析表的构造

设文法 G 的项目集规范族 $C = \{I_0, I_1, \cdots, I_n\}$，令其中每个项目集 $I_i(i = 0, 1, 2, \cdots, n)$ 的下标 i 作为分析器的状态，令包括项目 $[S' \rightarrow \cdot S, \#]$ 的项目集 I_k 的下标 k 为分析器的初态。则构造 LR(1)分析表的算法如下：

①若项目 $[A \rightarrow \alpha \cdot a\beta, b] \in I_i$ 且 $go(I_i, a) = I_j$，其中，a 为终结符，置 action$[i, a]$ = 把状态 j 和符号 a 移进栈，简记为 S_j。

②若项目 $[A \rightarrow \alpha \cdot, a] \in I_i$，则置 action$[i, a]$ = "用产生式 $A \rightarrow \alpha$ 进行归约"，简记为 r_j（假定 $A \rightarrow \alpha$ 是文法 G 的第 j 条产生式）。

③若项目 $[S' \rightarrow S \cdot, \#] \in I_i$，则置 action$[i, \#]$ = "接受"，简记为 acc。

④若 $go(I_i, A) = I_j$，A 为非终结符号，则置 goto$[i, A]$ = j。

⑤分析表中凡不能用规则①~④添入信息的单元为空均置上 error。

LR(1)文法的分析器常常被称为规范 LR(1)分析器。如果按上面的算法构造的分析表不是多值的，则文法是 LR(1)的。

例 5.22 构造例 5.21 中的文法的 LR(1)分析表，然后对符号串"aed"分析。

解 根据例 5.21 中列出的项目集规范族，按 LR(1)分析表的构造算法得到分析表见 5.16。

表 5.16 LR(1)分析表

状态	action						goto	
	a	b	c	d	e	#	S	A
0	S_2	S_3					1	
1						acc		
2					S_5			4
3					S_7			6
4				S_8				
5			S_9	r_5				
6			S_{10}					
7			r_5	S_{11}				
8						r_1		
9						r_3		
10						r_2		
11						r_4		

对于符号串"aed"的具体分析过程见表 5.17，LR(1)分析器的工作过程与 LR(0)及 SLR(1)的一样。

表 5.17　**符号"aed"的分析过程**

步骤	状态栈	符号栈	输入串	动作
0	0	#	aed#	S_2
1	02	#a	ed#	S_5
2	025	#ae	d#	r_5
3	024	#aA	d#	S_5
4	0248	#aAd	#	r_1
5	01	#S	#	acc

例 5.23　已知文法 G[S′]:

　　(0) S′→S

　　(1) S→E = E

　　(2) S→i

　　(3) E→T

　　(4) E→E + T

　　(5) T→i

　　(6) T→T * i

求出文法的 LR(1) 项目集规范族 C,构建 LR(1) 分析表,然后符号串"i = i + i#"的 LR(1) 分析过程。

解　首先构造 LR(1) 项目集规范族 C:

令 C = {I_0},首先项目[S′→ · S, #]加进 I_0 中。

对 I_0 执行闭包运算,可新增两个项目[S→ · E = E, #]和[S→ · i, #],并添加到该项目集中。

对项目[S→ · i, #]进行闭包运算,不产生新项目,因为 i 是终结符号。

对项目[S→ · E = E, #]进行闭包运算,则又新增两个项目[E→ · T, =]和[E→ · E + T, =],并添加到该项目集中。

对项目[E→ · T, =]进行闭包运算,则又新增两个项目[T→ · i, =]和[T→ · T * i, =],并添加到该项目集中。

对项目[E→ · E + T, =]进行闭包运算,则又新增两个项目[E→ · T, +]和[E→ · E + T, +],并添加到该项目集中。

对项目[T→ · T * i, =]进行闭包运算,则又新增两个项目[T→ · i, *]和[T→ · T * i, *],并添加到该项目集中。

对于项目[E→ · T, +]进行闭包运算,则又新增两个项目[T→ · i, +]和[T→ · T * i, +],并添加到该项目集中。

由于对项目[E→ · E + T, +][T→ · T * i, *][T→ · T * i, +]等进行闭包运算产生的是重复项目,因此,不再计算。

上述闭包运算可用闭包树表示,如图 5.14 所示。

最终求得的 LR(1) 项目的开始集 I_0 = {[S′→ · S, #], [S→ · E = E, #], [S→ · i, #], [E

$\rightarrow \cdot T, =], [E \rightarrow \cdot E + T, =], [T \rightarrow \cdot i, =], [T \rightarrow \cdot T * i, =], [E \rightarrow \cdot T, +], [E \rightarrow \cdot E + T,$
$+], [T \rightarrow \cdot i, *], [T \rightarrow \cdot T * i, *], [T \rightarrow \cdot i, +], [T \rightarrow \cdot T * i, +]\}$

观察 I_0 会发现里面具有相同核的项目,因此可以组合成复合项目,则

$I_0 = \{[S' \rightarrow \cdot S, \#], [S \rightarrow \cdot E = E, \#], [S \rightarrow \cdot i, \#], [E \rightarrow \cdot T, = : +], [E \rightarrow \cdot E + T, = :$
$+], [T \rightarrow \cdot i, = : * : +], [T \rightarrow \cdot T * i, = : + : *]\}$

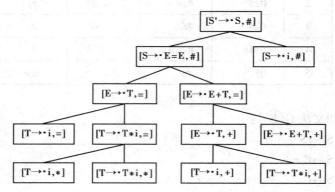

图 5.14   闭包树

下面按照算法生成新的项目集。对 I_0 有 4 种可能的转换,会产生新的项目集,而这些新的项目集又可能会产生新的项目集,该过程会反复用到闭包运算 closure 和转换函数 go,在这里就不再赘述。

其次,可得到该文法的 LR(1)项目集规范族见表 5.18。

表 5.18   LR(1)项目集规范族

状态	LR(1)项目
I_0	$[S' \rightarrow \cdot S, \#], [S \rightarrow \cdot E = E, \#], [S \rightarrow \cdot i, \#], [E \rightarrow \cdot T, = : +], [E \rightarrow \cdot E + T, = : +],$ $[T \rightarrow \cdot i, = : * : +], [T \rightarrow \cdot T * i, = : + : *]$
I_1	$[S \rightarrow E \cdot = E, \#], [E \rightarrow E \cdot + T, = : +]$
I_2	$[E \rightarrow T \cdot, = : +], [T \rightarrow T \cdot * i, = : * : +]$
I_3	$[S \rightarrow i \cdot, \#], [T \rightarrow i \cdot, = : * : +]$
I_4	$[S \rightarrow E = \cdot E, \#], [E \rightarrow \cdot T, \# : +], [E \rightarrow \cdot E + T, \# : +], [T \rightarrow \cdot i, \# : + : *], [T \rightarrow \cdot T * i,$ $\# : + : *]$
I_5	$[E \rightarrow E + \cdot T, = : +], [T \rightarrow \cdot i, = : + : *], [T \rightarrow \cdot T * i, = : + : *]$
I_6	$[S \rightarrow E = E \cdot, \#], [E \rightarrow E \cdot + T, \# : +]$
I_7	$[E \rightarrow T \cdot, \# : +], [T \rightarrow T \cdot * i, \# : + : *]$
I_8	$[T \rightarrow i \cdot, \# : + : *]$
I_9	$[T \rightarrow i \cdot, = : + : *]$
I_{10}	$[E \rightarrow E + T \cdot, = : +], [T \rightarrow T \cdot * i, = : + : *]$
I_{11}	$[T \rightarrow T * \cdot i, = : + : *]$

续表

状态	LR(1)项目
I_{12}	$[T \rightarrow T * i \cdot , = : + : *]$
I_{13}	$[E \rightarrow E + \cdot T, \#: +]$, $[T \rightarrow \cdot i, \#: + : *]$, $[T \rightarrow \cdot T * i, \#: + : *]$
I_{14}	$[E \rightarrow E + T \cdot , \#: +]$, $[T \rightarrow T \cdot * i, \#: + : *]$
I_{15}	$[T \rightarrow T * \cdot i, \#: + : *]$
I_{16}	$[T \rightarrow T * i \cdot , \#: + : *]$
I_{17}	$[S' \rightarrow S \cdot , \#]$

根据表 5.18 的 LR(1)项目集规范族,画出识别活前缀的有限自动机如图 5.15 所示,构建 LR(1)分析表见表 5.19。

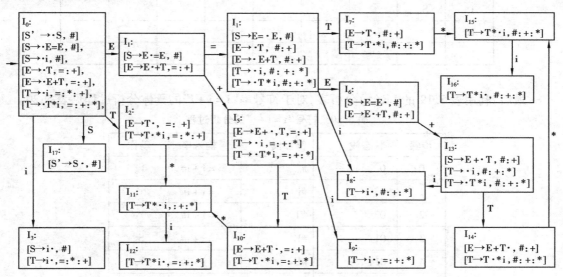

图 5.15　识别活前缀的有限自动机

表 5.19　LR(1)分析表

状态	action					goto		
	i	=	+	*	#	S	E	T
0	S_3					17	1	2
1		S_4	S_5					
2		r_3	r_3	S_{11}				
3		r_5	r_5	r_5	r_2			
4	S_8						6	7
5	S_9							10
6			S_{13}		r_1			

续表

状态	action					goto		
	i	=	+	*	#	S	E	T
7			r_3	S_{15}	r_3			
8			r_5	r_5	r_5			
9		r_5	r_5	r_5				
10		r_4	r_4	S_{11}				
11	S_{12}							
12		r_6	r_6	r_6				
13	S_8							14
14			r_4	S_{15}	r_4			
15	S_{16}							
16			r_6	r_6	r_6			
17					acc			

最后,利用表5.19的LR(1)分析表,对于符号串"i = i + i"的具体分析过程见表5.20。

表5.20 符号"i = i + i"的分析过程

步骤	状态栈	符号栈	输入串	动作
0	0	#	i = i + i#	S_3
1	03	#i	= i + i#	r_5
2	02	#T	= i + i#	r_3
3	01	#E	= i + i#	S_4
4	014	#E =	i + i#	S_8
5	0148	#E = i	+ i#	r_5
6	0147	#E = T	+ i#	r_3
7	0146	#E = E	+ i#	S_{13}
8	014613	#E = E +	i#	S_8
9	0146138	#E = E + i	#	r_5
10	014613 14	#E = E + T	#	r_4
11	0146	#E = E	#	r_1
12	017	#S	#	acc

LR(1)分析方法能力较强,能适应很多文法,它能解决 SLR(1)方法无法解决的冲突;但它比 LR(0)有更多的状态,当文法的产生式较多时,构造文法的分析表也会很大。有时可通过合并某些状态来减少状态数目,这就是 LALR(1)分析器。

5.3.5 LALR(1)分析器

LR(1)分析表的构造对搜索符的计算方法比较确切,对文法放宽了要求,也就是适应的文法类广,可以解决 SLR(1)方法解决不了的问题,但是,由于它的构造对某些同心集的分裂可能对状态数目引起剧烈的增长,从而导致存储容量的急剧增长,也使应用受到了一定的限制,为了克服 LR(1)的这种缺点,通常采用对 LR(1)项目集规范族合并同心集的方法来解决。

LALR(1)分析法是介于 LR(1)与 SLR(1)之间的折中方案。利用这种分析技术,构造出的 LALR(1)分析表的状态数等于 LR(0)、SLR(1)分析表的状态数,因此,构造的 LALR(1)分析表比 LR(1)分析表要小得多。虽然 LALR(1)分析能力比 LR 分析器差一些,但它比 SLR(1)强大,能够处理一些 SLR(1)分析器难以处理的情况。

若合并同心项目集(简称同心集)后不产生新的冲突,则为 LALR(1)项目集。对于同心集(简称)的合并,需要注意以下两个方面:

第一,合并后的项目集的核保持不变,只是超前符号集为各同心项目集的超前符号集的并集;

第二,原同心集之间的 go 转换函数也要合并。

如果大家仔细观察表 5.18 中的 LR(1)项目集规范族,就会发现项目集 I_8 和 I_9 十分相似:

$I_8 = \{[T \to i \cdot , \# : + : *]\}$

$I_9 = \{[T \to i \cdot , = : + : *]\}$

事实上,这两个项目集都分别只含有一个 LR(1)项目,而且它们的项目的第一部分(或核)是相同的,不同的仅仅是第二部分(即超前集不相同)。因此,可以采用合并同心集的方法来减少状态数。因此,I_8 和 I_9 可以合并成一个项目集 $\{[T \to i \cdot , \# : = : + : *]\}$,其中两个项目集的超前符号已经合并成一个符号集。

同样的,观察项目集 I_2 和 I_7:

$I_2 = \{[E \to T \cdot , = : +], [T \to T \cdot * i, = : * : +]\}$

$I_7 = \{[E \to T \cdot , \# : +], [T \to T \cdot * i, \# : + : *]\}$

这两个项目集中相应的 LR(1)项目的核也是相同的。因此,它们可以合并成下列项目集:

$\{[E \to T \cdot , \# : = : +], [T \to T \cdot * i, \# : = : * : +]\}$

同理,再观察其他项目集,可发现 I_5 和 I_{13}、I_{10} 和 I_{14}、I_{11} 和 I_{15}、I_{12} 和 I_{16} 都可以合并。合并后最终构造的 LALR(1)项目集规范族的项目个数与 SLR(1)的相同,只不过 LALR(1)的项目集中的每个项目都含有超前信息。

通过对表 5.18 的 LR(1)项目集规范族中的同心集,最终得到了 LALR(1)项目集规范族 $C = \{C_0, C_1, C_2, C_3, C_4, C_5, C_6, C_7, C_8, C_9, C_{10}, C_{11}\}$,具体见表 5.21。

实际上,LALR(1)的项目集 C_2,它由原来的 LR(1)项目集规范族的 I_2 和 I_7 合并而成的。而在 LR(1)的项目集规范族中,对符号 T,有从 I_0 到 I_2 的转换(即 $go(I_0, T) = I_2$),还有从 I_4 到 I_7 的转换(即 $go(I_4, T) = I_7$),因此,在 LALR(1)的项目集规范族中需要把这两个转换分别表示成:对符号 T,从 C_0 到 C_2(即 $go(C_0, T) = C_2$)、从 C_4 到 C_2(即 $go(C_4, T) = C_2$)。

表 5.21　LALR(1)项目集规范族

项目集	包含的项目
$C_0(I_0)$	$[S'\to \cdot S,\#],[S\to \cdot E=E,\#],[S\to \cdot i,\#],[E\to \cdot T,=:+],[E\to \cdot E+T,=:+],$ $[T\to \cdot i,=:*:+],[T\to \cdot T*i,=:*:+]$
$C_1(I_1)$	$[S\to \cdot E=E,\#],[E\to E\cdot +T,=:+]$
$C_2(I_2,I_7)$	$[E\to T\cdot,\#:=:+],[T\to T\cdot *i,\#:=:*:+]$
$C_3(I_3)$	$[S\to i\cdot,\#],[T\to i\cdot,=:*:+]$
$C_4(I_4)$	$[S\to E=\cdot E,\#],[E\to \cdot T,\#:+],[E\to \cdot E+T,\#:+:*],[T\to \cdot i,\#:+:*],[T\to \cdot T*i,\#:+:*]$
$C_5(I_5,I_{13})$	$[E\to E+\cdot T,\#:=:+],[T\to \cdot i,\#:=:+:*],[T\to \cdot T*i,\#:=:+:*]$
$C_6(I_6)$	$[S\to E=E\cdot,\#],[E\to E\cdot +T,\#:+]$
$C_7(I_8,I_9)$	$[T\to i\cdot,\#:=:+:*]$
$C_8(I_{10},I_{14})$	$[E\to E+T\cdot,\#:=:+],[T\to T\cdot *i,\#:=:+:*]$
$C_9(I_{11},I_{15})$	$[T\to T*\cdot i,\#:=:+:*]$
$C_{10}(I_{12},I_{16})$	$[T\to T*i\cdot,\#:=:+:*]$
$C_{11}(I_{17})$	$[S'\to S\cdot,\#]$

LALR(1)分析表的构造方法与 LR(1)的类似,下面给出构造 LALR(1)分析表的算法:

①构造 LR(1)项目集规范族 $C=\{I_0,I_1,I_2,\cdots,I_n\}$。

②合并 C 中的同心集,记 $C'=\{C_0,C_1,C_2,\cdots,C_n\}$ 为合并后的新项目集规范族。令包含项目$[S'\to \cdot S,\#]$的项目集 C_k 的下标 k 为分析器的初态。

③根据 C′构造 action 表:

a. 若项目$[A\to \alpha \cdot a\beta,b]\in C_i$,且 $go(C_i,a)=C_j$,其中,a 为终结符,置 action[i,a] = "把状态 j 符号 a 移进栈",简记为 S_j;

b. 若项目$[A\to \alpha \cdot,a]\in C_i$,则置 action[i,a] = "用产生式 $A\to \alpha$ 进行归约",简记为 r_j(假定 $A\to \alpha$ 是文法的第 j 条产生式);

c. 若项目$[S'\to S\cdot,\#]\in C_i$,则置 action[i,#] = "接受",简记为"acc"。

④构造 goto 表:假定 C_i 是由 LR(1)项目集 $I_1,I_2,\cdots,I_m$ 合并后得到的新项目集,由于 $I_1,I_2,\cdots,I_m$ 同核,因此,$go(I_1,X),go(I_2,X),\cdots,go(I_m,x)$ 也同核。若 C_k 是由这些同核项目集合并后的项目集,那么,$go(i,X)=k$。于是,若 $go(C_i,A)=C_k$,则置 goto[i,A] = k。

⑤分析表中凡是不能用第③、④条规则填入信息的单元均置为空白或 error。

按照构造 LALR(1)分析表的算法,以表 5.21 LALR(1)项目集规范族为依据,对例 5.23 的文法构造 LALR(1)分析表见表 5.22。

表 5.22 LALR(1)分析表

状态	action					goto		
	i	=	+	*	#	S	E	T
0	S_3					11	1	2
1		S_4	S_5					
2		r_3	r_3	S_9	r_3			
3		r_5	r_5	r_5	r_2			
4	S_7						6	2
5	S_7							8
6			S_5		r_1			
7		r_5	r_5	r_5	r_5			
8		r_4	r_4	S_9	r_4			
9	S_{10}							
10		r_6	r_6	r_6	r_6			
11					acc			

如果按构造 LALR(1)分析表的算法对文法构造的分析表没有多重定义,则该文法是 LALR(1)文法;否则,文法不是 LALR(1)文法。

根据 LR(1)的项目集,对具有同核的项目集合并产生了 LALR(1)的项目集,那么合并后是否会带来一些影响呢? 项目集合并可能会引起"归约-归约"冲突。

例如,文法 G[S′]:

$$S′→S$$
$$S→aAd \mid bBd \mid aBe \mid bAe$$
$$A→c$$
$$B→c$$

如果它对构造 LR(1)项目集规范族以及 LR(1)分析表,会发现这个文法是 LR(1)文法。但如果合并同心集后,构造 LALR(1)分析表,就会发现它会导致"归约-归约"冲突,即该文法不是 LALR(1)文法。

另外,LALR(1)分析器检查输入串中的错误的速度不如 LR(1)分析器。读者可以分别用表 5.19 的 LR(1)分析表和表 5.22 的 LALR(1)分析表,分析有错误的输入串"i + i#",观察判定出错误的时间。

5.4 语法分析器的自动生成工具 YACC

1) YACC 概述

YACC(Yet Another Compiler Compiler)是 LALR(1)分析器的自动生成工具,它的第 1 版

于 20 世纪 70 年代初发表,是美国贝尔实验室的软件产品(S. C. Johnson)。这个工具目前在 Unix,DOS 等系统平台上广泛流行。

使用 YACC 构造语法分析程序非常简便,它要求用户按一定规则编写出"文法处理说明文件",简称 YSP(Yacc Specification)文件,文件的扩展名为". y"。当输入 YSP 文件时,YACC 就会自动构造出相应的 C 语言形式的语法分析器。该分析器主要包括由 YACC 提供的标准总控程序和一个 LALR(1)语法分析表。其使用过程如图 5.16 所示。

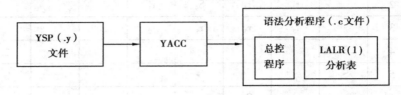

图 5.16　用 YACC 生成语法分析器

在 DOS 系统下,使用 YACC 的格式为:

YACC［选择项］filename. y

此命令根据用户输入的名为 filename. y 的 YSP 文件,使 YACC 自动生成相应的 C 语言形式的语法分析器源文件 ytab. c(有的 YACC 系统生成的文件名为 y. tab. c)。然后。用户可在 C 语言环境下将其编译成可执行文件。其工作过程如图 5.17 所示。

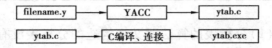

图 5.17　在 DOS 系统下使用 YACC 生成语法分析器的过程

2) YACC 源文件的格式

一个完整的 YSP 文件由说明、规则、程序 3 个部分组成,各部分之间以双百分号"％％"隔开:

［说明部分］

％％

规则部分

［％％

程序部分］

其中,用方括号括起来的说明部分和程序部分可以空缺,但规则部分则是必须的。因此,YSP 文件的最简形式是:

％％

规则部分

结合一个简单台式计算器中的处理程序的自动生成为例,说明怎样编写 YSP 文件。该计算器的功能为:读入一行算术表达式,然后计算并打印它的值。算术表达式的文法如下:

Expr→Expr + Term | Term

Term→Term ∗ Factor | Factor

Factor→(Expr) | digit

其中,终结符号 digit 是 0 ~ 9 中的任何一个数字。

该文法的 YSP 文件可编写如下：

```
%{                                          /* 说明部分 */
    #include  < stdio. h >
    #include  < ctype. h >
%}
% token digit 300
%%                                          /* 规则部分 */
Line:Expr'\n'        {printf("%d\n", $1);}  /* 打印表达式值 */
;
Expr:Expr' + 'Term  { $$ = $1 + $3;}        /* Expr = Expr + Term */
|Term                                       /* Expr = Term */
;
Term:Term' * 'Factor  { $$ = v1 * $3;}      /* Term = Term * Factor */
|Factor                                     /* Term = Factor */
;
Factor:'('Expr')'    { $$ = $2;}            /* Factor = Expr */
|digit                                      /* Factor = digit 的属性值 */
;
%%                                          /* 程序部分 */
int yylex( void)                            /* 词法分析程序 */
{
   int c;
   c = getchar( );                          /* 读入一个字符 */
   if( isdigit( c))                         /* 判别 c 是否为数字 */
   {
      yylval = c – '0';
      return digit;
   }
   return c;
}
void yyerror( )                             /* 出错处理程序 */
{
   printf( "Syntax error\n" );
}
void main( )
{
   yyparse( );                              /* 调用语法分析程序 */
}
```

下面分别论述 YSP 文件各部分的组成规则。

（1）说明部分

YSP 文件中的说明部分用于定义规则部分所使用的变量及语法符号。它可以包含以下几类信息。

①变量定义。变量定义需要用一对特殊括号"%{"和"%}"括起来,其内容包括规则部分中的语义动作及程序部分所需使用的有关文件（如 C 语言的有关头文件）的引用说明、数据结构的定义、全局和外部变量的定义以及函数原型的定义等,这部分内容应遵守 C 语言的规定。例如:

```
%{
#include  < stdio. h >
…
int count;
extern double value;
…
int addedfunction( int a,float b );
…
%}
```

②开始符号定义。文法的开始符号由说明符号% start 指明（请注意,YACC 中的所有说明符号均由"%"引出）,例如:

% start StartSymbol

指明 StartSymbol 为文法开始符号。若未给出开始符号的定义,则系统将自动以第 1 条语法规则的左部符号作为开始符号。例如,前面所给出的 YSP 文件例子中,就没有给出开始符号的定义,因此,系统将认为非终结符号 Line 是开始符号。

③词汇表定义。在这部分,用户可以给出终结符号表、联合（union）和类型（type）说明。YACC 要求所用的所有文字形式的终结符号都应明确加以说明;对于未说明者,则均按非终结符号处理。终结符号说明由说明符号% token 或% term 引出,其书写格式有两种。第 1 种书写格式为

% token Tname1 [Tname2…]

各个终结符号之间用空格分隔。在一行写不下时,可用% token 另起一行继续定义。在前例中,仅说明了一个终结符号 digit。第 2 种书写格式允许用户自行定义终结符号的内部编码值,其格式为

% token Tname < integer >

其中, < integer > 应为大于 256 的整数。前例中的 digit 就是采用这种格式定义的,其内部码为 300。当用户未给出终结符号的内部码时,系统将按终结符号的出现顺序,从 257 开始,依次为其定义内部码值:257,258,…。YACC 内部约定,当词法分析程序从输入字符串中识别出一个终结符号时,将返回该终结符号的内部码值。还需指出,除文字型的终结符号外,对于程序设计语言中的单字符运算符、分隔符等终结符号,可在文法中用单引号括起来直接使用,不必用% token 定义,其内部码值就是它的 ASCII 码（其值将不会大于 256,这也是用户自定义的终结符号内部码之值不能小于 257 的原因）。

在词汇表定义中,还可以通过使用联合(％Union)和类型说明(％type),对每个文法符号定义其语义属性应具有的数据类型。例如,假定非终结符号 A 具有属性 attra,其值为整型;非终结符号 B 具有两个属性 b1 和 b2,其中 b1 为整数,b2 为实数;则可用联合说明告诉 YACC,文法符号具有两种类型:

```
％Union
{
    int attra;
    struct
    {
        int b1;
        float b2;
    } attrb
}
```

然后再用％type 说明非终结符号 A 和 B 所具有的类型:

$$％type \quad < attra > A$$
$$％type \quad < attrb > B$$

其中,尖括号 < > 中的名字是联合定义中的成员。一般说来,若使用了联合定义,则须用类型说明(％type)对每个文法符号的数据类型进行定义(每个符号有且仅有一种类型),否则,YACC 将会报错。使用上述方式,允许在一行中定义多个文法符号,只需用空格将其隔开即可,若在一行写不下时,则需另起一行后重新用％type 命令继续定义。若在说明部分未用联合进行说明,则 YACC 自动使用缺省类型。YACC 约定,每个文法符号的缺省类型均为整型。

④优先级与结合性定义。为了能够解决文法中出现的一些二义性和部分语法分析冲突,YACC 提供了定义优先级和结合性等手段。在后面将对此进行详述。

(2)语法规则

语法规则部分是整个 YSP 文件的主体,它由文法的一组产生式及每一产生式相应的语义动作组成。对于文法中的每个产生式

$$A{\rightarrow}\alpha1|\alpha2|\cdots|\alpha n$$

在 YSP 文件中将相应地写成:

```
A:α1{语义动作 1;}
 |α2{语义动作 2;}
   ⋮
 |αn{语义动作 n;}
```

其中,A 为产生式左部非终结符号,冒号":"是产生式左部与右部的分界符(相当于"→"),对于未在说明部分说明过的文字终结符号需要用单引号括起来。每个产生式必须用分号";"作为结束标志(注意:若分号是产生式右部中的终结符号时,需用单引号括起来)。对于一个产生式左部非终结符号的每个候选式,用户都可以用 C 语言为其编写一段相关的语义处理程序,它们需用花括号{}括起来。在生成语法分析程序时,YACC 将自动把它们嵌入

到 LALR 分析表相应的位置。尔后进行语法分析时,当按某非终结符号的候选式归约句柄时,就自动执行相应的语义处理程序。为了与语法分析有机地结合,在语义处理程序中往往需要使用 YACC 提供的伪变量来表示产生式中相应文法符号的语义动作返回值。YACC 约定,产生式左部符号的属性值用 $ $ 表示,而右部第 k 个符号的属性值用 $k 表示(事实上,这种格式已在前面的章节中多次见到了)。例如,对于产生式

$$Expr \rightarrow Expr + Term \mid Term$$

在 YSP 文件中将相应地写成:

```
Expr:Expr' + 'Term      { $ $ = $1 + $3;}
    |Term

    ;
```

它表示按第 1 个候选式归约时,左部符号 Expr 的属性值为该产生式右部第一符号 Expr 与第三符号 Term 的属性值之和;按第 2 个产生式归约时,由于语义动作缺省,YACC 自动按 { $ $ = $1;}处理(不论右部有多少符号)。最后需指出,当候选式为 ε 时,将不写任何符号,例如,将写成 A:[{动作}],若动作缺省,系统将仍执行动作 $ $ = $1,只是此时 $1 所代表的是按 A→$\varepsilon$ 归约之前栈顶符号的属性。

(3)程序部分

YSP 文件的程序部分是可选的。它由例行 C 语言程序(函数)组成,主要包括主程序 main( )、词法分析子程序 yylex( )、出错处理子程序 yyerror( )、语法规则部分语义动作中所调用的用户自定义函数以及其他辅助函数等。下面对它们的格式、功能和用法作概括地说明。

①YACC 在处理 YSP 文件之后,将输出一个名为 y. tab. c 的 C 程序文件,此文件含有名为 yyparse( )的语法分析程序(函数)。主程序 main( )的主要作用,在于调用函数 yypase( )对源程序进行语法分析。当语法分析成功结束时,yyparse( )返回值为 0;而在发现源程序有语法错误时,除返回值为 1 外,它还调用 yyerror( )函数输出出错信息。函数 main( )和 yyerror( )可由 YACC 库提供(只需在编译命令行中加入选择项 ly 即可),其格式分别为

```
main( )
{
    return(yyparse( ));
}
#include  〈stdio. h〉
yyerror(s)
char * s;
{
    fprintf(stderr,"% s\n",s);
}
```

如果用户认为上述函数的功能不满足要求,例如,还需要在主程序中作其他的辅助处理,或需要 yyerror 输出更详细的出错信息,也可以自行编写这两个函数。但须注意,在 main( )函数中至少要有一条调用 yyparse( )函数的语句。

②YACC 系统规定,在语法分析程序 yyparse( )运行时,须有一个名为 yylex( )的词法分析程序对其支持。每当 yyparse( )调用 yylex( )时,yylex( )就从输入字符流中识别出一个单词,并将该单词的内部码及其语义值(若有的话)分别通过 return 语句及全局变量 yylval 回送给 yyparse( )。可见,yyparse( )的输入来源于 yylex( )的返回信息。词法分析程序需由用户提供。它可由用户手工编写或通过 LEX 工具自动生成。由 LEX 生成的词法分析程序包含在文件 lex. yy. c 中,LEX 为其确定的名字正好也是 yylex( )。为了使 yyparse( )能使用 LEX 所生成的 yylex( )函数,最简便的方法是在 YSP 文件的程序部分写上一条形如#include "lex. yy. c"的语句即可。

在 YSP 文件中,整个程序部分都可缺省。用户可将所需的程序(函数)在某个 C 文件中进行定义,再将它与 YACC 生成的 y. tab. c 文件编译、连接在一起即可。

联合使用 LEX 和 YACC 来自动生成语法分析器的处理流程,如图 5.18 所示。

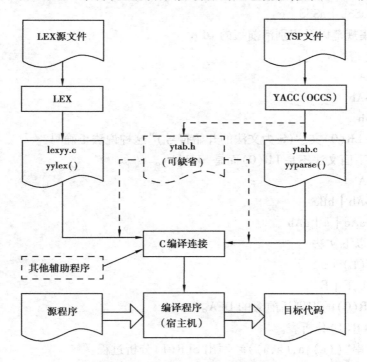

图 5.18　用 LEX 和 YACC 合建编译程序

设用户已准备好的 LEX 源文件和 YSP 文件分别为 scanner. l 和 parser. y,并假定 main( )和 yyerror( )由 YACC 库提供,则在 Unix 环境下依次执行下列 3 条命令:

lex scanner. l	/＊生成含有 yylex( )的 lex. yy. c 文件＊/
yacc parser. y	/＊生成含有 yyparse( )的 y. tab. c 文件＊/
cc y. tab. c lyll	/＊对文件 y. tab. c 进行编译＊/

便可得到可执行的语法分析器。如果用户在 YSP 文件中提供了自己编写的 main( )函数和 yyerror( )函数,则选择项 ly 不用给出。

习题 5

5.1 已知文法 G 为：

$E \rightarrow E + T \mid T$

$T \rightarrow T * P \mid P$

$P \rightarrow i$

(1)构造该文法的优先关系表,并指出此文法是否为算符优先文法。

(2)构造文法 G 的优先函数。

5.2 构造文法

$S \rightarrow aSSb \mid aSSS \mid c$

的 LR(0)项目集规范以及识别活前缀的 DFA。

5.3 已知文法 G[S]：

$S \rightarrow Aa$

$A \rightarrow Ab$

$A \rightarrow b$

"该文法是 LR(0)文法(S 为文法的开始符号)"这种说法正确吗？

5.4 证明下面文法不是 LR(0)而是 SLR(1)。

$S \rightarrow A$

$A \rightarrow Ab \mid bBa$

$B \rightarrow aAc \mid a \mid aAb$

5.5 考虑以下文法

$E \rightarrow (L) \mid a$

$L \rightarrow L, E \mid E$

(1)构造 LR(0)的识别活前缀的 DFA。

(2)构造 SLR(1)分析表。

(3)对输入串"((a),a,(a,a))#"写出 SLR(1)分析过程。

(4)这个文法是否为 LR(0)文法？若不是,请描述 LR(0)冲突。

5.6 对于如下文法 G：

$S \rightarrow S(S)$

$S \rightarrow \varepsilon$

(1)构造 LR(1)项目集规范族。

(2)构造 LR(1)分析表。

(3)给出用分析器分析句子"(())#"的过程。

5.7 给定文法 G[S]：

$S \rightarrow CbBA$

$A \rightarrow Aab$

A→ab

B→C

B→Db

C→a

D→a

(1)试证明 LR(1)项目[B→D·b,a]对活前缀 CbD 是有效的。

(2)构造 LR(1)分析表。

5.8　请对文法

S→AS│b

A→SA│a

(1)构造文法的 LR(0)项目集规范族。

(2)构造相应的 SLR(1)分析表。

(3)对输入串"bab#"写出 LR 分析过程。

(4)构造相应的 LR(1)分析表和 LALR(1)分析表。

5.9　文法 G 的产生式如下：

S→BB

B→aB│b

请分别构造该文法的下列分析表。

(1)LR(0)分析表。

(2)SLR(1)分析表。

(3)LR(1)分析表。

(4)LALR(1)分析表。

5.10　下述文法是哪类 LR 文法？并构造相应分析表。

S→L＝R

S→R

L→＊R

L→i

R→L

第**6**章

符 号 表

编译过程中编译程序需要的不断汇集和反复查证出现的源程序中各种名字的属性和特征等有关信息。这些信息通常记录在一张或几张符号表中。符号表的每一项包含两个部分：一部分是名字；另一部分是与此名字有关的信息。每个名字的有关信息一般指种属（如简单变量、过程等）、类型（如整型、实型、布尔型等）等。这些信息将用于语义检查、产生中间代码以及最终生成目标代码等不同阶段。

编译过程中，每当扫描器识别出一个名字后，编译程序就查阅符号表，看它是否在其中。如果它是一个新名字就将它填进表里。它的有关信息将在此法分析和语法——语义分析过程中继续填入。符号表中所登记的信息在编译的不同阶段都要用到。对于一个多遍扫描的编译程序，不同"遍"所用的符号表也往往各有不同。因为每"遍"所关心的信息各有差异。

本章，首先将介绍符号表的作用和内容，然后重点介绍符号表的组织。

6.1 符号表的作用

在编译程序中符号表用来存放语言程序中出现的有关标识符的属性信息，这些信息集中反映了标识符的语义特征属性。在词法分析及语法分析过程中不断积累和更新表中的信息；并在词法分析到代码生成的各阶段，按各自的需要从表中获取不同的属性信息。不论编译策略是否分趟，符号表的作用是完全一致的。符号表的作用大致可归纳为以下几个主要方面：

1) 收集符号的属性

在分析语言程序中标识符的说明部分时，编译程序根据说明信息来收集有关标识符的属性，并在符号表中建立符号的相应属性信息。每种语言规则定义了不同的符号属性，即使是同一种语言，不同的编译程序也可能会定义和收集不同属性的信息。

例如，C 语言的变量声明

        int   x, y[5];

编译程序分析到上述说明语句后，则在符号表中收集到关于符号 x 的属性是一个整型变量，y 是一个具有 5 个整型元素的一维数组。编译程序对每个变量要记录它的类型，以便执行类型检查和分配存储，要记录它在存储器中的位置，以便目标程序运行时访问。

2）提供上下文语义的合法性检查的依据

同一个标识符可能在源程序的不同地方出现,同一个标识符的每一次出现都必须符合语言的语法和语义规则,这种语言的合法性检查通常需要查询符号表中的信息。特别是在多趟编译及程序分段编译(在 PASCAL 及 C 语言中以文件为单位)的情况下,更需检查标识符属性在上下文中的一致性和合法性。通过符号表中属性记录可进行相应上下文的语义检查。

例如,在一个 C 语言程序中出现

……

int　x[2][3];　　　　　　　//定义整型数组 x

……

float　x[4][5];　　　　　　//定义实型数组 x

……

编译过程首先在符号表中记录了标识符 x 的属性是 2×3 个整型元素的数组;而后在分析第 2 个定义说明时编译系统可通过符号表来检查出标识符 x 的二次重定义冲突错误。同时,还可以看到不论在后一句中 x 的其他属性与前一句是否完全相同,只要标识符名重定义,就将产生重定义冲突的语义错误。

3）作为目标代码生成阶段地址分配的依据

除语言中规定的临时分配存储的变量以外,每个符号变量在目标代码生成时需要确定其在存储分配的位置(主要是相对位置)。语言程序中的符号变量由它被定义的存储类别(如在 C 语言中)或被定义的位置(如分程序结构的位置)来确定。

首先,要确定其被分配的区域。例如,在 C 语言中要确定该符号变量是分配在公共区(extern)、文件静态区(extern static)、函数静态区(函数中 static)、还是函数运行时的动态区(auto)等。

其次,根据变量出现的顺序,确定该变量在某个存储区域中的具体位置,而有关区域的标志及相对位置都是作为该变量的语义信息被收集在该变量的符号表属性中。

在整个编译期间,对于符号表的操作大致可归纳为以下 5 类:

①对给定名字,查询此名字是否已在表中。

②往表中填入一个新的名字。

③对给定名字,访问它的某些信息。

④对给定名字,往表中填写或更新它的某些信息。

⑤删除一个或一组无用的项。

不同种类的表格所涉及的操作往往也是不同的。上述 5 个方面只是一些基本的共同操作。

6.2　符号表的内容

符号表是编译程序中的一个重要的数据结构,存储了源程序中每个名字及其属性,使用在编译程序的各个阶段。一般来说,符号表的每一项(称为表项)包含两个部分(或称区段、字域),即名字栏和信息栏。符号表的一般结构如图 6.1 所示。

	名字栏	信息栏
表项 1(入口 1)		
表项 2(入口 2)		
⋮		
表项 n(入口 n)		

图 6.1　符号表的一般结构

名字栏也称为主栏,其内容是源程序中出现的标识符,它是区分每个表项的关键码。

信息栏包含许多子栏和标志位,用来记录相应名字的种种不同属性,如符号的种属、存储方式、作用域等。

符号表中的每一项都是关于名字的说明。因为所保存的关于名字的信息取决于名字的用途,所以各表项的格式不一定统一,可以在记录中设置指针,把某些信息放在表的外边,用指针指向存放另外信息的空间。

不同类别的符号包含不同的属性,由于它们的信息不同,也就导致了符号表的组织有较大的差别。例如,数据类型的变量名和过程名的属性就不一样,对于一个变量名要记录其类型(如整型、实型等)、占用的存储字节以及与某个基准位置的相对位置,而对于一个过程名要记录的属性包括参数的个数及其类型,该过程是否有返回值,过程中的变量声明等信息。不同的程序语言定义的标识符属性不尽相同,但下列几种属性通常都是需要的。

1)符号名

语言中的一个标识符可以是一个变量的名字、一个函数的名字或一个过程的名字。每个标识符通常由若干个字符(非空格字符)组成的字符串来表达。

通常在语言程序中标识符字符串是一个变量、函数或过程的唯一标志,因此,在符号表中符号名作为表项之间的唯一区别一般不允许重名。从而该符号名与它在符号表中的位置建立起一一对应之关系,使得我们可以用一个符号在表中的位置(通常是一个整数)来替换该符号名。通常把一个标识符在符号表中的位置的整数值称为该标识符的内部代码。在经过分析处理的语言程序中标识符不再是一个字符串而是一个整数值,这不但便于识别比较而且缩短了表达的长度。

根据语言的定义,程序中出现的重名标识符定义将按照该标识符在程序中的作用域和可视性规则进行相应的处理。而在符号表运行过程中,表中的标识符名始终是唯一的标志。

2)符号种属

由于语言中符号所拥有的属性可能不同,其组织就可以采用不同的数据结构,可以用符号的种属来区别每个符号的基本划分。根据不同的语言,符号的种属可以包括:简单变量、结构型变量、数组、过程、类型、类等。可以依据符号种属的划分来组织符号表,一种方式是为每个种属的标识符建立一张表,这样,可以对符号表类似地安排组织结构、进行同样的操作;另外一种方式是把所有种属的标识符统一安排在一张表中,根据符号的种属进行条件判断,对不同种属的特殊型执行不同的存储安排和操作。

3)符号类型

现代程序语言中的一个重要构造就是数据类型(类型),它是变量标识符的重要属性,函数的数据类型指的是该函数返回值的数据类型。不同的程序语言定义了不同的数据类型与规则。现代语言通常都有如下的基本类型：整型、实型、字符型、布尔型、逻辑型等，符号的类型属性从源程序中该符号的定义中得到。变量符号的数据类型属性不但决定了该变量的数据在存储器中的存储格式，也规定了可以对该变量施加的操作运算。

随着程序设计语言的发展，语言中变量的类型也得到了扩充，目前，大多数语言已定义了在基本数据类型基础上扩充的复合数据类型（如数组类型、记录结构类型等），它们都是由基本数据类型组合而成的。数组或记录结构中的每个基本元素可以是基本数据类型，也可以是其他任何一种组合式数据类型，构成嵌套式数据类型定义。作为存储变量地址的指针类型所指向的变量同样可以是基本数据类型，也可以是其他任何一种组合式数据类型。定义一个变量的基本数据类型或它的组合类型都是符号表中表示标识符属性的重要信息。

符号表中设置一个符号类型域，存放该符号的类型。对复合数据类型，通常还需要设置该类型的扩展成分，以存放复合类型的完整的类型属性。

4）符号的存储类别

大多数语言对变量的存储类别定义采用两种方式。一种方式是用关键字指定。例如，在 C 语言中用 static 定义是属于文件的静态存储变量或属于函数内部的静态存储变量，用 register 定义使用寄存器存储的变量。另一种方式是根据定义变量说明在程序中的位置来决定。例如，在 C 语言中，在函数体外缺省存储类关键字所定义的变量是外部变量，即程序的公共存储变量，而在函数体内缺省存储类关键字所定义的变量是内部变量，即属于该函数所独有的私有存储变量（通常是动态分配的存储变量）。

区别符号存储类型的属性是编译过程语义处理、检查和存储分配的重要依据。符号的存储类别还决定了符号变量的作用域、可视性和它的生命周期等问题。符号表中设置一个符号存储类别域，存放该符号的存储类别。

5）符号的作用域及可视性

在许多程序语言中，名字往往有一个确定的作用范围。例如，在 FORTARAN 中，变量、数组和语句函数的名字的作用范围是它们所处的程序段（主程序段、子程序段或函数段），而外部名、公用区名的作用范围则是整个程序。对于过程嵌套结构型的程序设计语言，每层过程中说明的名字只局限于该过程，离开了所在过程就无意义了。因此，名字的作用范围是和它所在的那个过程（它在整个过程中被说明了的）相联系的。这意味着，在一个程序里，同一个标识符在不同的地方可能被说明为标识不同的对象，也就是说，同一个标识符，具有不同的性质，要求分配不同的存储空间。

所谓符号的作用域就是它在程序中起作用的范围。一般来说，定义该符号的位置及存储类关键字决定了该符号的作用域。C 语言中一个外部变量的作用域是整个程序，因此一个外部变量符号的定义在整个程序中只能出现一次，同名变量的说明可以出现多次那是为了使用和编译的方便。在函数外说明的定义的静态变量的作用域是定义该静态变量的文件，而在函数内部定义的静态变量其作用域仅仅是该变量定义所在的函数或过程中。与局部量不同的是，这些内部静态变量在其作用域之外，仍然保持存在。一般来说一个变量的作用域就是该变量可以出现的场合，也就是说在某个变量作用域范围内该变量是可引用的。

标识符的可见性从另外一个角度说明其有效性，它与作用域有一定一致性。标识符的作用域包含可见范围，但是，可见范围不会超过作用域。可见性在理解同名是不是合法的作用域嵌套时十分直观。对于外层块和内层块定义的同名标识符，在外层作用域中，内层所定义的标识符是不可见的,即外层所引用的是外层所定义的标识符;同样,在内层作用域中,外层的标识符将被内层的同名标识符所屏蔽,变得不可见,即外层中同名标识符的可见范围是作用域中挖去内层块的范围,在内存中形成了作用域洞。

6)符号的存储分配信息

编译程序需要根据符号的存储类别定义以及它们在程序中出现的位置和顺序来确定每一个符号应该分配的存储区域及其具体位置。通常情况下,编译为每个符号分配一个相对于某个基址的相对位移,而不是绝对的内存地址。

通常一个编译程序有两类存储区,即静态存储区和动态存储区。

(1)静态存储区

该存储区单元经定义分配后成为静态单元,即在整个语言程序运行过程中是不可改变的。作静态分配的符号变量时具有整个程序运行过程的生命周期。

(2)动态存储区

根据变量的局部定义和分程序结构,编译程序设置动态存储区来适应这些局部变量的生存和消亡。局部动态变量的生存期是定义该变量的局部范围,即在该定义范围之外此变量已经没存在的必要。及时撤销使这些单元的分配可以收回,从而提高程序运行时的空间效率。

7)符号的其他属性

符号表除了记录标识符的上述属性外,还可以表达下面的重要信息:

(1)数组内情向量

在程序设计语言中,数组是一个重要的数据结构。编译程序处理数组说明的主要工作是把描述数组属性信息的内情向量登录到符号表中。内情向量包括数组类型、维数、各维的上、下界及数组首地址,这些属性信息是确定存储分配时数组所占空间的大小和数组元素位置的依据。

(2)记录结构型的成员信息

一个记录结构型的变量,是由若干成员组成,在存储分配时所占空间大小要由它的全体组成成员来确定,另外,对于记录结构型变量还需要有它所属成员排列次序的属性信息。这两种信息用来确定结构型变量存储分配时所占空间的尺寸及确定该结构成员的位置。

(3)函数及过程的形参

函数和过程的形参作为该函数或过程的局部变量,但它又是该函数或过程对外的接口。每个函数或过程的形参个数、形参的排列次序及每个形参的类型,都体现了调用该函数或过程时的属性,它们都应该反映在符号表的函数或过程标识符的项中。有关函数及过程的形参属性信息用作调用过程的匹配处理和语义检查。

6.3　符号表的总体组织

一个编译程序从词法分析、语法分析、语义分析到代码生成的整个过程中,都要不断地访问和管理符号表。因此,符号表的组织管理直接关系编译程序的效率。

语言中不同种类的符号,它们的属性信息种类不完全相同,但不同的程度是不一样的,语言关键字的属性与变量符号属性信息相差太大,而变量符号的属性与函数的属性也有相当大的差别,但对于像不同变量之间(如简单变量与数组之间)的属性差别就相对要小一些。因此,组织一个编译程序对符号表的总体组织可以有下列 3 种形式。

第 1 种组织结构:按照属性种类完全相同的那些符号组织在一起。构造出多个符号表,这种组织的最大优点是每个符号表中存放符号的属性个数和结构完全相同。则表项是等长的,并且表项中的每个属性栏都是有效的,对于单个符号表来讲,这样使得管理方便一致,空间效率高。但这种组织的主要缺点是一个编译程序将同时管理若干个符号表,增加了总体管理的工作量和复杂度。由于这样组织对各类符号共同属性的管理必须设置重复的运行机制,因此使得符号表的管理显得臃肿。

第 2 种组织结构:把所有语言中的符号都组织在一张符号表中。这种组织方式的最大优点是总体管理非常集中单一,且不同种类符号的共同属性可一致地管理和处理。这种组织所带来的缺点,由于属性的不同,为完整表达各类符号的全部属性必将出现不等长的表项,以及表项中属性位置的交错重叠的复杂情况,这就极大地增加了符号表管理的复杂度。为表项等长且实现属性位置的唯一性,可以把所有符号的可能属性作为符号表项属性。这种组织方法虽然有助于降低符号表管理复杂性,但对某个具体符号,可能增加了无用的属性空间,从而增加了空间开销。

例如,假设某高级语言有 3 类符号及其所需的属性如图 6.2 所示。

| 第一类符号 | 属性1 | 属性2 | 属性3 |

| 第二类符号 | 属性1 | 属性2 | 属性4 |

| 第三类符号 | 属性2 | 属性5 | 属性6 |

图 6.2 语言的 3 类符号属性

若按第 1 种组织结构,则该高级语言的编译程序将得到 3 张符号表,具体如图 6.3 所示。

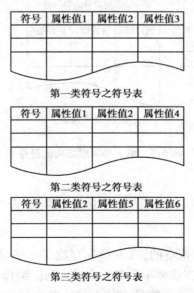

第一类符号之符号表

第二类符号之符号表

第三类符号之符号表

图 6.3 第 1 种组织结构的符号表

若按第 2 种组织结构,则该高级语言的编译程序将得到 3 张符号表,具体如图 6.4 所示。

符号	属性值1	属性值2	属性值3	属性值4	属性值5	属性值6

图 6.4　第 2 种组织结构的符号表

　　由于第 1 种组织结构符号表分的太散,对符号表的管理和运行都增加了大量的工作,因此在高级语言的编译程序实现时很少采用。而第 2 种组织结构使得符号表完全集中,因而对符号表的管理也很集中,但对属性值相差很大的符号组织在一张表中时,必然会大大增加符号表管理的复杂度,因此在高级语言的编译程序实现时也很少采用。在大多语言的编译系统中,其符号表的组织结构一般采用的都是第 1 种和第 2 种的折中。

　　第 3 种组织结构:折中方式,它是根据符号属性相似程度分类组织成若干张表,每张表中记录的符号都有比较多的相同属性。这种折中的组织结构在管理复杂度和时空效率方面都取得折中的效果,并且设计者可以根据自己的经验和目标系统的要求来对其进行取舍。按折中方式重新组织上例中的 3 类符号,将上面语言的第一类和第二类符号进行合并,构成一张符号表,第三类符号构成一个单独的符号表,则最终构成了两张符号表如图 6.5 所示。

符号	属性值1	属性值2	属性值3	属性值4

第一,二类符号之符号表

符号	属性值2	属性值5	属性值6

第三类符号之符号表

图 6.5　第 3 种组织结构的符号表

6.4　符号表的构建与查找

　　编译开始时,符号表或者是空的,或者预先存放了一些保留字和标准函数名的有关项。在整个编译过程中,符号表的查找频率是非常高的,因此,编译工作的大部分时间都花费在了符号表的查找上。下面简单地介绍符号表的 3 种构造法和处理法:线性查找、二叉树以及杂凑技术。

6.4.1　线性查找

构造符号表的最简单和最容易的办法是按关键字出现的顺序填写各个项。可以用一个一维数组或多个一维数组来存放名字及有关属性。当遇到一个新名时就按照顺序将它填入符号表中,若需要了解一名字的有关信息,则就从第一项开始顺序查找,一张线性表的结构如图 6.6 所示。图中,指示器 AVAILABLE 总是指向空白区的首地址。

线性表中每一项的先后顺序是按先来先填的原则安排的,编译程序不作任何整理次序的工作。如果显示说明的程序设计语言,则根据各名字在说明部分出现的先后顺序填入符号表中;如果隐示说明的程序设计语言,则根据各名字首次引用的先后顺序填入表中。当需要查找某个名字时,就从该表的第一项开始顺序查找,若一直查到 AVAILABLE 还未找到这个名字,则说明该名字不存在。

根据一般程序的习惯,新定义名字往往要立即使用,因此,按反序查找(即从 AVAILABLE 的前一项开始追溯到第一项)也许效率更高。当需要填进一个新说明的名字时,就必须先对这个名字查找表格,如果它已经在表中,就不重新填入。如果它不在表中,就将它填进 AVAILABLE 所指的位置,然后累增 AVAILABLE 使它指向下一个空白项的单元地址。

线性符号表		
项　数	NAME	INFORMATION
1	B2	…
2	A1	…
3	Z4	…
4	I3	…
AVAILABLE→		

图 6.6　线性表

对于一种含 n 项的线性表来说,欲从中查找一项,平均来说需要做 $n/2$ 次的比较。显然使用这种方法查找效率很低。但由于线性表的结构简单而且节省存储空间,所以许多编译程序仍采用线性表。

如果编译程序采用线性表,可设法提高线性表的查找效率。通常采用的办法是构造自适应线性表,即给线性表的每项附设一个指示器,这些指示器则把所有的项按“最新最近”访问原则连成之一条链,使得在任何时候,这条链的第一个元素所指的项是那个最新最近被查询过的项,第二个元素所指的项是那个次新次近被查询过的项,如此等等。每次查表时都按这条链所指的顺序,一旦查到之后就及时修改这条链,使得链头指向刚才查到的那个项。每当填入新项时,总让链头指向这个最新项。

6.4.2　对折查找

为了提高查表的速度,可以在造表的同时把表格中的项目名字的“大小”顺序整理排列。所谓名字的“大小”通常指名字的内码二进制值。例如,规定值小者在前,值大者在后,图 6.7 如果按有序方式组织他们,则构成如图 6.7 所示的线性表。

线性符号表		
项　数	NAME	INFORMATION
1	A1	…
2	B2	…
3	I3	…
4	Z4	…
AVAILABLE→		

图 6.7　线性表

对于这种经顺序化整理了的表格的查找可用对折法。假定表中已含有 n 项,要查找某项 H5 时:

①首先把 H5 和中项(即第($n/2$) +1 项)作比较,若相等,则宣布已查到。

②若 H5 小于中项,则继续在 1 ~ ($n/2$)的各项中去查找。

③若 H5 大于中项,则到($n/2$) +2 ~ n 的各项中去查找。

这样一来,经一次比较就甩掉 $n/2$ 项。当继续在 1 ~ $n/2$ 或 $n/2$ ~ n 的范围中查找时,同样可采取首先同新中项作比较的办法。如果还查不到,再把查找范围折半。显然,使用这种查找办法每查找一项最多只需作 $1 + \log_2 N$ 次比较,因此这种查找方法称为对数查找法。

这种办法虽好,但对一遍扫描的编译程序来说,没有太大的用处。因为,符号表是边填边引用的,这意味着每填进一个新项都得作顺序化的整理工作,而这同样是极费时间的。

6.4.3　杂凑技术

对于表格处理来说,根本问题在于如何保证查表和填表两个方面的工作都能高效地进行。对于线性表来说,填表快,查表慢。而对于对折法而言,则填表慢,查表快。杂凑法是一种争取查表、填表两个方面能高速进行的统一技术。这种方法是:假定有一个足够大的区域,这个区域以填写一张含 N 项的符号表。通常希望构造一个地址函数 Hash(也称为哈希函数、杂凑函数),对于任何名字 SYM,Hash(SYM)取值于 0 至 $N-1$ 之间。也就是说,不论对 SYM 查表或填表,都希望能从 Hash(SYM)获得它在表中的位置。例如,用无符号整数作为项名,令 $N = 17$,把 Hash(SYM)定义为 SYM/N 的余数。那么,名字"09"将被置于表中的第 9 项,"34"将被置于表中的第 0 项,"171"将被置于表中的第 1 项,如此等等。

对于地址函数 Hash 有两点要求:第一,函数的计算要简单、高效;第二,函数值能比较均匀地分布在 0 至 $N-1$ 之间。例如,若取 N 为质数,把 Hash(SYM)定义为 SYM/N 的余数就是一个相当理想的函数。

构造函数 Hash 的办法很多,通常是将符号名的编码杂凑成 0 至 $N-1$ 间的某一个值。由于用户使用标识符是随机的,而且标识符的个数也是无限的,因此,企图构造一一对应的函数当然是徒劳的。在这种情况下,除了希望函数值的分布比较均匀之外,还应设法解决"地址冲突"的问题。

以 $N = 17$,Hash(SYM)为 SYM/N 的余数为例,由于 Hash('05') = Hash('22') = 5,若表格的第 5 项已为'05'所占,后来的'22'应该放在哪里呢?

杂凑技术常常使用一张杂凑(链)表通过间接方式来查填符号表。时时把所有相同杂凑值的符号名连成一串,便于线性查找,杂凑表是一个可容 N 个指示器值的一维数组,它的每个元素的初值全为 null。符号表除了通常包含的栏外还增设一链接栏,它把左右持相同杂凑值的符号连成一条链。例如,假定 Hash(SYM1) = Hash(SYM2) = Hash(SYM3) = h,那么,这 3 个项在表中出现的情形如图 6.8 所示。

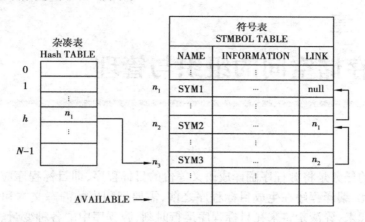

图 6.8 杂凑技术示意图

填入一个新的 SYM 过程是:

①首先计算出 Hash(SYM) 的值(在 0 至 $N-1$ 之间) h,置 P: = HASHTABLE[h](若未曾有杂凑值为 h 的项名填入过,则 p = null)。

②然后置 HASHTABLE[h]: = AVAILABLE,再把新名 SYM 及其链接指示器 LINK 的值 p 填进 AVAILABLE 所指的符号表位置,并累增 AVAILABLE 的值使它指向下一个空项的位置。

使用这种办法的查表过程是,首先计算出 Hash(SYM) = h,然后就指示器 HASHTABLE[h]所指的项链逐一按序查找(线性查找)。

习题 6

6.1 什么是符号表? 符号表有哪些重要作用?

6.2 符号表的表项常包括哪些部分? 各描述什么?

6.3 符号表的组织方式有哪些? 其组织取决于哪些因素?

第7章
运行时存储空间的组织与管理

编译程序的任务是将源程序翻译成语义等价的目标程序,即目标程序应完成与源程序同样的功能。因此,编译程序在生成目标程序之前,需要把程序的静态文本和实现这个程序的运行活动联系起来,弄清楚将来在目标程序运行时刻,源程序中的各种变量、常量等用户定义的量是如何存放的,如何对他们进行访问,以及过程/函数调用的实现过程等。

计算机程序执行的过程,是通过对程序数据所对应的存储单元的存取来完成的。在程序语言中,程序数据用标识符表示,标识符对应的存储单元由编译程序生成的目标程序在运行时进行分配。也就是说,编译程序不参加内存单元的分配工作,内存单元的分配工作是由目标程序在运行时完成的。但目标程序是由编译程序生成的,因此,编译程序的编写者只有熟知存储空间的组织和管理的知识,才能生成能够进行正确内存分配的目标程序。本章将就目标程序运行时的存储结构进行讨论,主要讨论存储器的组织与存储分配策略、过程活动记录的创建与管理和非局部名字的访问等。

7.1 目标程序运行时的活动

7.1.1 过程的活动

这一节讨论一个过程的静态源程序和它的目标程序在运行时的活动之间的关系。为了讨论方便,下面给出一个 PASCAL 源程序,具体如图 7.1 所示。

过程定义是一个说明,其最简单的形式是一个标识符和一段语句相关,标识符是过程名,语句是过程体。图 7.1 的 PASCAL 程序在第(3)~(7)行包含名为 readarray 的过程定义,而(5)~(7)行是它的过程体。在许多程序设计语言中把有返回结果值的过程称为函数,在此,通常把函数也列入过程一起讨论,并且把完整的程序也看成是过程。

当过程名出现在可执行语句时,称该过程在这一点被调用。过程调用导致过程体的执行。在图 7.1 的程序中,主程序在第(23)行调用过程 readarray。

出现在过程定义中的某些标识符是具有特殊意义的。如在第(12)行的 m 和 n 是过程 quicksort 中的形式参数。表达式作为实在参数可以传递给被调用的过程,替换过程体中的形

```
(1) program sort(input,output)
(2)     var a:array[0..10] of integer;
(3)     prcedure readarray;
(4)        var i:integer;
(5)        begin
(6)           for i:=1 to 9 do read(a[i])
(7)        end;
(8)     procedure partition(y,z:integer):integer;
(9)        var i:integer;
(10)       begin   …
(11)       end
(12)    procedure quicksort （m,n:integer）;
(13)       var i:integer；
(14)       begin
(15)          if (n>m) then begin
(16)          i:=partition(m,n);
(17)          quicksort(m,i-1)
(18)          quicksort(i+1,n)
(19)          end;
(20)       end;
(21)    begin
(22)       a[0]:=-9999; a[10]:=9999;
(23)       readarray;
(24)       quicksort(1,9)
(25)    end.
```

图 7.1　PASCAL 程序

式参数。如在第(18)行调用过程 quicksort，其实参为 i+1 和 n。

　　一个过程的活动是指该过程的一次执行。也就是说，每次执行一个过程体，产生该过程体的一个活动。过程 P 的一个活动的生存期，指的是从执行该过程体第一步操作到最后一步操作之间的操作序，包括执行过程 P 时调用其他过程花费的时间。在 PASCAL 语言里，每次控制从过程 P 进入过程 Q 后，如果没有错误，最后都返回到过程 P。如果 a 和 b 都是过程的活动，那么，它们的生存期或者是不重叠的，或者是嵌套的。就是说，如果控制在退出 a 之前进入 b，那么，必须在退出 a 之前退出 b。

　　一个过程是递归的，如果该过程在没有退出当前的活动时，又开始其新的活动。从图 7.1 的程序可以看出，在程序执行到第(24)行，控制进入 quicksort(1,9)的活动，而退出这一活动是在程序将要结束时的末尾。在从 quicksort(1,9)进入到它退出的整个期间，还有几个 quicksort 的活动，所以这一过程是递归的。一个递归过程 P 并不一定需要直接调用它本身，它可以通过调用过程 Q，而 Q 经过若干调用又调用 P。如果过程递归，在某一时刻可能有它的几个活动活跃着。

　　程序设计语言中的说明是规定名称含义的语法结构。说明可以用显式的方式，如，PASCAL 的变量说明 Var i:integer;当然，说明还可以用隐含方式，如 FORTRAN 语言，在无其他说明的情况下,认为变量 i 是整型的。

一个说明在程序里能起作用的范围称为该说明的作用域。如果一个说明的作用域是在一个过程里,那么在这个过程里出现的该说明中的名称都是局部于本过程的;除此之外的名称就是非局部的。因此,在一个程序的不同部分,同一个名称可能是不相关的。当一个名称在程序正文中出现时,语言的作用域规则决定该名称应属于哪个说明。在图 7.1 的程序中,名称 i 分别在第(4)、(9)和(13)行被说明 3 次,而在过程 readarray、partition 和 quicksort 中的使用是相互独立的。第(6)行使用的 i 属于第(4)行说明的。而在第(16)~(18)行使用的 i 都属于第(13)行说明的。

7.1.2　参数传递

过程(函数)是结构化程序设计的主要手段,同时也是节省程序代码和扩充语言能力的主要途径。只要过程有定义,就可以在其他地方调用它。调用与被调用(过程)两者之间的信息往来可以通过全局量或相关参数来传递。

在图 7.1 的 PASCAL 程序中,从(12)行到(20)行定义了一个称为 quicksort 的过程。其中,m、n 称为形式参数(形参)。在第(24)行的语句中表示了主程序对这个过程的一次调用:quicksort(1,9),其中,1 和 9 称为实在参数(实参)。实参也可以是一个变量或较复杂的表达式。

怎样把实参传递给相应的形参呢? 在图 9.1 的程序中从(8)行到(11)行定义了函数 partition,并在(16)行调用了它:i: = partition(m,n)。下面分别讨论参数传递的 3 种不同途径:

1)传值

传值是一种最简单的参数传递方法。调用段把实在参数的值计算出来并存放在一个被调用段可以获取的地方。被调用段开始工作时,首先把这些值抄进自己的形式单元中,然后就好像使用自己的局部名一样使用这些形式单元。如果实在参数不为指针,那么,在这种情况下被调用段无法改变实参的值。

2)传地址

传地址指的是把实在参数的地址传递给相应的形式参数。在过程定义中每个形式参数都有一个相应的单元,称为形式单元。形式单元将用来存放相应的实在参数的地址。当调用一个过程时,调用段必须预先把实在参数的地址传递到一个为被调用段可以拿得到的地方。如果实在参数是一个变量(包括下标变量),则直接传递它的地址。如果实在参数是常数或其他表达式(如 A + B),那就先把它的值计算出来并存放在某一临时单元之中,然后传送这个临时单元的地址。当程序控制转入被调用段后,被调用段把实参地址抄进自己相应的形式单元中,过程体对形式参数的任何引用或赋值都被处理成对形式单元的间接访问。当被调用段工作完毕返回时,形式单元所对应的实在参数单元就持有了所期望的值。

例如,对于下面的 PASCAL 过程:

procedure swap(n,m:real);

　　var j:real;

　　begin

　　j: = n;

　　n: = m;

　　m: =j:

　　end

调用 swap(i, k(i))所产生的结果等同于执行下列的指令步骤:

①把 i 和 k(i)的地址分别传递到已知单元,如 J1 和 J2。

②n: =J1;m: =J2;

③j: =n↑;/＊n↑指向 n 的间接访问＊/

④n↑: =m↑;

⑤m↑: =j;

与"传地址"类似的另一种参数传递方法是"得结果"。这种方法的实质是:每个形式参数对应有两个单元,第一个单元存放实参的地址,第二个单元存放实参的值。在过程体中对形参的任何引用或赋值都看成是对它的第二个单元的直接访问,但在过程工作完成返回前必须把第二个单元的内容存放到第一个单元所指的那个实参单元之中。

3)传名

传名是 ALGOL60 所定义的一种特殊的形参与实参结合的方式。ALGOL 用"替换规则"解释"传名"参数的意义:过程调用的作用相当于把被调用段的过程体抄到调用出现的位置,把其中任一出现的形式参数都替换成相应的实在参数(文字替换)。如果在替换时发现过程体中的局部名和实在参数中的名字使用相同的标识符,则必须用不同的标识符来表示这些局部名。而且,为了表现实在参数的整体性,必要时在替换前先把它用括号括起来。

由上述内容可以看出,编译程序为了组织存储空间,必须考虑下面几个问题:

①过程是否允许递归?

②当控制从过程的活动返回时,局部变量的值是否要保留?

③过程能否访问非局部变量?

④过程调用时如何传递参数?

⑤过程能否作为参数被传递?

⑥过程能否作为结果值传递?

⑦存储空间可否在程序控制下进行动态分配?

⑧存储空间是否必须显式地释放?

7.2　目标程序运行时存储器的组织

7.2.1　目标程序运行时存储器的划分

编译程序生成的目标程序需要放到存储区中,而目标程序在运行时,也需要向操作系统申请一块存储区,用于容纳目标程序运行时所需的数据空间。对于这个存储空间编译程序应该进行划分,以便合理存放信息,通常存放目标代码、数据对象以及跟踪过程活动的控制栈。目标代码的大小在编译时可以确定,所以,可以把它放在一个静态确定的区域。同样,有些数据对象的大小在编译时也能够确定,因此,它们也可以放在静态确定的区域。这样,运行时存储空间的典型划分,如图 7.2 所示。

```
内存低地址    目标代码
              静态数据
              栈
              ↓

              ↑
内存高地址    堆
```

图 7.2　运行时间存储区的典型划分

一般地,这些区域之间没有明显的分割,即每个区域的起始地址和结束地址并不是固定不变的(堆区除外)。其中,目标代码区和静态数据区是在编译时分配的,栈区和堆区是在运行时分配的。当然,并不是所有语言的实现都需要这些区域,具体需要哪些区域,以及每个区域如何分配,取决于被编译的源程序和操作系统的相关规定。一个总的原则是:尽可能多地对数据对象进行静态分配,以缩短目标程序的运行时间;必须进行动态分配的数据,也要尽可能地将其分配到栈区,因为堆区的分配代价要高于栈区分配的代价。

在 PASCAL 和 C 语言的实现系统中,使用扩充的栈来管理过程的活动。当发生过程调用时,中断当前活动的执行,激活新被调用过程的活动,并把包含在这个活动生存期中的数据对象以及和该活动有关的其他信息存入栈中。当控制从调用返回时,将所占存储空间弹出栈顶。同时,被中断的活动恢复执行。

在运行存储空间的划分中有一个单独的区域称为堆,留给存放动态数据。PASCAL 和 C 语言都允许数据对象在程序运行时分配空间以便建立动态数据结构,这样的数据存储空间可以分配在堆区。栈区和堆区之间没有事先划好的界限,当目标代码运行时,栈区指针和堆区指针不断地变化,并朝着对方方向不断增长。如果两个区相交,则表示堆/栈区空间已满,即出现内存"溢出"。一个栈或堆的大小都随程序的运行而改变,因此,应使它们的增长方向相对,如图 7.2 所示。栈是向下增长的,即栈顶是朝页面底部的方向画的。当沿着页面向下的方向移动时,内存地址不断增长。为便于计算变量的实际内存地址,许多目标机的目标代码中常常用一个专门的寄存器来记录栈顶的值,这个寄存器则被命名为 top。若变量 X 相对栈顶 top 的偏移量记为 OffsetX,则变量 X 的内存地址是 top-OffsetX。栈区数据的地址示意图如图 7.3(a)所示。也有的目标机用两个寄存器分别表示栈底和栈顶的值,分别记为 sp 和 top。此时,变量的偏移量都是相对栈底 sp 而言的,假设变量 Y 的偏移是 OffsetY,则变量的内存地址是 sp + OffsetY。栈区数据地址示意图如图 7.3(b)所示。

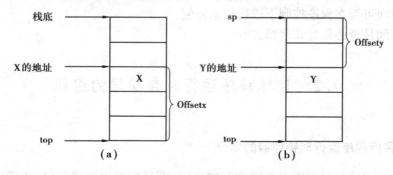

图 7.3　栈区数据的地址示意图

7.2.2　过程活动记录

为了管理过程在一次执行中所需要的信息,使用一个连续的存储块,通常把这样的一个连续存储块称为活动记录(Activation Record)。如 PASCAL 和 C 语言,当过程调用时,产生一个过程的新的活动,用一个活动记录表示该活动的相关信息,并将其压入栈。当过程返回时,

140

目标程序则立即将其空间收回。对于 Fortran 语言,它的所有数据包括过程/函数的活动记录都是静态分配的,与运行时活动无关,所以不需考虑运行时的空间管理。

分配空间的具体体现是给专用寄存器 sp(指向当前活动记录始地址的栈指针)赋一个栈区地址,回收空间的具体体现是将 sp 的指针恢复成调用者的活动记录的起始地址(老 sp)。栈区空间分配和回收示意图如图 7.4 所示。其中,被调用者的空间中专门有一个单元用于记录它的调用者的 sp,称为老 sp 的值,以便当从被调用者返回调用过程时,能将调用者的 sp 指针恢复过来。

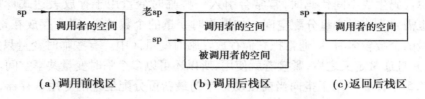

图 7.4　栈区空间分配和回收示意图

一般地,活动记录由如图 7.5 所示的各个域组成。不同的语言或同一语言的不同的编译器,它们所使用的域可能是不同的,这些域在活动记录中的排放次序也可能是不同的。另外,寄存器往往可以取代它们中的一个或多个域。活动记录的各个域的用途如下:

(1)动态链指针

用来指向调用者的活动记录的起始地址、即老 sp,以便在过程调用返回时将当前活动记录恢复成调用者的活动记录,动态链也称为控制链。

(2)返回地址

指向调用者过程调用指令对应的目标代码的下一条目标指令,以便当从被调用过程返回时,能够接着执行调用过程的下一条指令。

(3)返回值

用于存放被调用过程返回给调用过程的值。实际记录的是调用者中用于存放返回值的临时变量的地址。

(4)寄存器状态

保存刚好在过程调用前的机器状态信息,包括程序计数器的值和控制从这个过程返回时必须恢复的机器寄存器的值,即中断现场。

(5)过程层数

用于程序的非正常出口情形的处理,一般情况下不需记录。

(6)活动记录空间的大小

当过程的局部数据中没有动态数组等可变数组等可变长数据时,过程的活动记录的长度能够静态确定,将其记录下来,可以用于过程调用返回时返回到指定地址。

(7)变量访问环境

过程执行时,除了访问局部变量数据以外,常常还要访问非局部数据。对于非局部数据访问策略非常复杂的语言,需要构造非局部访问环境,如 Display 表或静态链指针等,对于非局部数据访问策略比较简单的语言,则没有必要构造非局部数据访问环境。如 PASCAL 语言,每个函数除访问全局变量外,还可以访问其他函数中的非局部数据,因此,需要为每个函数构造非局部变量的访问环境,而对于 C 语言的每个函数而言,非局部数据只有全局数据,这些全局数据通常存放在静态区中,可以直接访问,所以不用构造变量访问环境。

（8）形参变量区

用于存放调用过程向被调用过程提供的实在参数。

（9）局部变量区

保存过程局部声明的数据。

（10）临时变量区

在由源代码生成中间代码时,常常会引入一些临时变量用于存放表达式计算的中间结果,因此,也需要为临时变量分配空间。如果临时变量的个数较少,则可存放在寄存器中,而当临时变量的个数较多时,则通常把它们存放在临时变量区中。有些临时变量只定义一次和使用一次,并且通常定义之后,紧接着就使用,所以还可以多个临时变量共享空间。

在图 7.5 中,top 使用于指向当前活动记录的最新可分配地址的专用寄存器,top-sp 即为活动记录空间的大小,因此,只要 top 寄存器与"活动记录空间大小"域中有一个即可。

活动记录中每个域的长度都可以在过程调用时确定。实际上。几乎所有域的长度都可以在编译时确定(过程中有局部可变长度数组的情况例外),此时,只有运行到调用这个过程时才能确定局部数据域的大小。在后续小节,如不加特殊说明,均指不考虑可变长度数组的情况。特别的,用 initoff 来表示过程的一些控制信息在过程活动记录中所占空间的大小,这样,过程的数据信息就会在地址"sp + initoff"处开始存放。当然,如果有变量访问环境,假设其占用空间大小为 D,则数据的起始地址为 sp + initoff + D。

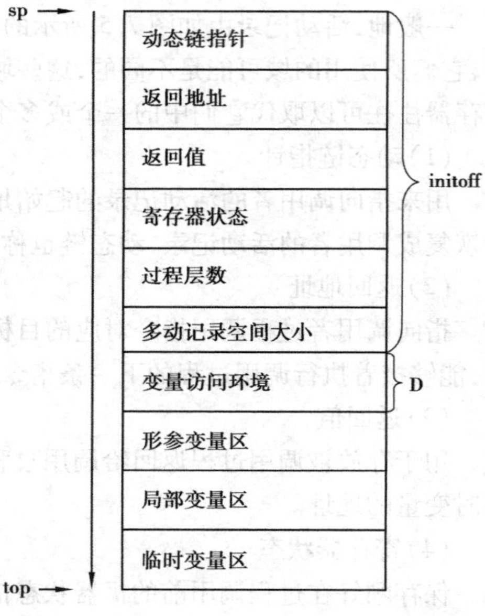

活动记录其实并没有包含过程一次执行所需的全部信息,比如说,非局部数据就不在活动记录中。另外,过程运行时生成的动态变量也不在栈区的活动记录中,它们将被分配到栈区。

图 7.5 活动记录结构示例

7.2.3 目标程序运行时的存储分配策略

目标程序运行时,需要对存储空间(主要是数据区)按照一定的策略进行管理,使得相应的数据合理地被分配到内存空间,以便于访问和程序运行。不同的编译程序关于存储空间的分配策略可能不同。通常,存储空间分配的基本策略可分为静态存储分配策略和动态存储分配策略两种,其中,动态存储分配策略又可分为栈式动态存储分配策略和堆式动态分配策略。静态分配策略是指在编译时对所有数据对象分配固定的存储单元,且这些数据对象的地址在运行时始终保持不变。栈式动态分配策略是指在运行时把存储器作为一个栈进行管理,运行时,每当调用一个过程,它所需要的存储空间就动态地分配于栈顶,一旦退出过程,它所占用的空间就予以释放。堆式动态分配策略是在运行时把存储器组织成堆结构,以便用户管理存储空间的申请与释放回收,凡申请者从堆中分给一块,凡释放者退回给堆。

　　不同的编译程序对于存储空间的分配策略可能不同,有的编译程序可能同时采用多种分配策略,对于不同的数据对象采用不同的分配策略进行管理。例如,像 Fortran 这样的语言,不允许过程递归,其所有的数据对象都可以进行静态分配。像 PASCAL 和 C 语言,由于它们允许过程递归,在编译时刻无法预先确定哪些递归过程在运行时被激活,更难以确定它们递归的深度,所以它们的编译程序只能采用在运行时动态地进行分配。后续小节,将从分配思想、分配方法及适用语言 3 个方面,分别介绍 3 种常见的存储分配策略:静态存储分配策略、栈式动态存储分配策略和堆式动态存储分配策略。

7.3　静态存储分配

　　如果在编译时就能够确定一个程序在运行时所需的存储空间的大小,则在编译时就能够安排好目标程序运行时的全部数据空间,并能确定每个数据项的单元地址。存储空间的这种分配方法称为静态分配。它适用于没有指针或动态分配、过程不可递归调用的语言。静态存储分配的思想就是将整个存储区看做是静态区,按照静态区的管理策略进行管理,所有的数据对象都被分配一个固定的存储地址,直至目标程序运行结束,这些数据对象的地址都不会发生变化。也就是说,一旦存储空间的某个位置被分配给了某个数据名,在目标程序的运行的过程中,此位置就属于该数据名了,及数据对象的存储位置在程序的整个生命周期内是固定的。由于静态存储分配策略要求所有的数据对象所需的存储空间必须在编译时可以完全确定,因此每个数据对象的地址都可静态地进行分配,因此称这种分配策略为静态存储分配策略。例如,如图 7.6 所示的 C 语言程序,采用静态分配策略时,当执行到 square 函数的最后一条语句时,其静态分配策略的内存结构如图 7.7 所示。

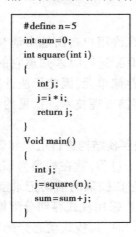

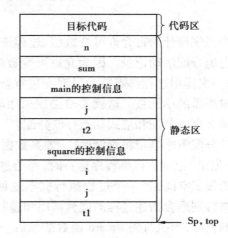

图 7.6　C 语言程序　　　　图 7.7　静态分配策略的内存结构图

　　在静态分配中,名字在程序被编译时绑定到得存储单元上,在运行时也不会发生变化,这种绑定的生存期是程序的整个运行过程,因此,在一个过程每次被激活时,它的名字都被绑定到同样的存储单元。这种性质允许变量的值在过程停止后仍然保持,因而当控制再次进入该过程时,局部变量的值和控制上一次离开时的一样。正如图 7.7 所示,无论 square 函数被调用多少次,被哪些函数调用,其对应的数据(如与过程调用相关的控制信息、square 的局部变量 i 和 j、生成代码过程中产生的临时变量 t1 等)的地址都是固定不变的,与程序的执行情况无关。

对于静态分配来说,要求每个过程活动记录的大小必须是固定的,并且通常用相对于活动记录一端的偏移来表示活动记录中数据的相对地址。编译器最后必须确定活动记录区域在目标程序中的位置(如相对于目标代码的位置)。一旦这一点确定下来,这个活动记录的位置以及活动记录中每个名字的存储位置也就都固定了,所以编译时在目标代码中能填上所要操作的数据对象的绝对地址。同时,过程调用时需要保存的信息的地址在编译时也是已知的。

静态分配的对象都分配在静态区中,其访问地址可采用绝对地址。在图 7.7 中,假设分配给 square 函数的存储起始地址记为 Addr_Square,square 的局部变量 i、j 和临时变量 t1 的偏移量分别是 Offseti、Offsetj 和 Offisett1,则:

i 的地址:Addr_Square + Offseti

j 的地址:Addr_Square + Offsetj

t1 的地址:Addr_Square + Offsettl

i、j 和 t1 相对于 square 数据的偏移量是不变的,对于静态分配而言,无论程序如何运行,square 函数的起始地址也是不变的,所以 i、j 和 t1 的地址也是不变的,可采用绝对地址。

对于现代的程序设计语言而言,很难把某个程序中所有的数据对象都采用静态分配策略,因此,可以采用多种分配方式相结合的形式,适合静态分配的数据分配到静态区,适合动态分配的数据分配到动态区,达到高效利用存储空间和提高代码运行效率的目的。

7.4　栈式动态存储分配策略

如果一个程序设计语言允许可变数组、过程递归或允许用户自由地申请和释放空间,那么就不能静态地分配活动记录。因为允许可变数组,只有到运行时才知道它的大小;允许过程递归,那每一次调用过程都需要为局部变量重新分配存储单元,因此无法计算它的各个数据对象运行时所需的单元数。这就要求必须采用动态存储管理技术。常见的动态存储分配策略有栈式动态存储分配和堆式动态存储分配。

栈式存储分配策略是指将存储区(主要是数据区)按照栈结构进行组织和管理,即遵循栈结构的"后进先出"原则。目标程序运行时,每当进入一个过程,就在栈顶为该过程的活动记录分配所需的数据空间,当一个过程执行完毕返回时,它在栈顶的活动记录空间随即释放。栈式分配策略特别适合描述过程的嵌套调用和递归调用。采用栈式存储分配策略时,对于如图 7.6 所示的程序,当执行到 square 函数的最后一条语句时,其栈式动态分配策略的内存结构如图 7.8 所示。

为了更好地了解栈式分配策略,再来看一个 C 语言的程序,具体如图 7.9 所示。

情况 1:若 main 函数调用了函数 Q,函数 Q 又调用了函数 R,在函数 R 进入运行后的存储结构如图 7.10(a)所示。此时,由于函数 main,函数 Q 和函数 R 都处于运行阶段,所以这 3 个函数的控制信息和局部数据都在栈中。

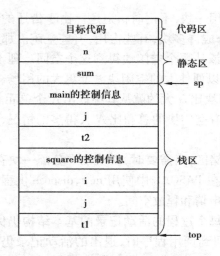 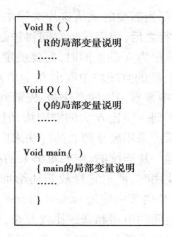

图 7.8 栈式动态分配策略的内存结构图 　　　　图 7.9 C 语言程序

　　情况 2：若 main 函数调用了函数 Q，函数 Q 递归调用自己，在函数 Q 第二次进入运行后的存储结构如图 7.10(b)所示，在函数 Q 的两次执行中，每次执行都为其局部数据分配了空间，即每次执行局部数据的地址都是不同的，从而能够实现递归的功能。

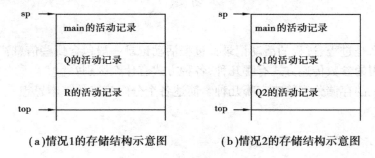

(a)情况1的存储结构示意图 　　　　　(b)情况2的存储结构示意图

图 7.10 存储结构示意图

　　在栈式分配中，由于每个过程活动记录的都是分局目标代码的执行情况动态分配的，所以无法确定每个活动记录的起始地址和每个活动记录中的绝对地址，但我们能够确定局部数据在活动记录中的相对位置(偏移量)，也就是在语义分析中为变量标识符分配的抽象地址(Level，Off)中的 Off。假设 X 是在函数 P 内被声明的局部变量，其形式地址为(Level，Off)，则 X 的地址在目标代码中将以 Off[sp]的形式出现，其中，sp 寄存器中有当前函数空间块的起始地址，这样 Off[sp]将以变址方式自动访问由 sp 指向的函数空间的第 Off 单元。

7.5　堆式动态存储分配策略

　　如果一个程序语言提供用户自由地申请 C++数据空间和退还数据空间的机制(如 C++中的 new，delete，PASCAL 的 new，便是这种机制)或者不仅有过程而且有进程的程序结构，即空间的使用未必服从"先申请后释放，后申请先释放"的原则，那么栈式的状态分配策略就不适用了。这种情况下通常使用一种称为堆式动态存储分配策略。假设程序运行时有一个大的存储空间,每当需要时就从这片空间中借用一块,不用时再退还。由于借还的时间先后不一,经一段运行之后,程序运行空间将被划分成许多块,有些占用,有些空闲。那么当运行程序要求一块体积为 N 的空间时,需要决定应该从哪个空闲块得到这个空间。理论上讲,应该从比 N 稍大一些的空间块中取出 N 个单元,以便使大的空闲块派上更大的用场,但实现的难度很大,实际中常常采用的办法是:先遇到哪块比 N 大的就从其中取出 N 个单元。即便这样,也会发生找不到一块比 N 大的空闲块,但所有空闲块的总和比 N 大得多的情况,这时有的存储分配管理系统采用废品回收的办法来应付。

堆通常是一片连续的、空间足够大的存储区,当需要时,就从堆中分配一块存储区,当某块空间不再使用时,就把它释放归还给堆。在 PASCAL 中使用 new、dispose 供程序员申请和释放空间,在 C 语言中使用 malloc 和 free 来申请和释放空间。

虽然堆空间的申请和释放比较复杂,但每个过程的活动记录的基本结构仍保持不变,必须为参数和局部变量分配空间。当控制返回到调用程序时,退出的活动记录仍留在存储器中,该空间在以后的某个时刻会被重新分配。因此,这个环境的整个额外的复杂性可被压缩到存储器管理程序中。

习 题 7

7.1　什么是过程、过程的活动记录?过程活动记录一般包含哪些信息?

7.2　常用的参数传递方式有哪几种,各种方式有什么区别?

7.3　常见的存储分配策略有哪几种?简述各个分配策略的基本思想。

第 **8** 章
语法制导翻译和中间代码生成

8.1 语法制导翻译概述

在前几章中,我们已讨论了语言的表示及词法分析和语法分析等问题。由于编译程序工作的最终目标是将源程序翻译成可供计算机直接执行的目标程序,所以从整个编译过程来看,词法分析与语法分析仅仅是编译程序工作的一小部分。在早期的一些编译程序中,是在语法分析的基础上根据源程序中各语法成分的语义,直接产生机器语言或汇编语言形式的目标代码。虽然这种编译方式所需的时间较少,但具有很大的局限性,如不利于优化,编译程序难以移植,代码质量不高等。现在的编译系统,一般都是将经过语法分析的源程序先翻译为某种形式的中间语言代码,然后再将其翻译为目标代码。这样就使得编译程序各组成部分功能更单一,编译程序的逻辑结构更为清晰,从而使得编译程序更易于编写与调整,同时也为代码优化和编译程序的移植创造了条件。

从广义上讲,在一个多遍扫描的编译程序中,每扫描源程序一次,都将产生一种与之等价的中间代码,且越往后越接近于目标代码。例如,经词法分析之后,字符流形式的源程序已被翻译为单词流形式的"中间代码"。本章要讨论的中间代码生成,是指把单词符号串形式的源程序转换为另一种等价的表示,而这种表示更便于以后的代码优化处理和目标代码生成工作。目前,常见的中间语言有逆波兰表示、三元式、四元式等。前面我们已经看到,由于程序语言的词法和语法结构可分别用正规式和 CFG(前后文无关文法,Context Free Grammar)来描述,且对正规式及前后文无关文法中的一些问题,已建立了一些有价值的形式化算法。因此,对一个语言的编译程序而言,就有可能在此基础上按照一种机械的方式来构造其中的词法分析程序和语法分析程序。对于中间代码生成来说,我们也自然希望同样能够形式化地自动生成。遗憾的是,中间代码生成与语言的语义密切相关,而语义的形式化描述是一个非常困难的课题,时至今日,还没有一个被广泛接受的、可用于描述中间代码生成所需的全部语义动作的形式化系统。

然而,尽管如此,却存在一种称为语法制导翻译的模式,这种模式实际上是对前后文无关文法的一种扩充。概括地说,就是对文法中的每个产生式都附加一个语义动作或语义子

147

程序,且在语法分析过程中,每当需要使用一个产生式进行推导或归约时,语法分析程序除执行相应的语法分析动作外,还要执行相应的语义动作或调用相应的语义子程序。每个语义子程序都指明了相应产生式中各个符号的具体含义,并规定了使用该产生式进行分析时所应采取的语义动作(如传送或处理信息、查填符号表、计算值、产生中间代码等)。这种模式既把语法分析与语义处理分开,又令其平行地进行,从而在同一遍扫描中同时完成语法分析和语义处理两项工作。由此可见,抽象文法符号的具体语义信息,是在与语法分析同步的语义处理过程中获取和加工的。一个文法符号 X 的语义信息我们称之为语义属性或简称为属性(Attributes)。在下面的讨论中,用形如 X. ATTR 的记号来表示文法符号 X 的相关语义属性。当然,文法符号的属性可能不止一个,我们可为其定义不同的名字来分别描述。例如,用 X. TYPE 表示 X 的类型,用 X. VAL 表示 X 的值等。另外,如果一个文法符号 X 在产生式中多次出现,为了在语义上能够对其进行区分,可添加不同的上标。例如,对于文法:

$$E \rightarrow E + T \mid T$$

$$T \rightarrow digit$$

其中,终结符 digit 代表 0 ~ 9 中的任一数字,如果我们的目的是要计算此文法所定义的表达式之值,则可将每个产生式相关的语义子程序写成产生式语义子程序:

1 $E \rightarrow E^{(1)} + T$ $\{E. Val = E^{(1)}. Val + T. Val;\}$

2 $E \rightarrow T$ $\{E. Val = T. Val;\}$

3 $T \rightarrow digit$ $\{T. Val = digit;\}$

为了能在语法分析过程中平行地进行语义处理,可在语法分析栈旁边并行地设置一个语义信息栈,用于存放相应文法符号的语义信息(所有的语义属性)。实际上,可通过在语法分析栈中增加字段的办法来存放它们。例如,对于上述文法中某一句型,当句柄 E + T 在栈顶形成时的情况,如图 8.1 所示。

语法分析栈	语义信息栈
T	T. Val
+	' + '
E	$E^{(1)}. Val$

图 8.1   并行的语法分析栈和语义信息栈

此时,若采用 LR 分析方法,则文法符号不必进栈,而代之以相应的状态。在如图 8.1 所示状态下,当句柄按产生式 $E \rightarrow E + T$ 归约时,调用相应的语义子程序计算子表达式之值(它的两个运算对象之值已在前面的语义处理中得到,且分别用 $E^{(1)}. Val$ 和 T. Val 表示),并把计算结果作为新的栈顶项,经退栈和进栈处理后分析栈的情况,如图 8.2 所示。

语法分析栈	语义信息栈
E	E. Val

图 8.2   规约句柄 E + T 时的退栈和进栈情况

由上面的讨论可知,语法制导翻译仅对每一产生式定义了相应的语义处理,而未对如何使用产生式作任何限制,因此,这种模式既可用于自顶向下的语法分析,也可用于自底向上的分析。由于语法制导翻译具有上述特点,所以尽管此方法尚未达到十分形式化的程度,但仍成功地得到了广泛的应用。

8.2　属性文法与属性翻译文法

虽然目前还没有一种有效的形式化方法可用来描述和自动处理程序设计语言的语义,但对于前后文无关语言语法结构的自动识别而言,却已有很多成熟的处理技术。这就给我们一个启示:是否能够利用前后文无关语言识别技术(即语法分析技术)来协助我们进行语义分析呢?回答是肯定的。本章所要介绍的,就是一种为目前大多数编译程序采用、在语法分析过程中进行语义处理的翻译技术——语法制导翻译方法。虽然这种翻译模式并非一种形式系统,但它还是比较接近形式化的。这个方法的实质,就是根据文法中每个产生式所蕴含的语义,为其配备若干个语句或子程序,对所要完成的语义处理功能进行描述。这些语句和子程序统称为语义子程序或语义动作。在语法分析过程中,当分析器使用该产生式进行语法分析时(不论是推导还是归约),除完成语法分析动作外,还将调用为其配备的语义子程序,进行相应的语义处理,完成语义翻译工作。

从语法制导翻译的特点可以看出,各语义子程序的编写质量决定了语义翻译的准确性和有效性。因此,各个产生式相应语义子程序的正确性是能够进行正确语义翻译的先决条件。另一方面,每个产生式的语义,实际上又和组成该产生式的文法符号密切相关,即由这些文法符号的语义所决定。因此,可将这些语义以"属性"的形式附加到各个文法符号上,再根据产生式所蕴含的语义,给出每个文法符号的属性的求值规则,从而形成一种附带有语义属性的前后文无关文法,即属性文法。下面,将介绍语义属性和属性文法的一些知识,并结合属性文法与语义翻译之间的关系,引入属性翻译文法的概念。

8.2.1　语义属性与属性文法

首先,给出语义属性的定义。

定义 8.1　文法符号 $X \in V_N \cup V_T$ 的语义性质称为该文法符号的语义属性(Semantic Attributes),简称为属性。常用 A(X) 表示 X 的所有属性的集合。每个属性表示 X 的一个特定性质,并可任意指定其取值范围。接下来将用 X. a 表示 A(X) 中的属性 a。

由定义 8.1 可知,文法符号的属性就是它的语义性质。属性可表征诸如数、符号串、类型、存储空间和其他需要表征的实体。就终结符号而言,它至少有一种属性,即词文,例如,对无符号数,单词"123"就是它的词文。当然,它还可能具有其他属性;而其数值和类型(整型)是它的另外两个属性。一般来说,终结符号的属性是其内在性质;当然也有些属性将从其他符号的属性中获取。例如,变量标识符的类型属性,将从类型定义语句中获取,也就是说,它是通过语法树从其他符号的属性中获取的。对非终结符号而言,其属性之值均须从其他符号的属性经计算而得,或者说,是由其他符号的属性定义的。

可见,各个文法符号的属性之间,可能存在某种依赖关系,这种依赖关系可用属性规则

（语义规则）来定义。

定义 8.2 设 $p:X_0 \to X_1 X_2 \cdots X_n \in P$ 是文法 G 的一个产生式，则与 p 相关联的属性规则集合为 R(p)。

定义 8.3 对每个产生式 $p:X_0 \to X_1 X_2 \cdots X_n \in P$，设属性定义性出现的集合为

$$AF(p) = \{X_i \cdot a \mid X_i \cdot a = f(\cdots) \in R(p)\}$$

若 X_i 是产生式左部的非终结符号（即 $i=0$），则称属性 $X_i \cdot a$ 是综合属性（Synthesized Attributes）；若 X_i 出现在产生式的右部（即 $1 \le i \le n$），则称 $X_i \cdot a$ 是继承属性（Inherited Attributes）。

如果在一棵语法树中将每个结点均视为由若干个域组成的记录（或结构），则可将其中的一些域用来存放相应文法符号诸属性之值，并可用属性来为这些域命名。通常将每个结点都标注相应属性值的语法树称为加注语法树（Annotated Syntax Tree）或染色树（Decorted Syntax Tree）。于是，由定义 8.3 可知，在加注语法树中，一个文法符号 X 在相应结点的综合属性之值，由其子结点的属性和（或）X 的其他属性通过相关属性规则经计算而得，故综合属性的求值在语法树中是按自下而上的方式进行的；X 的继承属性之值则由 X 的父结点和（或）其他兄弟结点来定义，故继承属性的求值将按自上而下的方式进行。

在引入属性的概念之后，我们就可以定义属性文法了。

定义 8.4 属性文法 AG 是一个形如 $AG = (G, A, R, B)$ 的四元组，其中：$G = (V_N, V_T, P, S)$ 是已简化的前后文无关文法；$A = \cup_{X \in V} A(X)$ 是属性的有限集合；$R = \cup_{p \in P} R(p)$ 是属性定义规则的有限集；而 $B = \cup_{p \in P} B(p)$ 是条件的有限集合，$B(p)$ 用于描述使规则 $R(p)$ 有效的条件（请注意：并非每条规则 $R(p)$ 都必须有条件 $B(p)$。若 $B(p)$ 缺省，则意味着无条件使用该规则）；且同时满足：

（1）对 G 中任意两个不同的文法符号 X 和 Y 而言，属性集合 A(X) 和 A(Y) 不相交，即

$$A(X) \cap A(Y) = \Phi, X \ne Y$$

（2）在 G 的任意一个语法树中，对文法符号 X 的每一次出现，可用于计算 X 的每个属性 $X_a (X_a \in A(X))$ 之值的规则至多有一条。

由定义 8.4 可知，属性文法实际上就是对前后文无关文法的一种拓广。另外，定义还表明，每个产生式中的任一文法符号的属性计算规则只能是唯一的，且任一文法符号的综合属性集与继承属性集不相交，即

$$AS(X) \cap AI(X) = \Phi$$

其中：

$$AS(X) = \{X \cdot a \mid p:X \to \alpha \in P, X \cdot a \in AF(p)\}$$
$$AI(X) = \{X \cdot a \mid q:Y \to \mu X \upsilon \in P, X \cdot a \in AF(q)\}$$

下面，以一个简单赋值语句的文法为例，来说明属性文法的应用。为便于理解，通常用一英语单词（或词组）而不再像前几章那样用字母表示文法符号。并且约定，用大写字母开头的符号为非终结符号，而用小写字母开头的符号为终结符号。

例 8.1 简单赋值语句文法的属性文法：

（1）Assignment→Name′: =′Expr{

Attribution：

　　　　Name. environment = Assignment. environment；

　　　　Expr. environment = Assignment. environment；

　　　　Name. posttype = Name. primtype；

　　　　Expr. posttype = (Name. primtype == inttype)？ inttype：realtype；

　}

（2）Expr→Name$^{(1)}$ Add Name$^{(2)}$ {

Attribution：

　　　　Name$^{(1)}$. environment = Expr. environment；

　　　　Name$^{(2)}$. environment = Expr. environment；

　　　　Expr. primtype = coerible(Name$^{(1)}$. primtpe，inttype)？ inttype：realtype；

　　　　Add. Type = Expr. primtype；

　　　　Name$^{(1)}$. posttype = Expr. primtype；

　　　　Name$^{(2)}$. posttype = Expr. primtype；

　　　　Condition：coercible(Expr. primtype，Expr. posttype)；

　}

（3）Add→ +

　{Attribution：

　　　　Add. operation = (Add. Type == inttype)？ intadd：realadd；

　}

（4）Name→identifier{

Attribution：

　　　　Name. primtype = definedtype(Identifier. symbol，Name. environment)；

　　　　Condition：coercible(Name. primtype，Name. posttype)；

　}

　　在上述属性文法中，属性 X. environment 用来表征 X 所处的环境。为保证表达式计算和赋值语句在类型上的一致性，特为 Expr 和 Name 引入了两个属性 primtype 和 posttype。

　　primtype 用于描述在语法树中本结点及其后裔结点的类型；posttype 则描述当其结果被其他结点用作操作数时，期望其具有的类型。若两种属性出现差异，则必须用类型转换强制将其一致化。布尔函数 coercible(a,b) 用于测试是否可以把类型 a 强制转换成类型 b。函数 definedtype( ) 的功能是，根据一个叶结点标识符的属性及其所处的环境来确定其父结点的 primetype 属性之值。

　　现在，再来看看例 8.1 中每个文法符号的属性类别。从两类属性的定义可知，第一个产生式中的所有属性均被定义为继承属性；在第二个产生式中，除 Expr. primtype 是综合属性外其余都是继承属性。同理，我们也可判别其他两个产生式中符号的属性类别。

　　在属性文法中，由于每个非终结符号的属性都由若干文法符号的属性通过相应的属性规则来定义，所以，就不能排除某文法符号的属性由其自身定义的可能性。为避免这种情况的发生，需对属性文法作一定的限制。

　　定义 8.5　对于 L(G) 中每个句子所对应的语法树 T，若其每个结点标记符号的所有属性之值均可有效地计算，则称相应属性文法 AG 是良定义的。此外，若所有条件 B(p) 均取 true

值,则称 L(G)中的这个句子是正确赋予属性的(或称 T 是可加注的)。

从定义 8.5 可以看出,在良定义属性文法的任何语法树中,不会出现属性依赖于自身的现象。但是,为了能够判定一属性文法是否是良定义的,需引入属性依赖的概念。

定义 8.6 对于每个产生式 $p:X_0 \rightarrow X_1 X_2 \cdots X_n \in P$,直接属性依赖关系由下式给出:

$$X_0.a = f(\cdots)$$

定义 8.7 设 T 是 L(G)中一个句子相应的加注语法树,并设在构造 T 时使用过产生式 $p:X_0 \rightarrow X_1 X_2 \cdots X_n$,对于 T 中由 $X_0, X_1, \cdots, X_n$ 所标记的每个结点,若有 $(X_i.a, X_j.b) \in DDP(p)$,则在树中引一条从 $X_i.a$ 到 $X_j.b$ 的有向边,由此而得到的树称为该句子的属性化语法树。所有这样的有向边构成的集合 DT(T),称为树 T 上的依赖关系。根据 DT(T)所构造的关系图称为依赖关系图(或简称为依赖图)。

有了属性化的语法树及其依赖关系图,我们就可根据图中是否有回路来确定一属性文法是否是良定义的。

定理 一个属性文法是良定义的,当且仅当对于它的每棵语法树 T,相应的依赖关系图是一个无回路有向图(Directed Acyclic Graph)。

8.2.2 属性翻译文法

由前面的讨论可知,属性文法可用于描述一语言的语义。但由于属性文法的抽象性和属性定义的任意性,当我们把它用于进行语义翻译时,就会发现仅有属性文法是不够的,还须在属性文法的基础上作进一步的工作。首先,应对文法的属性依赖关系作出限制,不允许出现属性的直接或间接的循环定义,即要求属性文法是良定义的。其次,还应将属性规则改造为计算属性值的语义程序,即将静态的规则改写为可动态执行的语义动作。经过这样的改造后,就可得到一种新的文法——属性翻译文法。在介绍属性翻译文法之前,我们先引入翻译文法的概念。

定义 8.8 在文法产生式右部适当的位置上插入语义动作而得到的新文法称为翻译文法或增广文法(Augmented Grammar)。在一翻译文法中,若每个产生式右部中的全部语义动作均出现在所有文法符号的右边,则称这样的翻译文法为波兰翻译文法。

为了区分文法符号与语义动作,在本书中用一对花括号"{"及"}"将插入的语义动作括起来(语义动作采用 C 语言格式书写)。而且,我们还把语义动作视为翻译文法中的一个"符号",称为动作符号。插入语义动作后,翻译文法产生式的一般形式为

$$A \rightarrow (\alpha | \{f(\cdots);\})^* \qquad \alpha \in V^*$$

其中,产生式的右部采用了与正规式类似的描述方式。

翻译文法的作用是,在进行语法分析时,无论是用产生式进行推导还是进行归约,只要遇到其中带有语义动作的花括号,就要求编译系统自动执行花括号内指定的语义动作,在执行完该动作之后才继续进行下一步的语法分析。例如,在表达式文法中插入语义动作:

(1) Expr→Term Expr′

(2) Expr′→ + Term{WriteCode(" + ");}Expr′

(3) $\qquad$ |ε

(4) Term→Factor Term′

(5) Term′→ * Factor $\quad$ {WriteCode(" * ");}Term′

（6）　　　　|ε

（7）Factor→operand　　{WriteCode(yytext);}

（8）　　　　|(Expr)

此时,若用递归下降法进行语法分析,则与非终结符号 Expr′相对应的递归程序可扩充为程序 8.1。

程序　相对应的递归下降语法分析程序

```
int Eprim( )
{
  if(CurrentToken == ′+′)
    if(Term( ))
    {
      WriteCode(" +");
      if(Eprim( ))
        return 1;
      else
        return 0;
    }
  if(CurrentToken == ′)′|| CurrenToken == ′#′)
    return 1;
  else
    return 0;
}
```

可见,翻译文法对具体实现语法制导翻译有重要的作用。

需要指出的是,翻译文法仅为我们提供了进行语义翻译的技术手段,而在产生式中哪些位置插入动作以及插入什么动作,是翻译文法本身所不能解决的问题,原因在于这些工作主要取决于编译器研制者对每个产生式的作用的深刻理解,需精心设计才能实现。不过,既然属性文法可以对语言的语义进行描述,我们自然会想到,如果能将翻译文法与属性文法结合起来,就有希望实现语法制导的语义分析和语义翻译。这就是我们下面要介绍的属性翻译文法。

定义 8.9　属性翻译文法(Attribute Translation Grammar, ATG)是具有以下性质的翻译文法:

①每个文法符号和语义动作符号 X 都有一个相关的有限属性集合 A(X),且每个属性都有一个允许值的集合(属性的值域,可以是无限集)。

②每个非终结符号和动作符号的属性可分为继承属性与综合属性两类。

③继承属性的定义规则为:

a. 开始符号的继承属性具有指定的初始值;

b. 对于给定的产生式 p:Y→X₁ X₂⋯Xₙ ∈P,Xᵢ 的继承属性值由 p 中其他符号的属性值进行计算:

$$X_i. a = f(\cdots)$$

④综合属性的定义规则为：

a. 对于给定的产生式 $p: Y \rightarrow X_1 X_2 \cdots X_n \in P, Y$ 的综合属性值由 p 中某些符号的属性计算：

$$Y.u = f(\cdots)$$

b. 对于给定的动作符号，其综合属性值由该动作符号的某些其他属性计算；

c. 终结符号的综合属性具有指定的初始值。

在上面的定义中，终结符号的综合属性所具有的初始值，由编译系统的词法分析程序提供。对于产生式左部符号的继承属性，将继承上一层产生式该符号已有继承属性之值。对产生式右部非终结符号的综合属性之值，则当该非终结符号出现在某个产生式 q 的左部时，通过 q 的右部符号的某些属性经计算求得。动作符号的属性取决于该动作函数的参数（自变元）来源：当自变元来自其他符号的属性时，是继承属性；反之，则是综合属性。

属性翻译文法将语法及语义描述与语义翻译统一起来，使"形式化"翻译成为可能。我们可以将属性的求值规则以计算其值的语义动作（表达式计算和赋值语句）的形式描述出来。也就是说，可以根据语义规则定义，将其转化为可执行的代码。这样就从理论上解决了如何在文法中定义或插入语义动作的问题。但应当指出，它还不能直接用到语法制导的翻译之中。这是因为，在常用的语法分析方法中，通常采用的是最左推导（自顶向下分析）或最左归约（自底向上分析），在遇到动作符号时，若求值规则所需的文法符号当前尚未被推导出来或进入分析栈，那么，使用该文法符号之属性值进行计算的工作将无法进行。这样，语法制导翻译就无从谈起。因此，还需要对属性翻译文法作进一步的限制。

定义 8.10　一属性翻译文法称为是 L 属性的，当且仅当对其中的每个产生式 $p: A \rightarrow X_1 X_2 \cdots X_n \in P$，下面的 3 个条件成立：

①右部符号 $X_i (1 \leq i \leq n)$ 的继承属性之值，仅依赖于 $X_1, X_2, \cdots, X_{i-1}$ 的任意属性或 A 的继承属性。

②左部符号 A 的综合属性之值仅依赖于 A 的继承属性或（和）右部符号 $X_i (1 \leq i \leq n)$ 的任意属性。

③对一动作符号而言，其综合属性之值是以该动作符号的继承属性或产生式右部符号的任意属性为变元的函数。

条件①使得每个符号的继承属性只依赖于所在产生式中该符号左边符号的语义信息。也就是说，L 属性文法中语义信息的传播方向是自左至右的。事实上，L 属性中的 L 就是左边的意思。该条件保证了在进行自顶向下分析时，任何时候都不会发生使用未出现的文法符号属性的事件。条件②和条件③保证了求值过程中不会出现循环依赖性。一般而言，对于给定的产生式 $A \rightarrow X_1 X_2 \cdots X_n$，各符号的属性求值顺序为：

A 的继承属性（$\in AI(A)$）；

X_1 的继承属性（$\in AI(X_1)$）；

X_1 的综合属性（$\in AS(X_1)$）（进入 X_1 的子树后，返回时求出）；

$\vdots$

X_n 的继承属性（$\in AI(X_n)$）；

X_n 的综合属性（$\in AS(X_n)$）（进入 X_n 的子树后，返回时求出）；

A 的综合属性($\in AS(A)$)返回到 A 的上层)。

可见,从遍历属性化语法树的角度看,继承属性的计算是先序遍历的,而综合属性的计算则是后序遍历的。对一个文法符号而言,总是先计算其继承属性,再计算其综合属性。

下面,我们通过简单表达式文法的无回溯自顶向下分析(递归下降法或 LL(1)分析方法)来说明 L 属性翻译文法的应用。

例 8.2　表达式属性翻译文法:

(1) Program→ε

(2)　　　 $|\{$ \$1 = \$2 = NewName( );$\}$ Expr$\{$ FreeName(\$0);$\}'$;$'$Program

(3) Expr→Term Expr$'$

(4) Expr$'$→$'$+$'\{$ \$1 = \$2 = NewName( );$\}$ Term

　　$\{$printf(" + ,%s,%s,%s\n", \$0, \$\$, \$0);FreeName(\$0);$\}$ Expr$'$

(5)　　　 $|\varepsilon$

(6) Term→Factor Term$'$

(7) Term$'$→$'$*$'\{$ \$1 = \$2 = NewName( );$\}$ Factor

　　$\{$printf(" * ,%s,%s,%s\n", \$0, \$\$, \$0);FreeName(\$0);$\}$ Term$'$

(8)　　　 $|\varepsilon$

(9) Factor→Number$\{$printf(" : = ,%s, - ,%s\n", yytext, \$\$);$\}$

(10)　　　 $|\varepsilon$

上例中的语义动作采用了语法分析程序自动生成工具 LLama 的书写格式。其中,NewName( )与 FreeName( )是为进行语义翻译而设计的两个辅助函数,NewName( )的功能是从临时变量区中取出一个临时变量用于存放中间结果,而 FreeName( )则是将使用过的临时变量予以释放。产生式左部符号的属性用 \$\$ 表示,右部符号(包括动作)的属性用 \$1,\$2,…,\$n表示,其中,数字 i 是使用此动作时右边符号离此动作的偏移量。例如,第 2 个产生式中的\$1,\$2 分别表示 Expr 和第 2 个动作;第 7 个产生式中的 \$0 表示所在的动作等。第 9 个产生式中的 yytext 表示终结符号 Number 的词文。例 8.2 中的属性翻译文法描述了在语法分析过程中,将简单算术表达式翻译为四元式组的机制。

在例 8.2 中并未使用文法符号的综合属性(即所有属性均是继承的),虽然也用到了\$\$,但它表示的,实际上是该符号在其他产生式中所定义的继承属性。在实际应用中,自顶向下分析一般只使用继承属性,因为当我们用某产生式进行推导时,左部符号将被右部取代,而分析过程又是无回溯的,推导瞬间所得左部符号的综合属性之值,将随着推导的进行而消亡。因此,在自顶向下的分析中,属性的传播方向一般是向下和向右的,这就是为什么很少使用综合属性的原因(当然也可能存在使用综合属性的情况,例如,在递归下降法中,当从每个非终结符号所对应的布尔函数返回时,亦可携带综合属性信息)。与自顶向下分析不同,在自底向上的语法分析中,由于分析的方向是向上的,语义信息肯定要向上传,直到最后归约为开始符号。此时,虽然 L 属性文法仍可保证语义分析和翻译正确地进行,但由语法分析特点可知,对于作为产生式左部的所有非终结符号,由于它出现的时机晚于其右部的所有符号,因此,它的属性完全可由其右部符号的属性确定,也就是说,其属性可以都是综合的。对于非终结符号只具有综合属性的属性文法,称为 S 属性文法。

定义 8.11　满足下面 3 个条件的属性文法称为 S 属性文法:

①所有非终结符号只具有综合属性。

②在一个产生式中，每一个符号的各个综合属性的定义互不依赖。

③在一个产生式中，若某个文法符号 X 具有继承属性，则此继承属性之值仅依赖于该产生式右部且位于 X 左边的符号之属性。

显然，S 属性文法也满足 L 属性文法的条件，这就是说，S 属性文法一定是 L 属性文法，而且还要求每个非终结符号只具有综合属性。

例 8.3 简单算术表达式的 S 属性文法：

$$
\begin{aligned}
&\text{Program} \rightarrow \text{Expr} && \{\text{printf(" \% d}\backslash\text{n", \$1)};\} \\
&\text{Expr} \rightarrow \text{Expr}' + '\text{Expr} && \{\$\$ = \$1 + \$3;\} \\
&\quad | \text{Expr}' * '\text{Expr} && \{\$\$ = \$1 * \$3;\} \\
&\quad | '('\text{Expr}')' && \{\$\$ = \$2;\} \\
&\quad | \text{Number} && \{\$\$ = \text{ToIntValue(yytext)};\}
\end{aligned}
$$

在上面的文法中，Expr 具有一个综合属性"数值"。Program 的属性集 AS(Program) 为空。显然，上述文法是 S 属性文法，它的信息传播是向上的。例 8.3 中，语义子程序采用了语法分析程序自动生成工具 YACC 的书写格式，其中，子程序所引用的 \$ \$ 表示该产生式左部符号的综合属性，\$1，\$2，…，\$n 分别代表产生式右部第 1，2，…，n 符号的属性。

在定义 8.8 所引入的波兰翻译文法，是将语义动作放在每个产生式的最右边，对应的属性翻译文法一定是 S 属性文法。例 8.3 文法中的语义动作均在各产生式最右侧，因此，该文法是 S 属性波兰翻译文法。在本章的后几节，我们将以 S 属性波兰翻译文法和自底向上的语法分析为基础，研究常见程序设计语言各类语法结构的语义翻译方法及语义子程序的设计技术。

8.3 中间语言

在着手讨论各种语法结构的语法制导翻译之前，首先应介绍一目前经常使用的几种中间语言的形式。原因在于，语义子程序的设计，不仅依赖于相应语法结构中各个量的语义，而且还取决于要产生什么形式的中间代码。

8.3.1 逆波兰表示

在通常的表达式中，二元运算符总是置于与之相关的两个运算对象之间，因此这种表示法也称为中缀表示。对中缀表达式的计值，并非按运算符出现的自然顺序来执行其中的各个运算，而是根据算符间的优先关系来确定运算的次序，此外，还应顾及括号规则。因此，要从中缀表达式直接产生目标代码一般比较麻烦。

波兰逻辑学家 J. Lukasiewicz 于 1929 年提出了另一种表示表达式的方法。按此方法，每一运算符都置于其运算对象之后，故称为后缀表示。这种表示法的一个特点是，表达式中各个运算是按运算符出现的顺序进行的，故无须使用括号来指示运算顺序，因而又称为无括号式。下面我们对照地给出一些表达式的两种表示：

中缀表示　　　　　　后缀表示

$$A + B \qquad\qquad AB +$$
$$A + B * C \qquad\qquad ABC * +$$
$$(A + B) * (C + D) \qquad\qquad AB + CD + *$$
$$x/yˆz - d * e \qquad\qquad xyzˆ/de * -$$
$$(a = 0 \wedge b > 3) \vee (e \wedge x < > y) \quad a0 = b3 > \wedge exy < > \wedge \vee$$

从上面的例子可以看出：

①在两种表示中，运算对象出现的顺序相同。

②在后缀表示中，运算符按实际计算顺序从左到右排列，且每一运算符总是跟在其运算对象之后。

顺便提及，Lukasiewicz 原来提出的是前缀表示，即把每一运算符置于其运算对象之前。例如，中缀式 $a + b$ 和 $(a + b)/c$ 相应的前缀表示分别为 $+ ab$ 和 $/ + abc$。因此，为了区分前缀和后缀表示，通常将后缀表示称为逆波兰表示。因前缀表示并不常用，所以有时也将后缀表示就称为波兰表示。

由于后缀表示中的各个运算是按顺序执行的，因此，它的计值很容易实现。为此，仅需从左到右依次扫视表达式中的各个符号，每遇一运算对象，就把它压入栈顶暂存起来；每遇一个二元（或一元）运算符时，就取出栈顶的两个（或一个）运算对象进行相应的运算，并用运算结果去替换栈顶的这两（或一）个运算对象，然后再继续扫视余留的符号，如此等等，直到扫视完整个表达式为止。当上述过程结束时，整个表达式的值将留于栈顶。

逆波兰表示不仅能用于表示表达式，还可用于表示其他的语法结构。不过，此时的运算符不再限于算术运算符、关系运算符和逻辑运算符，而且，每个运算符的操作对象也可以不止两个。例如，赋值语句 $x : = a + b * c$ 可按后缀式写为 $x\ abc * + : =$。又如，为了用后缀式表示一些控制语句，通常假定将后缀式的各符号存放在一个一维数组 POST[n] 中，此外，还需引入一些转移操作符。例如：

pBR——无条件把控制转至 POST[p]（即从 POST[p]开始继续执行，下同）；

$e'p$BZ——e'是某表达式 e 的后缀表示，当 e'之值为零时，转向 POST[p]；

$e_1' e_2' p$BL——e_1'和 e_2'分别是表达式 e_1 和 e_2 的后缀表示，当 $e_1' < e_2'$时，转向 POST[p]；

类似地，还可以定义 BN（非零转）、BP（正号转）、BM（负号转），等等。于是，条件语句 IF e THEN S_1 ELSE S_2 可写成 $e' p_1$ BZ $S_1' p_2$ BR S_2'。

其中，e'，S_1'和 S_2'分别是 e，S_1，S_2 的后缀表示。另外，p_1 表示 S_1'在数组 POST 中的起始位置；p_2 表示位于 S_2'之后那个符号的位置。

下面，我们以算术表达式文法为例，说明如何按语法制导翻译方法将简单算术表达式翻译成为后缀式。为了突出翻译的重点，这里不过多地涉及某些语义处理细节（如查填符号表等）。另外，一般采用自底向上的分析方法，并用 S 属性波兰翻译文法描述翻译过程。每个非终结符都有一个属性，指向以它为根的子树在翻译后所得代码段的首符号位置。全局变量 p 用于指明当前翻译的输出点下标。按照 C 语言习惯，其初值为 0（即数组 POST[n] 的下标从 0 到 $n - 1$）。

1. Expr→Expr′ + ′Term　{ $ $ = $1;POST[p] = ′ + ′;p + + ;}

2. | Term　{ $ $ = $1;}

3. Term→Term′ * ′Factor　{ $ $ = $1;POST[p] = ′ * ′;p + + ;}

4. | Factor   { $ $ = $1;}

5. Factor→′(′Expr′)′   { $ $ = $2;}

6. | iden   { $ $ = p;POST[p] = $1;p ++ ;}

在第(6)式中,iden 所具有的属性为该变量在符号表中的序号;左部符号 Factor 的首地址显然应为 iden 在目标代码中的输出点,即当前的 p 值。第(1)式和第(3)式含义类似,我们只以第(3)式为例介绍其原理。首先,产生式左部 Term 的首地址显然应与右部第一符号对应的首地址相同($ $ = $1)。其次,按第(3)式归约时,或者说,翻译文法执行该语义动作时,右部符号 Term 和 Factor 对应的输出(即各自所代表的代码段)已经建立,并已存储在 POST 中,它们恰好就是运算符" ∗ "的两个运算对象,所以,现在将" ∗ "输出到 POST 中是合适的。最后,既然 POST[p]已被赋值(即翻译所得的部分代码已输出),当然应将下标计数加 1。其他产生式属性传递的含义是显然的,这里不必赘述。

表 8.1 是利用上述属性翻译文法对表达式 A + B ∗ C 进行分析翻译的过程。

表 8.1　属性翻译文法对表达式 A + B ∗ C 进行分析翻译的过程

步骤	分析栈 S	R	余留输入串	分析动作及规约所用产生式和子程序	后缀表示
0	#	A	+ B ∗ C#	移进	
1	#A	+	B ∗ C#	归约 F→i,SUB6	A
2	#F	+	B ∗ C#	归约 F→F,SUB4	A
3	#T	+	B ∗ C#	归约 T→E,SUB2	A
4	#E	+	B ∗ C#	移进	A
5	#E +	B	∗ C#	移进	A
6	#E + B	∗	C#	归约 F→i,SUB6	AB
7	#E + F	∗	C#	归约 F→F,SUB4	AB
8	#E + T	∗	C#	移进	AB
9	#E + T ∗	C	#	移进	AB
10	#E + T ∗ C	#		归约 F→i,SUB6	ABC
11	#E + T ∗ F	#		归约 T→T ∗ F,SUB3	ABC ∗
12	#E + T	#		归约 T→T ∗ F,SUB1	ABC ∗ +
13	#E	#			ABC ∗ +

注:表中语义子程序 SUBi 表示相应于第 i 个产生式的语义动作。

8.3.2　四元式和三元式

四元式是一种更接近目标代码的中间代码形式。由于这种形式的中间代码便于优化处理,因此,在目前许多编译程序中得到了广泛的应用。

四元式实际上是一种"三地址语句"的等价表示。它的一般形式为

$$(op,arg1,arg2,result)$$

其中,op 为一个二元(也可是一元或零元)运算符;arg1,arg2 分别为它的两个运算(或操

作)对象,它们可以是变量、常数或系统定义的临时变量名;运算的结果将放入 result 中。四元式还可写为类似于 PASCAL 语言赋值语句的形式:

$$result: = arg1 \ op \ arg2$$

需要指出的是,每个四元式只能有一个运算符,所以一个复杂的表达式须由多个四元式构成的序列来表示。例如,表达式 $A + B * C$ 可写为序列

$$T_1: = B * C$$
$$T_2: = A + T_1$$

其中,T_1,T_2 是编译系统所产生的临时变量名。当 op 为一元、零元运算符(如无条件转移)时,arg_2 甚至 arg_1 应缺省,即 $result: = op \ arg_1$ 或 $op \ result$;对应的一般形式为

$$(op , arg_1 , \_ , result)$$

或

$$(op , \_ , \_ , result)$$

在实际产生的四元式中,op 往往用一整型数表示(操作符的代码),它可能附带有不止一种属性。例如,加运算可以分为定点加法和浮点加法两种,我们可用不同的整数值区分这两种加法。至于四元式中运算对象 arg_1、arg_2 和结果域 result,它们可以是指向符号表中某项的指示字,也可以是某个临时变量的序号,因此,在实际的翻译过程中,还需进行相应的查填符号表工作。在本章中,由于我们只作原理性讨论,所以假定临时变量来自一个用之不竭的集合,而不去追求其经济性。至于代码的优化问题,将在第 8 章中专门讨论。

为了节省临时变量的开销,有时也可采用一种三元式结构来作为中间代码,其一般形式为

$$i(op , arg_1 , arg_2)$$

其中,i 为三元式的编号,也代表了该三元式的运算结果;op,arg_1,arg_2 的含义与四元式类似,区别仅在于 arg 可以是某三元式的序号,表示用该三元式的运算结果作为运算对象。例如,对于赋值语句

$$a: = - b * (c + d)$$

若用三元式表示,则可写成

① (Uminus , b , -)
② (+ , c , d)
③ (* , ① , ②)
④ (: = , a , ③)

式①中的运算符 Uminus 表示一元减运算。

下面,仍以算术表达式到三元式的翻译为例,说明如何为各产生式设计语义动作。为此,先定义翻译过程中要使用的若干辅助函数:

int LookUp(char * Name)——以 Name(变量名)查符号表,若查到则返回相应登记项的序号(≥1),否则,返回 0。

int Enter(char * Name)——以 Name 为名字在符号表中登录新的一项,返回值为该项的序号。

int Entry(char * Name)——以 Name 为名字查、填符号表,即

　　int Entry(char * Name)

```
        {
            int i = LookUp(Name);
            if(i)
                return i;
            else
                return Enter(Name);
        }
```

注意:在实际的编译系统中,还应区分当前是否在处理说明部分,若是则查表时 i 应为 0 (否则 Name 被重复定义);若非,则 i 不能为 0(否则 Name 尚未被定义)。

int Trip(int op,int arg_1,int arg_2)——根据给定的参数产生一个三元式

$$(op,arg_1,arg_2)$$

并将它送入三元式表中,其返回值为该三元式在表中序号。为区分参数 arg 所表示的是三元式编号还是变量,约定当 arg < 0 时表示三元序号;arg > 0 表示变量在符号表中登记项的序号;arg = 0 表示参数为空。

利用这些函数,我们可构造将表达式翻译成三元式的 S 属性翻译文法如下:

(1) Expr'→Expr   { $ $ = $1;}
(2) Expr→Expr' + 'Term   { $ $ = Trip('+',$1,$3);}
(3) | Term   { $ $ = $1;}
(4) | ' – 'Term   { $ $ = Trip(Uminus,$2,0);}
(5) Term→Term' * 'Factor   { $ $ = Trip('*',$1,$3);}
(6) | Factor   { $ $ = $1;}
(7) Factor→'('Expr')'   { $ $ = $2;}
(8) | iden   { $ $ = Entry($1);}

在产生式(8)中,终结符号 iden 的属性是它的词文 yytext(其值由 Lex 所生成的扫描器提供),用 $1 表示。每个非终结符号都有一个属性,代表以该符号为根的语法树的一个子树的运算结果,该属性的取值可以是整型数,或为一个三元式的序号,或为符号表项的序号。

比较三元式和四元式这两种表示方法可以看出,无论在一个三元式序列还是四元式序列中,各个三元式或四元式都是按相应表达式的实际运算顺序出现的。其次,对同一表达式而言,所需的三元式或四元式的个数一般是相同的。不过,由于三元式没有 Result 字段,且不需要临时变量,故三元式比四元式占用的存储空间少。另一方面,当进行代码优化处理时,常常需要从现有的运算序列中删去某些运算,或者需要挪动一些运算的位置,这对于三元式序列来说,是很困难的。因为,三元式间的相互引用一般非常频繁,而这些引用又是通过其中的指示字来实现的,所以,一些三元式的删除或挪动,有时会造成需要大量修改指示字内容的局面。但对于四元式序列来说,由于四元式之间的相互联系是通过临时变量来实现的,所以,更改其中一些四元式给整个序列带来的影响比三元式的情况小得多。

为了克服三元式表示不便于优化的缺点,可在中间代码生成过程中,建立两个与三元式有关的表格。一个称为三元式表,用于存放各三元式本身;另一个称为执行表,它按照各三元式的执行顺序,依次列出相应各三元式在三元式表中的编号。也就是说,现在我们用一个三元式表连同执行表来表示中间代码,通常将此种表示方式称为间接三元式。例如,对于如下

赋值语句

  $x:=(a+b)*c;$

  $b:=a+b;$

  $y:=c*(a+b)$

若按三元式表示,可写成

①$(+,a,b)$	⑤$(+,a,b)$
②$(*,①,c)$	⑥$(*,c,⑤)$
③$(:=,x,②)$	⑦$(:=,y,⑥)$
④$(:=,b,①)$	

其中,三元式①和⑤形式完全一致,但却不能将⑤省去;对于②,⑥来说,也应当说是一致的(因为乘法满足交换律),同样不能将⑥省去。然而若按间接三元式表示,则可写成执行表
三元式表

  ①$(+,a,b)$

  ②$(*,①,c)$

  ③$(:=,x,②)$

  ④$(:=,b,①)$

  ⑤$(:=,y,②)$

由此可见,这两种表示法的区别之一就是,对于间接三元式表示而言,由于在执行表中已经依次列出每次要执行的那个三元式,若其中有相同的三元式,则仅需在三元式表中保存其中之一。这就意味着,三元式表的项数一般比执行表的项数少。

另外,当进行代码优化需要挪动运算顺序时,则只需对执行表进行相应的调整,而不必再改动三元式表本身。这样,就避免了前述因改变三元式的顺序所引起的麻烦。

除前面所述的逆波兰式、四元式、三元式外,常见的中间语言还有树形表示,以及接近PASCAL 形式的 P 代码,接近 C 格式的 C 代码等。在树形表示中,每一个叶结点都表示一个运算对象,而每个内部结点都表示一个一元或二元广义运算符。

对于每个内部结点而言最多只有两个分支,因此,可将每个表达式或赋值语句表示为一棵二叉树。对于一些更为复杂的语法成分,因为其中可能含有多元运算,所以相应的树表示为一多叉树结构。然而,必要时总可以把它改造为二叉树结构。

限于篇幅,关于 P 代码和 C 代码本书就不一一介绍了。值得一提的是,在近年来十分流行的网上语言 JAVA 的编译系统中,采用了一种平台独立的字节码(Byte Code),也可将其视为是一种中间语言,但由于它与语法制导翻译所用的中间语言在使用目的和使用手段上有所不同,本书也不作进一步的介绍。

至此,我们已简要介绍了几种中间语言形式,并且举例说明了按语法制导翻译模式产生这些中间代码的算法和过程。不过,为了突出这种翻译模式的基本思想,我们仅以极简单的表达式文法为例进行了解释,而没有涉及更多的语法结构。在以下的各节中,将分别对一些常见语法结构的语法制导翻译进行讨论。为方便起见,假定翻译过程所采用的是自底向上的语法分析,即使用 S 属性(波兰)翻译文法。并且假定翻译所产生的中间代码都是四元式。

8.4　常见语句的语法制导翻译

8.4.1　简单算术表达式和赋值语句的翻译

现在,我们首先讨论仅含简单变量的赋值语句的翻译。为简便起见,暂且假定赋值语句中全部变量为同一类型。此外,在翻译过程中也暂不考虑作语义检查。

为构造各个语义子程序,我们先定义若干个辅助函数和语义变量。

int NewTemp(void)——产生临时变量的函数,每次调用都定义一个新的临时变量,返回值为该变量的编号。为直观起见,把所产生的临时变量记为 $T_1,T_2,\cdots$。

X. PLACE——文法符号 X 的一个属性,其值为整型,用于描述变量在符号表中登记项的序号(>0 时)或临时变量的编号(<0 时)。

int GEN(int Op, int Arg$_1$, int Arg$_2$, int Result)——根据所给实参产生一个四元式:(Op, Arg$_1$, Arg$_2$, Result),且送入四元式表中,返回值为该四元式的序号。Arg$_1$ 或 Arg$_2$ 为零时表示该参数缺省。注意:虽然运算符是以整数码形式出现的,为便于阅读,在以后的描述中仍写出运算符本身。

下面是描述简单赋值语句的 S 属性翻译文法:

(1) Statement→AssignSt　　　　　　　　{ }

(2) AssignSt→Variable: = Expr　　　　{GEN(: = , $3. PLACE,0, $1. PLACE);}

(3) Expr→Expr′ + ′Expr　　　　　　　{ $ $. PLACE = NewTemp( );

　　　　　　　　　　　　　　　　　GEN(+ , $1. PLACE, $3. PLACE, $ $. PLACE);}

(4)　　　│ Expr′ * ′Expr　　　　　　{ $ $. PLACE = NewTemp( );

　　　　　　　　　　　　　　　　　GEN(* , $1. PLACE, $3. PLACE, $ $. PLACE);}

(5)　　　│′('Expr′)′　　　　　　　{ $ $. PLACE = $2. PLACE;}

(6)　　　│ identifier　　　　　　　{ $ $. PLACE = Entry($1);}

(7) Variable→identifier　　　　　　{ $ $. PLACE = Entry($1);}

上面的语义动作中,Entry( )的含义见 8.3.2。终结符号 identifier 具有的属性为该变量的词文(标识符),由词法分析程序的 yytext 给出。 $ $, $1, $2,…的含义同 8.2 节。由于每个非终结符号的属性可能不止一个,故在 C 语言中往往用一个结构来存放它的全部属性。比如,Expr 和 Variable 的属性至少有两个,故可定义

　　struct AttrOfExprVar

　　{

　　　　int PLACE;//用于表示符号表中的序号或临时变量的编号

　　　　char Type;//表示该表达式的类型

　　}

不难看出,上面所给文法是二义性的,且不能刻画各运算符间的优先关系和结合规则。不过,尽管如此,如果我们能按某种规定,赋予各运算符优先顺序和结合规则,那么仍能对它所产生的句子进行有效的语法分析和翻译。从上述属性文法的语义动作可以看出,Expr 代表

了一个变量(产生式6)或一个子表达式(产生式5)的运算(四元式)序列,该序列的运算结果存放于一个临时变量中,这个变量的编号将作为 Expr 的 PLACE 属性被传递给了 Expr。

在上面的讨论中,我们未考虑表达式运算中的类型冲突问题。同时,在各四元式的 op 代码中,本身就含有类型信息。然而,许多语言允许混合运算,不过在运算前应先进行类型转换,使运算对象具有相同的类型。因此,我们还应定义类型转换算符,以便产生对运算对象进行转换的四元式。例如,若我们仅考虑整型到实型的转换,则可定义运算符 itr,相应的四元式 $(itr, A, 0, T)$ 的作用是把整型变量 A 转换为等值的实型量 T。另外,为阅读上的直观性,在书写语义子程序时,我们用 $+r$、$*r$ 等表示实型运算符,用 $+i$、$*i$ 等表示整型运算符。对于产生式 Expr→Expr' + 'Expr 相应的语义动作可写成:

```
{
  int T = NewTemp( );
  if( $1. Type == 'i' && $3. Type == 'i')
  {
    GEN( +ᵢ, $1. PLACE, $3. PLACE,T);
    $ $. Type = 'i';
  }
  else if( $1. Type == 'r' && $3. Type == 'r')
  {
    GEN( +ᵣ, $1. PLACE, $3. PLACE,T);
    $ $. Type = 'r';
  }
  else if( $1. Type == 'i' )/ *  $3. Type == 'r' */
  {
    int U = NewTemp( );
    GEN(itr, $1. PLACE,0,U);
    GEN( +ᵣ,U, $3. PLACE,T);
    $ $. Type = 'r';
  }
  else/ * ( $1. Type == 'r' && $3. Type == 'i') */
  {
    int U = NewTemp( );
    GEN(itr, $3. PLACE,0,U);
    GEN( +ᵣ, $1. PLACE,U,T);
    $ $. Type = 'r';
  }
  $ $. PLACE = T;
}
```

对于其余的产生式,也可类似地构造相应的语义子程序。对于结构更复杂的表达式,则其属性可能不仅仅只有 PLACE 和 Type 两种。需要指出的是,无论结构多么复杂,这些属性都需要存放在翻译栈中,可见语义动作通常都很复杂。因此,在实现语法制导翻译时,应根据每个文法符号的语义属性特征,精心设计语义子程序。

8.4.2 布尔表达式的翻译

布尔表达式是布尔运算量和逻辑运算符按一定语法规则组成的式子。逻辑运算符通常有 ∧、∨、¬ 这 3 种(在某些语言中,还有 ≡(等价)及 →(蕴含)等);而逻辑运算量则可以是逻辑值(True 或 False)、布尔变量、关系表达式以及由括号括起来的布尔表达式。不论是布尔变量还是布尔表达式,都只能取逻辑值 True 或 False。在计算机内通常用 1(或非零整数)表示真值(True),用 0 表示假值(False)。关系表达式是形如 E_1 rop E_2 的式子,其中,E_1 和 E_2 为简单算术表达式,Rop 为关系运算符(<，>，=，< =，> =，< >)。若 E_1 和 E_2 之值使该关系式成立,则此关系表达式之值为 True,否则为 False。

布尔表达式的语义在于指明计算一个逻辑值的规则。在程序设计语言中有两个基本的作用:一是在某些控制语句中作为实现控制转移的条件;二是用于计算逻辑值本身。布尔表达式的计值原理与算术表达式的计值原理非常相似,也是从左至右,并按运算符间的优先关系和结合规则来进行。在常见的程序设计语言中,各类运算符的优先顺序(由高至低)如下:

①括号。
②算术运算符 *、√、+、−。
③关系运算符 <、< =、=、>、> =、< >。
④逻辑运算符 ¬、∧、∨。

其中,嵌套的括号按从里至外的顺序;算术运算符及逻辑运算符中的 ∧、∨ 按左结合规则;所有的关系运算符均无结合性等。

为了方便理解,下面仅讨论由文法

$$E \rightarrow E \wedge E | E \vee E | \neg E | (E) | i | i \text{ rop } I \qquad (8.1)$$

所描述的布尔表达式的翻译。对于布尔表达式的计值和翻译,当然可采用与算术表达式类似的方式来进行。例如,对于布尔表达式 $A \vee B \wedge C$,可翻译为如下的四元式:

$$(\wedge ,B,C,T1)$$
$$(\vee ,A,T1,T2)$$

但是,对于一个布尔表达式而言,其最终目的仅仅是为了判定它的真假值。因此,有时不需将一个布尔表达式从头算到尾,而只需计算它的一个子表达式便能确定整个布尔表达式的真假值。例如,对于 $A \vee B$,只要知道 A 为真,则无论 B 取何值,表达式的结果一定为真。又如对于 $A \wedge B$,只要知道 A 为假,则无论 B 取何值,其结果必为假,等等。可见,对于 3 种逻辑运算,可作如下等价的解释:

$$A \wedge B \text{——} (A)? \ B:0 \qquad (8.2)$$
$$A \vee B \text{——} (A)? \ 1:B \qquad (8.3)$$
$$\neg A \text{——} (A)? \ 0:1 \qquad (8.4)$$

上面的解释中,采用了 C 语言条件表达式的格式,并且用 1(或非零值)表示真值,用 0 表示假值。利用对 3 种逻辑运算的解释,可将任何布尔表达式表述为等价的条件表达式结构。例如,对于布尔表达式 $A \vee (B \wedge (\neg C \vee D))$,其等价的表述是

$$A?\ 1:(B?\ ((C?\ 0:1)?\ 1:D):0)$$

显然,采用此种结构可产生更为有效的中间代码。不过,这里需假定原布尔表达式的计算过程中不含有任何的副作用。对上式的计算,根据 A,B,C,D 的不同取值,将有不同的计算结果及运算的中止点。例如,当 A=1(真)时,结果为 1 且中止于左边第一个"1"处。这种中止点称为该布尔表达式的出口,同时,把使布尔表达式取值为真的出口称为真出口,反之称为假出口。对一个布尔表达式而言,它至少有一个真出口和一个假出口(当然,也可以有多个)。对用于控制流程的布尔表达式 E 的计算,这些出口分别指出当 E 值为真和假时,控制所应转向的目标(即某一四元式的序号)。

下面,我们来研究包含在控制语句

$$\text{if E then } S_1 \text{ else } S_2 \tag{8.5}$$

或
$$\text{while E do S} \tag{8.6}$$

中的布尔表达式 E 的翻译。在这类语句中,布尔表达式仅用于对程序流程进行控制。根据这两种语句的语义,可分别按如图 8.3(a)和(b)所示的结构进行翻译。由图 8.5(a)可知,E 的真、假出口分别为语句 S_1 和 S_2 的入口四元式的序号。

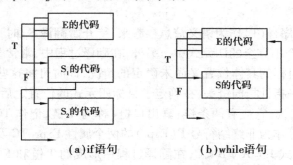

(a)if 语句　　　　　(b)while 语句

图 8.3　if 语句和 while 语句的代码结构

稍后我们会看到,对一个布尔表达式 E 的真、假值的确定,是在语法翻译过程中,根据式(8.2)～式(8.4)等价解释逐步进行的。例如,对于布尔表达式

$$E = E^{(1)} \vee E^{(2)}$$

若 $E^{(1)}$ 为真,则 E 必为真,故 $E^{(1)}$ 的真出口必是 E 的一个真出口。若 $E^{(1)}$ 为假,则 E 的真假值取决于 $E^{(2)}$ 的真假值,此时,需对 $E^{(2)}$ 进行计算。由此可知,$E^{(1)}$ 的假出口应为 $E^{(2)}$ 对应的四元式的序号,同时,$E^{(2)}$ 的真、假出口也是 E 的真、假出口。类似地,可确定 $E^{(1)} \wedge E^{(2)}$、$\neg E$ 及更复杂表达式的真、假出口。

此外,由于语句(8.5)和语句(8.6)中的布尔式 E 都是作为控制条件使用的,因此,在设计布尔式翻译算法(即编写语义动作)时,可定义和使用如下三类四元式:

$(\text{jnz}, A_1, , p)$——当 A_1 为真(非零)时,转向第 p 四元式;

$(\text{jrop}, A_1, A_2, p)$——当关系 A_1 rop A_2 成立时,转向第 p 四元式;

$(j, , , p)$——无条件转向第 p 四元式。

例如,对于条件语句

$\text{if } A \vee B < C \text{ then } S_1 \text{ else } S_2$

经翻译后,可得如下的四元式序列:

$(1)(\text{jnz}, A, , 5)$

(2)(j,,,3)

(3)(j<,B,C,5)

(4)(j,,,p+1)

(5)与 S_1 相应的四元式序列

p (j,,,q)

p+1 与 S_2 相应的四元式序列

q …

其中,子表达式 A 的真出口为(5)(也是整个表达式的真出口),假出口为(3)(即表达式 B<C 的第 1 个四元式);B<C 的真、假出口也分别是整个表达式的真、假出口。

应当指出的是,在自底向上的语法制导翻译中(或者说,在 S 属性翻译文法中)常常会出现这样的情况,即在产生一个条件或无条件转移四元式时,它所要转向的那个四元式尚未产生,故无法立即产生一个完全的控制转移四元式。例如,对于上例,在产生第一个四元式时,由于语句 S_1 的中间代码尚未产生,即 A 的真出口确切位置并不知道,故此时只能产生一个空缺转移目标的四元式:

$$(jnz,A,,0)$$

且将此四元式的序号(1)作为语义信息存起来,待开始翻译 S_1 时,再将 S_1 的第 1 个四元式的序号(5)填入这个不完全的四元式中。另外,在翻译过程中,常常会出现若干转移四元式转向同一目标,但此目标的具体位置又尚未确定的情况,此时可将这些四元式用拉链的办法将它们链接起来,用一指针指向链头,在确定了目标四元式的位置之后,再回填这个链。对于一个布尔表达式 E 来说,它应有两条链:真出口链(称为 T 链,记作 TC)和假出口链(称为 F 链,记作 FC)。它们可作为非终结符号 E(Expr)的两个属性 Expr.TC 及 Expr.FC。例如,对于上述 if 语句中的布尔式 E=A∨B<C,在翻译过程中形成的 T 链和 F 链如下所示。其中,每条链都是利用四元式中的 Result 域连接的,它给出本链的后继四元式的序号,为零时表示本四元式是链尾结点。

1 (jnz,A,,0)

2 (j,,,3)

E.TC→3(j<,B,C,1)

E.FC→4(j,,,0)

为便于实现布尔表达式的语法制导翻译,首先应改写文法,以便能在翻译过程中的适当时机获得所需的语义属性值。例如,可将文法(8.1)改写为

Expr→Expr∧Expr|Expr∨Expr|¬Expr|

iden|iden Rop iden|'('Expr')'

Expr∧→Expr'∧'

Expr∨→Expr'∨' $\qquad\qquad$ (8.7)

文法(8.7)将文法(8.1)进行了"拆分",目的是为了在翻译完运算符∧(∨)左侧的表达式后,能够及时获取其语义属性 TC 及 FC,并完成用下一个四元式序号(即运算符右侧表达式的第 1 个四元式之序号)回填左侧表达式的相应真链 TC(假链 FC),而将其另一链 FC(TC)作为产生式左部符号 Expr∧(Expr∨)的综合属性 FC(TC)而传播之。

为描述语义动作,我们引入如下的语义变量和辅助语义函数:

NXQ——全局变量,用于指示所要产生的下一个四元式的序号;

GEN( )——其意义同前,且每调用一次,均执行 NXQ ++ ;

int Merge(int p_1 , int p_2)——将链首"指针"分别为 p_1 和 p_2 的两条链合并为一条,并返回新链的链首"指针"(此处的"指针"实际上是四元式的序号,应为整型值),即

```
int Merge( int p₁ , int p₂ )
{
    int p;
    if( ! p₂ )        / * p₂ =0 即第二条链为空 */
        return p₁ ;
    else
    {/ * to find the last quad ruple of chain p₂ */
    p = p₂ ;
    while( QuadrupleList[ p ]. Result )
        p = QuadrupleList[ p ]. Result;
    QuadrupleList[ p ]. Result = p₁ ;//to append p₁ to p₂
    return p₂ ;
    }
}
```

其中,假定四元式是以一结构形式表示(存储)的:

```
struct Quadruple
{
    int Op, arg₁ , arg₂ , Result;
} QuadrupleList[ ];
```

void BackPatch(int p, int t)——用四元式序号 t 回填以 p 为首的链,将链中每个四元式的 Result 域改写为 t 的值,即

```
void BackPatch( int p, int t)
{
    int q = p;
    while( q )
    {
        int q₁ = QuadrupleList[ q ]. Result;
        QuadrupleList[ q ]. Result = t;
        q = q₁ ;
    }
    return;
}
```

于是,文法(8.7)相应的属性翻译文法为

(1)Expr→iden   {

$ $. TC = NXQ;

$$\$\$. FC = NXQ + 1;$$
$$GEN(jnz, Entry(\$1), 0, 0);$$
$$GEN(j, 0, 0, 0);$$

}

(2) | iden rop iden   {

$$\$\$. TC = NXQ;$$
$$\$\$. FC = NXQ + 1;$$
$$GEN(jrop, Entry(\$1), Entry(\$3), 0);$$
$$/* \ rop(\$2) \ can \ be < , > , = , \leqslant , \geqslant , \neq */$$
$$GEN(j, 0, 0, 0);$$

}

(3) | '(' Expr ')'   {

$$\$\$. TC = \$2. TC;$$
$$\$\$. FC = \$2. FC;$$

}

(4) | '￢' Expr   {

$$\$\$. TC = \$2. FC;$$
$$\$\$. FC = \$2. TC;$$

}

(5) | Expr ∧ Expr   {

$$\$\$. TC = \$2. TC;$$
$$\$\$. FC = Merge(\$1. FC, \$2. FC);$$

}

(6) | Expr ∨ Expr   {

$$\$\$. FC = \$2. FC;$$
$$\$\$. TC = Merge(\$1. TC, \$2. TC);$$

}

(7) Expr ∧ → Expr' ∧ '   {

$$BackPatch(\$1. TC, NXQ);$$
$$\$\$. FC = \$1. FC;$$

}

(8) Expr ∨ → Expr' ∨ '   {

$$BackPatch(\$1. FC, NXQ);$$
$$\$\$. TC = \$1. TC;$$

}

对于翻译后最终归约所得的 Expr,它具有两个语义属性:TC 和 FC,分别指向其对应四元式序列的 T 链和 F 链。这两个链的回填,还需根据表达式 E 所处的程序环境作进一步的处理。

①若 E 用于条件语句 if then else,则当扫视到 then 时,应以当前 NXQ 之值回填 E 链的 T

168

链;对 F 链的回填,则在扫视到 else 之后进行。对于 E 是 while 语句控制条件的情形,可类似地进行处理。

②若布尔式 E 仅用于计算值,可引入临时变量 T 用于标识 E 的计算结果。为此,须将文法(8.7)拓广,增加形如 S′→E 的产生式,相应的语义动作为

```
{
    int N;
    int T = NewTemp( );
    BackPatch( $1. TC,NXQ);
    BackPatch( $1. FC,NXQ +2);
    GEN( = ,'1',0,T);
    N = NXQ +2;
    GEN(j,0,0,N);
    GEN( = ,'0',0,T);
    $ $ . PLACE = T;
    $ $ . Type = 'B';
}
```

上述代码是在将 E 归约为其他非终结符时执行的。

8.4.3　控制语句的翻译

在源程序中,控制语句用于实现程序流程的控制。一般而言,程序流程控制可大致分为顺序结构(如复合语句)、分支结构(如 if 条件语句和实现多分支的 case 语句等)、循环结构(如 for 循环、while 循环、repeat 循环等)3 大类。下面,我们将对常见的一些控制结构的翻译进行讨论。

在程序设计理论中已经证明,任何程序均可由序列结构、条件分支结构和 while 循环 3 种结构等价地表示,即所谓"好结构"的程序。因此,先讨论这 3 类结构的翻译。这 3 类结构可用如下的文法描述,即

$(1) S →if E then S^{(1)}$

$(2) | if E then S^{(1)} else S^{(2)}$

$(3) | while E do S^{(1)}$

(4) | begin L end　　　　　　　　　　　　　　　　　　　　　　　　　(8.8)

(5) | A

$(6) L →L; S$

(7) | S

上述文法中,非终结符 S,L,A 分别代表语句、语句串和赋值语句,E 代表布尔表达式。此外,由于 if 语句可能带来二义性,我们约定每一个 else 总是与其前离它最近的、尚未得到匹配的 then 相匹配。在文法(8.8)中,为了区分同一产生式中不同位置上的同名文法符号,我们为其增加了上标。

在 8.5 节的图 8.5 中,已经给出了 if 语句和 while 语句的代码结构。如前所述,布尔表达式 E 具有两个属性:E. TC 与 E. FC,用来分别指示 E 的真链和假链的链首。当 E 出现在条件

语句 if then else 中时,它的两个链应在何时进行回填呢? 显然,根据条件语句的语义,当语法分析器扫视到 then 时,真出口已经确定,此时即可用 NXQ(下一四元式序号)对真链进行回填;而当扫视到 else 时,即可用 NXQ 对假链进行回填。因此,if then else 结构的翻译文法可写为

S→if E then

{BackPatch(E. TC,NXQ);/ * 动作 1:回填 E 的真链 */}

S$^{(1)}$ else

{T = NewTemp( );T = Merge(NXQ, S$^{(1)}$. Chain);

GEN(j,0,0,0);/ * S$^{(1)}$ 的常规出口,由此转出所在的条件语句 */

/ * 此时,NXQ 在 GEN 函数内被加 1(NXQ ++) */

BackPatch(E. FC,NXQ);   (8.9)

/ * 动作 2:将 S$^{(1)}$ 的常规出口与 S(1)程序结构内的其他出口

(已在 S$^{(1)}$ 的翻译过程中拉成链,由 S$^{(1)}$. Chain 属性指示)

合并成一个链;并以 S$^{(2)}$ 的第一个四元式的序号回填 E 的假链 */

}

S$^{(2)}$

{S. Chain = Merge(T, S$^{(2)}$. Chain);

/ * 动作 3:将 S$^{(1)}$ 的出口与 S$^{(2)}$ 的出口合而为一,作为 S 的出口 */

}

其中,S. Chain 用来指示 S 所代表的程序结构之全部出口(很可能不止一个)构成的链,它有待于在适当的时机回填。显然,上述文法是一 S 属性文法,故可用于自底向上的语法制导翻译。但是,从文法中我们也可看出,产生式左部符号 S 的综合属性 Chain 的值,是经过两个语义动作(2 和 3)之后才最终确定的,在这两个动作之间,还执行了语法分析动作(移进 else,并移进和归约出 S$^{(2)}$)。另外,在产生式右部符号之间插入语义动作,容易带来混乱。一方面,它不易阅读,另一方面在具体的编译系统中也不易实现。常见的编译系统中,往往希望将语义动作置于产生式中所有符号的右侧,其目的是使翻译按这样的方式进行:当用某产生式进行归约时,在完成了语法分析动作(归约)之后,执行相应的语义动作,亦即使用 S 属性波兰翻译文法。为达此目的,我们需对上述属性翻译文法进行改造,以适应这一要求。改造的方法有两种:其一,是将所有出现在产生式"中部"的动作符号(语义动作)用一新的非终结符号取而代之,并为这个非终结符号定义一个 ε 产生式,而为该 ε 产生式所配的语义动作即为原来插入的动作符号。例如,产生式(8.9)可改写为

S→if E then M1 S$^{(1)}$ else M2 S$^{(2)}$ {/ * 动作 3 */}

M1→ε{/ * 动作 1 */}   (8.10)

M2→ε{/ * 动作 2 */}

其二,是将原产生式"拆分"成若干个"小"产生式,拆分点就设在每个动作符的出现处,以保证动作符均出现在最右侧。例如,产生式(8.9)也可改写为

S→U S$^{(2)}$ {/ * 动作 3 */}

U→T S$^{(1)}$ else {/ * 动作 2 */}   (8.11)

T→if E then ｛/ * 动作 1 * /｝

上述两种修改方法中,第一种方法较简单,且对原文法的可读性影响不大,在需插入的动作不多时,可采用此法。但对于语法分析程序来说,若使用此法之处过多,就会带来问题,这是由于大量 ε 产生式的引入,可能会产生许多新的移进归约或归约冲突,使语法分析无法进行。因此,编译系统最常采用的方法是拆分法。实际工作经验表明,这种方法基本上不会对原文法的语法分析带来影响,且由于产生式相对"短"些,分析程序在栈中存取语义信息会更方便。另外,从语义动作的描述角度来说,我们还可借助前面已使用用过的 YACC 描述方式,即用符号" ＄ "后跟一数字或" ＄ "来区分不同的文法符号,从而无须再对同名符号加上标。基于上述原因,本章以后对动作的描述,将一律采用拆分法。

现在,我们再次讨论文法(8.8)的翻译。基于前述原因,应将文法进行改写(拆分)。为便于理解,将原文法中的 E,S,L,A 分别更名为 Expr,Statement,Series 和 Assignment。

(1)Condition→if Expr then

｛BackPatch(＄2. TC,NXQ) ; ＄ ＄ . Chain = ＄2. FC;｝

当语法分析程序使用此产生式进行归约时,布尔表达式的四元式序列已经产生,并且then 后的语句 Statement 的第 1 个四元式序号已能确定(即 NXQ 的值)。因此,可用 NXQ 回填Expr 的 T 链;由于 Expr 的 F 链的去向未定,同时,在执行归约动作时 Expr 将从分析栈中弹出,因此,其 F 链属性需通过信息传递的方式保留下来,即它将作为 Condition 的一个综合属性Chain(整型,描述某四元式链的链首地址(序号))传递上去,待以后能确定地址时回填。

(2)Statemant→Condition Statement

｛ ＄ ＄ . Chain = Merge(＄1. Chain, ＄2. Chain) ;｝

此时,所翻译的是 if then 语句结构,原条件语句中布尔表达式 Expr 的 F 链,其去向应和then 后所跟语句的出口一致,而归约后所得语句的出口尚未确定(因为该语句可能是更复杂语句结构中的子语句),因此应将这两条链合并成一个大链,待合适的时候再回填。这里,Statement 的属性 Chain 用于描述本语句结构的所有出口的链首。

(3)CondStElse→Condition Statement else

｛int q = NXQ;

GEN(j,0,0,0) ;

BackPatch(＄1. Chain,NXQ) ;/ * 此时 NXQ == q + 1 * /

 ＄ ＄ . Chain = Merge(＄2. Chain,q) ;｝

此时,编译系统已明确当前正在处理的是 if then else 结构,then 后所跟的 S(即式(8.9)中的 S[(1)])已经处理完毕,且 else 后所跟的 S(即式(8.9)中 S[(2)])的第 1 个四元式的位置已可确定。在准备翻译 S[(2)] 之前,首先应紧接 S[(1)] 的四元式序列之后产生一个无条件转四元式,并将此四元式与 S[(1)] 的出口链合而为一,作为整个 S 的出口,这一信息将作为 CondStElse 的综合属性 Chain 传递上去;另外,Expr 的假出口 (即 Condition 的综合属性)此时即可回填。

(4)Statement→CondStElse Statement

｛ ＄ ＄ . Chain = Merge(＄1. Chain, ＄2. Chain) ;

/ * 将 S[(1)] 与 S[(2)] 的出口链合而为一作为 S 的出口 * /｝

此时,整个条件语句已经翻译完毕,应将 S[(1)] 与 S[(2)] 的出口合二为一,作为整个 S 的出口链待以后回填(注意:S 的出口未必是下一个四元式,因为,S 本身也可能作为一个语法成分出现在更复杂的语句结构中)。

(5)Wl→while{ $ $. LoopStartPlace = NXQ;}

由于 while 循环要求每次执行完循环体之后,应无条件转向循环判断条件 Expr 处,因此,需将 Expr 的第 1 个四元式序号记下来,以便在翻译完 S$^{(1)}$ 后产生一个转向此处的四元式。

(6)WED→Wl Expr do

{BackPatch($ 2. TC,NXQ);

$ $. Chain = $ 2. FC;

$ $. LoopStartPlace = $ 1. LoopStartPlace;}

此时,布尔表达式已经翻译完毕,循环体 S$^{(1)}$ 的第 1 个四元式序号已知(即 NXQ 的当前值),故可用其回填 Expr 的 T 链;Expr 的 F 链将是整个循环语句的出口,目前还不明去向,但由于 Expr 将被归约,其 FC 属性作为 WED 的一个属性传递之;另外,Wl 的属性(它描述循环起始点信息)也应作为 WED 的属性向上传递。

(7)Statement→WED Statement

{BackPatch($ 2. Chain, $ 1. LoopStartPlace);

GEN(j,0,0, $ 1. LoopStartPlace);

$ $. Chain = $ 1. Chain;}

此时,整个 while 循环语句已经翻译完毕,但还需作收尾工作:将 S$^{(1)}$ 携带的出口链用本结构的第 1 个四元式序号(即 WED 的 LoopStartPlace 属性)回填,并产生一个以此序号为转向目标的无条件转四元式,另外,由于本结构的最终出口未定,因此,它将作为整个 S 的属性保留下来,待适当的时候回填。

(8)Statement→Assignment{ $ $. Chain =0;}

由于赋值语句不含其他非常规出口(无出口链),因此,Statement 的出口链为空。

(9)Series→Statement{ $ $. Chain = $ 1. Chain;}

由于 Statement 的属性为其出口链,此时仍不能确定出口在何处,因此,应作为 Series 的属性传递之。

(10)SeriesSemicolon→Series′;′{BackPatch($ 1. Chain,NXQ);}

此时,分析器刚扫视完分号,控制流程将顺序执行,因此,应作为以下一个四元式的序号回填 Series 的出口链。

(11)Series→SeriesSemicolon Statement{ $ $. Chain = $ 2. Chain;}

语义动作的含义与产生式(9)类似。

(12)Statement→begin Series end{ $ $. Chain = $ 2. Chain;}

显然,复合语句的出口(即 Series 的属性)尚未确定去向,故将其作为 Statement 的属性保留(传递)之。

例 8.4 现在,我们以语句 while(a < b) do if(c > d) then x: = y + z 为例,说明按前述属性翻译文法将其翻译成四元式序列的过程。为确定起见,我们假定所产生的四元式序列从编号 100 开始(即开始时,NXQ 之值为 100)。翻译的步骤如下:

第一步:对于所给句子,应先按如下的产生式进行归约,并执行相应动作:

$W_1 \to$ while $\{ \$ \$. LoopStartPlace = NXQ; \}$

此时属性 W_1. LoopStartPlace 的值为 100, 且四元式表为

NXQ$\to$100$\leftarrow W_1$. LoopStartPlace

第二步: 对第一步所得句型

$W_1 (a < b)$ do if $(c > d)$ then $x := y + z$

中的第一个关系表达式, 分别按如下产生式和语义动作进行归约和处理:

Expr$\to$identifier rop identifier

$\{ \$ \$. TC = NXQ; \$ \$. FC = NXQ + 1;$

GEN(jrop, Entry(\$1), Entry(\$3), 0);

GEN(j, 0, 0, 0); \}

此时, 四元式表为 (在某些四元式中, 运算对象应为 a, b 在符号表中的序号, 为阅读方便, 我们仍用 a, b 表示):

E. TC$\to$100 j < , a, b, 0$\leftarrow W_1$. LoopStartPlace

E. FC$\to$101 j, 0, 0, 0

NXQ$\to$102

第三步: 当前句型为

W_1Expr do if $(c > d)$ then $x := y + z$

此时, 语法分析及翻译将按如下的产生式进行归约和处理:

WED$\to W_1$ Expr do

$\{$BackPatch(\$2. TC, NXQ);

$\$ \$. Chain = \$2. FC;$

$\$ \$. LoopStartPlace = \$1. LoopStartPlace; \}$

四元式表为

100 j < , a, b, 102$\leftarrow$WED. LoopStarPlace

WED. Chain$\to$101 j, 0, 0, 0

NXQ$\to$102

第四步: 对当前句型 WED if$(c > d)$ then $x := y + z$ 的关系表达式 $c > d$, 用类似于第二步的方法进行归约和处理后, 四元式表为

WED. LoopStartPlace$\to$100 j < , a, b, 102

WED. Chain$\to$101 j, 0, 0, 0

Expr. TC$\to$102 j > , c, d, 0

Expr. FC$\to$103 j, 0, 0, 0

NXQ$\to$104

第五步: 对当前句型

WED if Expr then $x := y + z$

分别按下面的产生式归约及执行语义动作:

Condition$\to$if Expr then

$\{$BackPatch(\$2. TC, NXQ); \$ \$. Chain = \$2. FC; \}$

四元式表为

WED. LoopStartPlace→100 j < , a , b , 102

WED. Chain→101 j,0,0,0

102 j > ,c,d,104

Condition. Chain→103 j,0,0,0

NXQ→104

第六步:对当前句型 WED Condition x:=y+z 经归约处理赋值语句 x:=y+z 后得到句型 WED Condition Assignment,此时的四元式表为

WED. LoopStartPlace→100 j < , a, b, 102

WED. Chain→101 j,0,0,0

102 j > , c, d, 104

Condition. Chain→103 j,0,0,0

104 + ,y, z, T

105 = ,T, 0,x

NXQ→106

第七步:对于句型 WED Condition Assignment 分别按下面的产生式和语义动作处理:

Statement→Assignment{ $ $. Chain = 0 ; }

得到句型 WED Condition Statement

第八步:对上述句型,按下面的产生式进行归约和语义处理:

Statement→Condition Statement

{ $ $. Chain = Merge($1. Chain, $2. Chain) ; }

此时,四元式表为

WED. LoopStartPlace→100 j < , a, b, 102

WED. Chain→101 j,0,0,0

102 j > , c, d, 104

Statement. Chain→103 j,0,0,0

104 + ,y, z, T

105 = ,T, 0,x

NXQ→106

第九步:对句型 WED Statement,使用如下产生式及动作:

Statement→WED Statement

{BackPatch($2. Chain, $1. LoopStartPlace) ;

GEN(j,0,0, $1. LoopStartPlace) ;

$ $. Chain = $1. Chain ; }

进行归约和处理,得到四元式表

100 j < , a, b, 102

Statement. Chain→101 j,0,0,0

102 j > , c, d, 104

103 j,0,0,100

104 +,y, z, T

105 = ,T, 0 ,x

106 j,0,0,100

NXQ→107

第十步:应当提及的是,若忽略程序中的说明部分,则可将一个过程视为上述文法的一个语句。此时应考虑补充如下产生式及语义动作:

Procedure→Statement

{BackPatch(Statement. Chain, NXQ);

GEN(return, 0,0,0);}

其中,四元式(return,0,0,0)将控制返回主程序。但若此过程本身就是主程序,则 return 四元式最后应由"中止程序运行"的系统调用所代替。对于前者,最后所得的四元式表为

100 j < ,a,b,102

101 j,0,0,108

102 j > ,c,d,104

103 j,0,0,100

104 + ,y,z,T

105 = ,T,0,x

106 j,0,0,100

107 return,0,0,0

NXQ→108

8.4.4 语句标号及 GOTO 语句的翻译

语句标号用于标识一个语句。在一些语言中,标号的定义,是在所标识的语句之前按规定的格式写上一个标号,而不需要设置专门的说明语句来定义标号。也就是说,语句标号是通过产生式

$$\text{Statement→label′:′ Statement} \tag{8.12}$$

来定义的。因此,通常把源程序中形如"label:Statement"的标号出现,称为定义性出现。

在许多语言中,通过执行形如 GOTO label 的转向语句,把控制无条件地转移到由标号 label 所标识的语句,是实现控制转移的方式之一。这种出现在 GOTO 语句或其他类似语句中的标号,称为使用性标号。在许多语言中,都允许标号的使用性出现位于定义性出现之前。

为了能正确处理标号的定义及使用,我们先指出标号应具有的语义属性。一般说来,标号除其名字外,还有一个重要的属性,就是它所标识语句的四元式序列的首地址(序号)。另外,因标号的使用出现允许先于定义出现,因此,还需有一个属性用于标志该标号是否已被定义,其初值为 0(假,即尚未定义)。由于标号的信息在程序中使用频繁,可将其填写在符号表中备查,因而只需把该标号在表中的序号作为其语义属性即可。在一个编译程序中,可设置专门的标号表,也可将标号与其他符号统一存放于一个符号表中。对于一个标号而言,它在符号表中的登记项通常有如下的内容:

$$\text{NAME} \mid \text{CAT} \mid \text{DEF} \mid \cdots \mid \text{ADDR}$$

其中,NAME 字段用于存放标号的名字或其内部码;CAT 用于指示符号的种属,若是专门的标号表,此栏不必设置,否则,可填 lab(表示标号)。DEF 用于指示该标号迄今为止是否已被定义。ADDR 字段用于填写标号的"地址"(若 DEF=1,则 ADDR 为所标识语句的第 1 个四元式序号,否则,它是一个待回填的四元式链的链头地址)。

对于转向语句 GOTO L,翻译程序将产生一个形如$(j,0,0,p)$的四元式。若此时 L 的表项的 DEF 域为 1(即 L 的地址已定义),则将相应的 ADDR 域作为此四元式的转向目标($p=$ADDR);若 DEF=0,由于转移目标尚未确定,则可利用转移四元式的 Result 域将所有转向同一目标的四元式拉成一个链,待 L 有定义时回填,链首由 L 在符号表登记项的 ADDR 域指示。

下面讨论转向语句与标号定义语句的翻译。转向语句的文法为

$$\text{Statement} \rightarrow \text{goto label} \tag{8.13}$$

对于标号定义语句,为了能够及时记录标号的定义点(即它所标识语句的第 1 个四元式序号),将产生式(8.13)拆分为二

$$\text{Statement} \rightarrow \text{LabelDef Statement} \tag{8.14}$$
$$\text{LabelDef} \rightarrow \text{label}':' \tag{8.15}$$

可以为上述文法添加语义动作,构成属性翻译文法。

```
Statement→goto label
{int i;
i = lookup( $2);
if ( i == 0)
{/ *  该标号是首次出现 */
i = Enter( $2);
VarList[i]. CAT = lab;
VarList[i]. DEF = 0;
VarList[i]. ADDR = NXQ;
GEN(j,0,0,0);
}
else / *  该标号已出现过 */
if ( VarList[i]. DEF)
GEN (j,0,0,VarList[i]. ADDR);/ *该标号已定义,可直接使用其地址 */
else
{
int n = NXQ;
/ *  该标号尚未定义,需用地址域来拉链 */
GEN(j,0,0,VarList[i]. ADDR);
VarList[i]. ADDR = n;
}
}
```

对于产生式(8.15),其翻译文法为

LabelDef→label′:′

{

int i = lookup($1) ;

if(i == 0)

{

i = Enter($1) ;

VarList[i]. CAT = lab;

VarList[i]. DEF = 1;

VarList[i]. ADDR = NXQ;

}

else

if(VarList[i]. DEF) return ERROR; / * 标号重复定义 * /

else

{

VarList[i]. DEF = 1;

BackPatch(VarList[i]. ADDR, NXQ) ;

VarList[i]. ADDR = NXQ;

}

}

Statement→LabelDef Statement

{ $ $. Chain = $2. Chain;}

在上述属性翻译文法中,VarList 是一结构数组,用于存放符号表。函数 lookup( )和 Enter( )的含义同 8.3 节,分别用于查找和填写符号表。

需要指出的是,在上述属性翻译文法中,我们未考虑标号的作用域问题。一般说来,转向语句不允许从所谓的"三体"(循环体、过程体、分程序)之外转到"三体"内,但允许从内转外。另外,在一些语言 (如 PASCAL)中,还允许在不同层次的分程序中出现同名的标号,例如,在程序片段中

B1 begin

…

l;…

…

B2 begin

…

goto l;

…

l;…;

…

```
end;
...
goto l;
...
end
```

内外层分程序都含有同名标号 l 的定义性和使用性出现。对于此例,当处理分程序 B2 中的转向语句时,尽管在此之前已处理过外层分程序 B1 中的同名标号 l 的定义性出现,但在尚未判明 B2 中是否有此标号的定义性出现之前,还不能确定 B1 中的标号 l 是否为 B2 中 goto 语句的转向目标。为了能在语义分析时正确地识别转向目标,同时也为了对从程序的三体外将控制转移到三体内的错误进行检查,一种常用的办法是按三体的层次建立符号表(或标号表)。且在语义处理过程中,每当遇到一个使用性标号 L 时,就查本层符号表,若该表中迄今为止尚无 L 的登记项,则不管外层表中是否已记入了同名的标号,都应在本层表中登记 L,且其 DEF 域为 0;若本层表中已登记 L,则根据其 DEF 域为 0 或 1 分别进行拉链或产生相应的四元式。若退出本层分程序时,还未遇到 L 的定义出现,这就表明该标号是在外层定义的。此时应在外层表中去查找,并视不同的情况分别作如下处理:

①若在直接外层的符号表中有关于 L 的登记项,且仍为使用性出现,则将内外层的两条链合而为一;若外层 L 的 DEF 域为 1,则对内层链进行回填。

②若直接外层符号表中无关于 L 的登记项,则应将内层表中关于 L 的登记项移至直接外层的表中,并对直接外层的符号表重复上述的处理。

8.4.5 过程说明和过程调用的翻译

过程说明和过程调用是一种常见的语法结构,绝大多数语言都含有这方面的内容。过程说明和过程调用的形式随语言的不同而有所不同。在一些语言中,过程说明用 PROCEDURE,FUNCTION 等关键字引出;在 FORTRAN 这样的块结构语言中,要求把过程定义为以关键字 SUBROUTINE 或 FUNCTION 开头的一个程序段;在 C 语言中,函数的定义甚至不用 FUNCTION 之类的关键字引导,而直接写出函数名及其形参表。为进行过程调用,对于子程序过程,通常须使用过程语句或 CALL 语句;而对于函数过程,则一般把它们作为表达式中的一个初等量来引用。不过,尽管过程定义和过程调用的形式因不同的语言而异,但在功能上和需作的语义处理工作上仍较类似。下面,先简要地介绍一下翻译过程说明时,编译程序一般应需的工作,然后再讨论过程调用的翻译问题。

首先,应当指出,过程说明和过程调用的翻译,依赖于形式参数与实在参数结合的方式以及数据存储空间的分配方式。对于前者,稍后将分别对几种可采用的参数传递方式进行介绍;对于后者,我们现假定过程中所出现的各个量,都是按静态方式来分配其存储空间的。至于动态存储分配情况下的过程调用处理问题,则留待第 7 章进行讨论。

1)过程说明的翻译

对一个过程说明的翻译比较简单,概括地说,一般需要作如下的工作。

①在符号表中新登记一项,将与过程名有关的一些属性填入此登记项。这些属性通常是:过程的种属(过程或函数等)、是否为外部过程、过程的数据类型(对函数过程而言)、形

参的个数、各个形参的一些信息（供形实结合时语义检查之用，如种属、类型等）以及过程的入口地址（此时暂不填写）等。由于每一个过程名的登记项所需填写的信息较多，所以一些编译程序或者设置专门的过程名表，或者为每个过程名登记项再建立一个附属的"过程信息向量"，此信息向量的内容主要是形参的一些信息，并以某种方式和过程名的登记项连接起来。同时，对每个形式参数，都分配以相应的存储单元，称为形参单元或形式单元，供形实结合时传递信息之用，并将形参的名字、相应形式单元的地址，以及此形参的其他一些属性记入符号表。这里需要指出的是，对于哪些具有嵌套结构的语言，符号表是按嵌套的层次建立的，各量的数据空间也是按层次进行分配的，以确保程序中全局量和局部量都能得到正确的引用。

②当编译程序扫视到过程说明中的过程体时，将产生执行过程体的代码。在这方面需要完成的工作通常有：

a. 产生将返回地址推入堆栈的代码（考虑到过程调用可以嵌套和递归，而某些计算机的转子指令又可能是将返回地址存入一个固定的寄存器，因此，应将各返回地址按调用的嵌套或递归层次依次推入堆栈保存起来，但在转子指令能自动完成将返回地址送入堆栈的情况下，此项工作可省去）。

b. 产生形实结合的代码，即产生将实参的信息（实参的值或相关的地址，它们在过程语句相应的代码序列中给出）分别送入对应形参的形式单元的代码。接着，再产生执行过程体的代码。

c. 产生有关从过程返回的代码（对于函数，在此之前应产生将函数值送入累加器、寄存器或指定地址的代码）。

此外，对于某些将过程说明写成闭说明的程序语言（如 PASCAL 等），在产生过程体的代码时，通常都把它处理为一个闭子程序的形式。因此，在每一过程体的代码之前，应有一条跳过过程体的无条件转移指令。但是，在产生此指令时，过程体的代码尚未生成，故转移的目标尚不知道，因此只能产生一条不完全的转移指令，并把此指令所在的位置记录下来，待以后回填。显然，对于某些过程说明可以嵌套的语言，为了记录这些待回填的转移指令的位置，需使用一个指令地址栈。

下面，我们给出经过拆分的过程说明语句的文法，它包括函数、有参过程和无参过程的头语句定义。至于相应的属性翻译文法，读者可根据上述处理方案和相应的文法自行设计之。

ProcDefStatement→ProcName ｜ProcArgMSG ）

ProcArgMSG→ProcName （ iden ｜ ProcArgMSG，iden

ProcName→ProcKey iden

ProcKey→procedure ｜ function

2）实参和形参间的信息传递

在执行过程调用时，一项很重要的工作是把实在参数传送给被调过程，以便被调过程能对实参执行相应的过程体。所谓把实参传送给被调过程，也就是把实参的信息（如实参的值或相关的地址）送入相应的形参单元之中，在执行过程体时，就能从形参的形式单元中取得对应实参的值或地址。通常，可采用两种不同的代码结构来传递实参的信息：一种是在控制转入被调过程之前，将各实参的信息送入相应形参单元；另一种代码结构（先调用，后结合），即把实参的信息依次排列在转子指令之前,当执行转子指令而进入过程后,被调过程将根据本次调用的返回地址(即紧跟转子指令的那条指令地址),找到存放实参信息的单元位置,并把各实参信息送入相应形参的形式单元,其后再安排执行过程体的中间代码。在后面的讨论中,我们将假定按上述第 2 种结构来产生过程调用的代码序列。

形参和实参间的信息传递可以有各种不同的方式,如引用调用、值调用、结果调用、值结果调用以及名字调用等。对于一对形、实参数来说,究竟采用哪种方式传递信息,依赖于参数的种类以及语言的规定等因素。下面,我们将就上述几种方式的实现方法进行简要的说明。

(1)引用调用

引用调用(Call by reference)是在过程调用的代码序列中给出实参的地址(如果实参是简单变量或下标变量,则在调用代码序列中直接给出其地址;如果实参是常数或表达式,则应产生计算它们之值并存入临时单元的中间代码,而在调用代码序列中给出此临时单元的地址等),控制转入被调过程后,由被调过程将实参的地址写入相应的形式单元。过程体中对形式参数的任何引用或赋值,都按对相应形式单元间接访问的寻址方式为其产生代码。显然,按此种方式实现形实结合,执行过程体时,对形参的赋值将会影响相应实参之值(右值)。例如,对于如下 PASCAL 过程:

```
PROCEDURE SWAP(VAR x,y:INTEGER);
VAR t:INTEGER;
BEGIN
t: = x;                                            (8.16)
x: = y;
y: = t;
END;
```

若按引用调用的方式进行处理,则执行过程语句 SWAP(i,A[i])相当于执行如下操作(将 x,y 视为指针变量):

```
x = &I;/*将 i 的地址赋给 x*/
y = &A[i];/*将 A[i]的地址赋给 y*/
t = *x;
*x = *y;
*y = t;
```

执行上述操作之后,就交换了变量 i 和 A[i]之值。

引用调用是一种常用的形实结合方式。例如,在 PASCAL 语言过程说明的形参表中,凡在参数说明前冠以关键字 VAR 的形参变量,均采用这种结合方式。但需指出的是,PASCAL语言规定采用引用调用结合方式的形参(在 PASCAL 中称为变参),其相应的实参只能是变量,而不允许是常数或带有运算的表达式。

(2)值调用

值调用(Call by value)也是一种经常采用的方式(PASCAL 语言中的值参、C 语言中的所有参数等)。它和引用调用的主要区别在于:进入过程时,送入形式单元的不是相应实参的地址而是它的值;过程体中对形参的任何引用或赋值都是按对形式单元的直接访问来产生代码。因此,一旦把实参之值送入对应形式单元之后,在执行过程体期间,除了以实参之(右)值作为形参的初值进行运算之外,将不再与实参发生任何联系。由此可见,过程执行的结果决不会改变实参之值。例如,在过程(8.17)中的形参若采用值结合方式(将形参说明中的关键字 VAR 去掉),则执行过程语句 SWAP(I,A[I])之后,对变量 I 和 A[I]之值毫无影响。

(3)结果调用和值结果调用

结果调用(Call by result)和值结果调用(Call by value\ \result),这两种方式在某些 FOR-TRAN 语言的编译系统中使用。其特点是:为每个形参分配两个形式单元,第一单元用于存放实参的地址(左值);第二单元用于存放实参的(右)值(在结果调用中,实参的值将不被传送),在执行过程体时,将只对第二单元进行操作,但在返回时,将第二单元的内容,按相应的第一单元中的地址传给实参。需注意,在结果调用中,因在进入过程时实参的值未被传送,所以,在过程体中形参的初值是不确定的,因此对形参的第一次访问必须是为其赋值,而不允许使用其值,否则,程序运行的结果将不可预测。

至于名字调用(Call by name),由于目前一般已不再使用,故此种结合方式这里就不介绍了。

3) 过程语句的翻译

在前面的讨论中,实际上已涉及了过程语句的翻译问题。现在,我们先给出一种为调用语句

$$P(a1,a2,\cdots,an) \tag{8.17}$$

产生相应代码序列的语法制导翻译方案(在一些语言中,过程调用语句是由诸如 Call 等关键字引导的,这里,一般采用更常用的形式)。对于参数传递,仅限于最常见的引用调用方式,且暂假定实参均为算术表达式,对于其他种类的实参,将在 8.8.4 进行讨论。对于调用语句(8.18),所产生的代码序列有如下的结构:

(par, 0,0,A1)

(par, 0,0,A2)

·········(8.19)　　　　　　　　　　　　　　　　　　　　　　　　　(8.18)

(par, 0,0,An)

(call, 0,0,P)

其中,Ai(i=1,2,$\cdots$,n)为计算实参表达式 ai 的中间代码段的首地址,par 为指示实参地址的四元式操作符,call 则为转入过程体的转子操作符。

设过程调用语句的语法为

Statement→ iden(ArgList)

ArgList→ArgList,Expr

ArgList→Expr

为了按(8.19)的结构产生四元式序列,在处理每一实参时,除应产生计算实参表达式的四元式序列外,还需把它们的"地址"依次记录下来(不过,此时记录的只是 Expr. PLACE,若实参为简单变量,则记录的是该变量在符号表中的序号;如果实参是表达式,则 Expr. PLACE 表示存放其值的临时变量编号,待正式产生目标代码,再把这些 Expr. PLACE 转换为真正的地址),以便在处理完全部实参后,再产生将它们连续排列的四元式序列。为此,可在按上述

文法归约出 ArgList 的过程中,逐步建立一个队列,并将队列的首地址作为 ArgList 的一个属性 QUEUE 传递上去,待归约出整个过程语句时,再一一产生指示地址的四元式。为了节省内存空间,在实际实现时,QUEUE 被定义为整型指针,并动态地为其申请和释放内存空间。按照上述方案,可设计相应的属性翻译文法如下:

ArgList→Expr

{

$ $. Count = 1 ;/ * Count 属性用于参数个数计数 */

$ $. QUEUE = melloc(sizeof(int)) ; / * 首次申请空间 */

$ $. QUEUE[0] = $1 . PLACE;/ * 将第一实参的"地址"放入队列 */

}

| ArgList , Expr

{

$ $. Count = $1 . Count + 1 ;/ * 参数个数计数加 1 */

$ $. QUEUE = realloc($1 . QUEUE , $ $. Count * sizeof(int)) ;

/ * 为新参数申请空间,即增大原有空间 */

$ $. QUEUE[$ $. Count – 1] = $3 . PLACE;

/ * 在队列尾部记录新实参的"地址" */

}

Statement→iden (ArgList)

{

int k ;

for(k = 0 ; k < $3 . Count ; k + +)/ * 为每个参数指示地址 */

{ GEN(par, 0 , 0 , $3 . QUEUE[k]) ; }

GEN(call, 0 , 0 , Entry($1)) ;/ * 产生转子指令 */

}

上述过程调用语句的属性翻译文法基本上也适用于函数引用的处理(相应的产生式为 Expr→iden (ArgList),并在语义动作中插入将返回值赋给 Expr. PLACE 的四元式即可)。但应指出,函数引用在一些语言中是作为一种初等量出现在表达式中的,而函数引用与下标变量在有些语言(如 FORTRAN)中具有相同的形式,于是,就出现了将表达式 Expr 归约为参数表 ArgList 还是归约为下标表达式表 ExprList 的问题。过程调用语句也会出现类似问题。

解决上述困难的途径之一是以 iden 查符号表,根据其种属来区分它是数组名还是过程(函数)名。这种方法在某种意义上属于语义制导语法分析,所以不宜用于语法制导翻译。另一途径是让词法分析程序进行此种区分,即当它识别出一个标识符 iden 时,就以 iden 查表,若它是一过程名,则返回(送出)一个新的终结符 prociden,否则返回 iden。这样,上述问题就不复存在了。当然,这样处理要求在词法分析阶段就应建立符号表。

至此,我们已对常见程序设计语言的一些语法结构讨论了语法制导翻译的方法。自然,所讨论的范围不可能包罗程序设计语言的一切语法结构,也不可能涉及语义处理的全部细节,我们仅仅希望读者通过对前面所介绍内容的学习,能够得到一点带规律性的启示,以便在今后的工作中有所借鉴。另外,前面的讨论,大都是以自底向上的语法制导翻译为背景(使用 S 属性翻译文法)。由于篇幅的限制,本章中没有详细地讨论自顶向下的语法制导翻译(使用 L 属性翻译文法)。

习 题 8

8.1　说明属性文法与属性翻译文法有何异同?

8.2　考虑下面的属性文法:

Z → sX

　　attribution:

　　Z. a = X. c;

　　X. b = X. a;

　　Z. p = X. b;

Z→t X

　　attribution:

　　X. b = X. d;

　　Z. a = X. b;

X→u

　　attribution:

　　X. d = 1;

　　X. c = X. d;

X→V

　　attribuion:

　　X. c = 2;

　　X. d = X. c;

(1)上述文法中的属性哪些是继承的? 哪些是综合的?

(2)上述文法中的属性依赖是否出现了循环?

8.3　为什么说 S 属性文法一定是 L 属性文法? 反之结论亦正确吗?

8.4　将下列中缀式改写为逆波兰式。

$(1) - A * (B + C) \uparrow (D - E)$

$(2)((a * d + c)/d + e) * f + g$

$(3)a + x \leqslant 4 \vee (C \wedge d * 3)$

$(4)a \vee b \wedge c + d * e \uparrow f$

$(5)s = 0; i = 1;$

　　while $(i < = 100)$ $\{s + = i * i; i + + ;\}$

8.5　将下列后缀式改写为中缀式。

$(1)abc * +$

(2) abc − * cd + e/ −

(3) abc + ≤ a0 > ∧ ab + 0 ≠ a0 ∧ ∨

8.6 设已给文法 G[E]:

$$E \rightarrow E + T \mid -T \mid T$$
$$T \rightarrow T * F \mid F$$
$$F \rightarrow P \uparrow F \mid P$$
$$P \rightarrow (E) \mid i$$

试设计一个递归下降分析器,要求此分析器在语法分析过程中,将所分析的符号串翻译成后缀式。

8.7 设布尔表达式文法 G[Z]:

$$Z \rightarrow E$$
$$E \rightarrow T\{ \vee T\}$$
$$T \rightarrow F\{ \wedge F\}$$
$$F \rightarrow F \mid (E) \mid b$$

试设计一个递归下降分析器,它把由 G[Z]所描述的布尔表达式翻译为四元式序列。

第9章 代码优化

9.1 代码优化概述

9.1.1 代码优化简介

代码优化是指对程序进行各种等价变换,使得从变换后的程序出发,能生成更高效的目标代码。目标代码的质量,通常有两个衡量的标准:空间效率和时间效率。有时空间优化也会导致时间优化(如减少指令条数),但通常它们是一对矛盾,不能兼顾。代码优化的目的是产生更高效的代码,使程序以更快的速度,占用更少的空间运行。对于编译器,代码优化分为3个阶段:控制流分析、数据流分析和代码变换。

为了获得更优化的程序,可以从各个环节着手。首先,在源代码这一级,程序员可以通过选择适当的算法和安排适当的实现语句来提高程序的效率。其次,在设计语义动作时,要尽可能产生高效的中间代码,同时还可以安排专门的编译优化阶段对中间代码进行各种等价变换,改进代码的效率。最后,在目标代码这一级上,应考虑如何有效地利用寄存器,如何选择指令,以及进行窥孔优化等。对于编译优化,最主要的时机是在语法、语义分析生成中间代码之后,在中间代码上进行。这一类优化不依赖于具体的计算机,而取决于语言的结构。另一类优化则是在生成目标程序时进行的,它在很大程度上与具体的计算机有关。

由优化编译程序提供的对代码的各种变换必须遵循以下原则:

①等价:经过优化后不改变程序运行的结果。

②有效:优化后产生的目标代码运行时间较短,占用的存储空间较小。

③合算:应尽可能以较低的代价取得较好的优化效果。如果为实现一种优化变换所花时间和精力,以及编译器编译源程序时的额外开销,不能从目标程序的运行中得到补偿,那么是没有意义的。

在设计一个编译程序时,究竟应考虑哪些优化项目以及各种优化项目进行到何种程度,应权衡利弊,根据具体情况而定。

其中,控制流分析主要目的是分析出程序的循环结构。循环结构中的代码的效率是整个程序的效率的关键。数据流分析进行数据流信息的收集,主要是变量的值的定义和使用情况的数据流信息。包括到达-定值分析;可用表达式;活跃变量。根据上面的分析,对中间代码进行等价变换。

对现代体系结构的编译器来说,代码优化非常重要,通过它能充分发挥硬件性能,提高执行效率。所以对编译器的优化有更高的要求。

9.1.2 优化技术的分类

优化技术的分类有很多种方式,下面简单介绍传统的两种划分方式:

根据优化所涉及的范围,现代编译器所使用的优化技术可分为以下几类:

1)局部优化(local optimization)

局部优化是指在基本块内进行的优化,考察一个基本块即可完成。所谓基本块是指程序中顺序执行的语句序列,其中只有一个入口语句和一个出口语句。程序的执行只能从入口语句进入,从出口语句退出。这个代码序列中没有跳进或跳出语句(过程调用表示一种特殊的跳转),而且是顺序执行。基本块可以通过有向无循环图(DAG)来表示,那么优化工作就是在DAG上所进行的一系列的变换,但是并不改变基本块所计算的表达式集合。常用的局部优化技术包括局部公共子表达式删除,删除多余代码,交换语句次序,重命名临时变量。

2)循环优化(loop optimization)

所谓循环,简单而言就是指程序中可能反复执行的代码序列。因为循环中的代码会反复地执行,所以循环的优化对于提高整个代码的质量有很大的帮助。首先在控制流程图(CFG)中根据循环的定义找出循环,然后就可以针对每个循环进行相应的优化工作。主要有以下3种:代码外提、删除归纳变量、强度削弱。循环优化一直是研究的热点和难点,尤其是在并行处理系统中如何根据不同的循环类型进行循环置换(loop permutation),提高循环内矢量运算的并行性,都是当前的热门研究课题。

3)全局优化(global optimization)

一个过程可以由多个基本块按照相应的流程来组成。全局优化就是基于这些基本块之间的优化。为了进行全局代码优化,必须在考察基本块之间的相互联系与影响的基础上才能完成。首先,必须进行过程内数据流分析(intraprocedural dataflow analysis);其次,编译器将收集的信息分配给各个基本块。根据这些信息,我们可以建立相应的数据流方程,进而可以生成类似于ud链(引用-定值链)和du链(定值-引用链)这样的标准全局数据流分析结构。基于这样的数据结构,进行过程内的全局优化工作。常用的全局优化技术有复写传播(copy propagation)、常量折叠(constant folding)、删除全局公共子表达式等。

按照机器相关性,现代编译器所使用的优化技术可分为以下几类:

1)机器相关优化

针对机器语言,依赖于目标机的结构和特点。例如,寄存器优化、多处理器优化、特殊指令优化等。

2)机器无关优化

针对中间代码,不依赖于目标机的结构和特点。例如,合并常量优化,消除公共子表达式,代码外提,删除归纳变量,强度削弱和删除无用代码等。

9.1.3 机器无关优化

常用的机器无关优化技术有：

1) 代码外提

循环中的代码，要随着循环反复执行，但其中某些运算的结果往往是不变的。对于这种不变运算，我们可以把它提到循环外。这样，程序运行的结果保持不变，但程序运行的速度却提高了。这种优化即为代码外提。

2) 强度削弱

强度削弱是指把程序中执行时间较长的运算替换为执行时间较短的运算。例如，把循环中的乘法运算用递归加法来替换。进行强度削弱后，循环中可能出现一些新的无用赋值，可以将其删除。强度削弱对下标地址变量计算来说，实际上就是实现了下标变量地址的递归计算，对于减小下标地址计算的强度是非常有效的。

3) 归纳变量删除(删除无用代码)

归纳变量是指在循环中每次执行增长值固定的变量。它包括循环控制变量和其他依赖于循环控制变量的变量。如果循环中对变量 I 只有唯一的形如 I: = I + C 的赋值，且其中 C 为循环不变量，则称 I 为循环中的基本归纳变量。如果 I 是循环中一基本归纳变量，J 在循环中的定值总是可归化为 I 的同一线性函数，则称 J 是归纳变量，并称它与 I 同族。一个基本归纳变量也是一归纳变量。删除归纳变量是在强度削弱后进行的。

4) 循环展开

循环展开是指针对源程序中的循环结构，编译时在循环次数已知的前提下，通过将循环体重复多次来减少循环转移的开销，同时通过循环体的增大提高循环体内进一步优化的可能性。循环展开技术虽然能够减少转移开销，提高程序的执行速度，但它同时也增加了程序的空间开销，对 cache 命中率产生不良的影响。而且，循环体重复的次数也要视目标机中通用寄存器的个数而定。如果每次重复都只是简单的复制，那么便会出现寄存器相关的问题，从而大大降低循环展开技术的优化效果。

5) 过程内嵌

过程内嵌是指针对源程序中的某些过程调用，找到被调过程的过程体，如果该过程体短小而且没有循环，则将它拷贝到调用处，从而消除过程调用的开销，增大指令调度的可能性。同循环展开技术的不良影响一样，过程内嵌也大大增加了程序的空间开销，降低了 cache 的命中率。

6) 常量合并

常量合并又称为常数表达式求值(constant expression evaluation)，是指在编译时刻就对已知操作数的值为常数的表达式求值，并且用该结果值来替代这部分表达式。

7) 常数传播

所谓常数传播是指对于基本块中的某个变量，如果该变量的值始终为一常数，那么就用这个常数值来替代所有表达式中的这个变量。常数传播不仅为全局范围内进行常量合并优化提供了基础，而且还有助于不可达代码删除优化的进行，因为在测试变量被发现是常数之后，某些代码便会变得不可到达。

8）局部公共子表达式删除

如果表达式 E 已经被计算过，并且从先前的计算到现在 E 中所有变量的值没有改变，那么 E 的这次出现就称为公共子表达式。对于公共子表达式，没有必要对它们再进行计算，只需将前面计算过的值赋给表达式的结果变量就行了，这种优化方法用在程序基本块之内便称为局部公共子表达式删除。

9）复制传播（复写传播）

形为 A：＝X 的赋值称为复制（copy）。若用 X 来替代所有表达式中的变量 A，便称为复制传播。如果变量 A 的值不再用到的话，则赋值表达式 A：＝X 便是多余的，可以消除掉。

9.2 局部优化

某些优化项目需要分析代码的整体结构，而且必需使用更复杂的技术。例如，对循环的优化一般都有非常好的效果，但在中间代码一级，循环往往是由条件测试指令和转移指令反映出来的，此时只有对代码的结构信息进行分析才能识别循环，并进而进行诸如循环不变式外提等优化。也可以对线性代码中的表达式（此处指广义下的表达式）进行结构化表示（如后文要介绍的 DAG 图），以期更方便地对线性代码进行上节所提到的常数传播和常数合并优化。

本节以四元式形式的中间代码作为讨论的对象，为直观起见，也常将四元式写成三地址码的形式。另外，本节介绍的优化方法以基本块为基础，并以一种较为严密的方式进行组织。所讨论的内容都是比较成熟的经典优化技术。

9.2.1 基本块的划分

因为基本块是一个按顺序执行的代码序列，而且只能从它的唯一入口进入，从其唯一的出口退出，其间不发生任何分叉，所以程序中的任何控制转移四元式（条件转移、无条件转移、停机等）只能是某基本块的出口，而控制所转向的目标，将必然是某基本块的入口。于是，我们就可根据程序中控制转移四元式的位置以及定义性标号的地址，将中间代码序列划分为若干个基本块，其算法如下。

> **算法 9.1   将一个四元式序列划分为基本块**
>
> 1. 确定各基本块的入口，其规则为：
> (1) 程序的第 1 个四元式；
> (2) 由控制转移所转向的四元式；
> (3) 紧跟在条件转移四元式之后的四元式。
> 2. 从每一入口四元式开始，分别确定各基本块应包含的四元式。即每一入口以及此入口到下一入口之间的四元式（不包含下一入口），或者直至停机四元式为止的所有四元式都属于相应的基本块。
> 3. 执行上述第 1 步和第 2 步后，凡未包含在任何基本块中的，都是控制不可能达到的四元式，它们决不会被执行，故可以删除。

例如,对于下面的四元式序列

100 (∶ = ,1,,I)

101 (J,,,103)//JMP

102 (+ ,I,1,I)

103 (J≤,I,N,105)//I≤N

104 (J,,,108)

105 (+ ,M,I,T)

106 (∶ = ,T,,M)

107 (J,,,102)

108 …

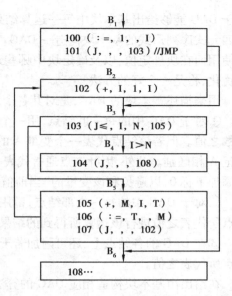

图 9.1 一个将四元式序列划分为基本块的例子

由规则 1(1)所确定的基本块入口为四元式 100;由规则 1(2)所确定的入口为四元式 102、103、105、108;由规则 1(3)所确定的入口为 104。由规则 2 可将上述四元式序列划分为如图 9.1 所示的各基本块。

9.2.2 基本块的优化技术

基本块是我们讨论优化技术的一个基本概念。基本块是程序中具有下述性质的中间代码序列:它有唯一的入口和唯一的出口,分别是块中的第 1 个操作和最末一个操作,且块中的各个操作按顺序执行,不出现任何分叉。例如,下面的四元式序列就是一个基本块:

(1) T_1 ∶ = A * B

(2) T_2 ∶ = 3/2

(3) T_3 ∶ = T_1 - T_2

(4) X ∶ = T_3

(5) C ∶ = 2

(6) T_4 ∶ = A * B

(7) T_5 ∶ = 18 + C

(8) T_6 ∶ = T_4 * T_5

(9) Y ∶ = T_6

在一个基本块内可进行的优化项目有:常数传播与合并、消除无用赋值、消除多余运算。所谓消除多余运算,是指如果某些运算在程序中多次出现,而在相继两次出现之间又没有改变它的各运算对象的值(即每次运算结果都一样),则可对它的第 1 次出现执行该运算一次,而对它的以后各次出现,仅直接引用相应的计算结果即可。例如,对于上述四元式序列,在四元式(1)和(6)中都含有运算 A * B,而(1)到(6)间的各四元式均未使 A 和 B 再定值,故四元式(6)中的运算 A * B 是多余的,可予以消除。通常,我们也将这种优化称为消除公共子表达式。

9.2.3 基本块的 DAG 表示及实现

对基本块进行分析的一种有效数据结构是无回路有向图(Directed Acyclic Graph,DAG)。

由于 DAG 能够给出基本块中每一运算结果用于块中其后续运算的一个完整描述,所以为每一四元式序列形式的基本块构造一 DAG,对于确定块中的公共子表达式,确定哪些名字在块内使用而在块外定值,以及确定块中哪些运算之值可能在块外引用,从而对于进行基本块上的优化,将是一个好的方法。

用来描述基本块的 DAG,是对其各个结点按如下方式进行标记的一个无回路方向图:

①对于 DAG 中的每一叶结点,用一个变量名或常数作标记,以表示该结点代表此变量或常数之值。但若该结点代表一个变量 A 的左值(地址),则用 addr(A)标记,以便和它的右值标记 A 相区别。此外,因叶结点通常代表一个变量名的初值,故对叶结点上所标记的变量名,都添加下标 0,以避免和该变量的"当前值"标记相混淆。

②对于 DAG 中的每一内部结点,都用一个运算符作标记,这样的结点代表以其直接后继结点所代表之值进行该运算所得到的结果。

③在 DAG 的各结点上,还可附加若干个符号名(标识符),以表示这些符号名都持有相应结点所代表之值。

在给出由基本块构造相应 DAG 的算法之前,先概括地说明一下构造 DAG 的大致过程。

对于基本块中的每一四元式(或三地址码),如果它有 A:= B OP C 的形式,则首先找出(或建立)代表 B 和 C 的"当前值"的结点:如果它们都是叶结点,且其标记均为常数,则直接执行运算 B OP C,然后建立以其运算结果 P 为标记的叶结点,并把 A 附加到此结点上去(如果以 B 或 C 为标记的结点是处理本四元式才建立的,则将它们删除);如果 B 或(和)C 是内部结点,则建立以 OP 为标记的新结点,此结点分别以 B,C 所标记的结点为其左、右直接后继结点,并将 A 附加到新建的结点上。不过,若在此之前,DAG 中已有结点其上有附加标记 A,且此结点无前驱,则在建立新结点的同时,应把老结点上附加的 A 删除,以表示 A 的当前值由新建立的结点代表;若 DAG 中原来已有代表运算 B OP C 的结点,则不必建立新的结点,只需把变量 A 附加到表示 B OP C 之值的结点上去即可。

如果当前处理的四元式有 A:= B 的形式,则不必建立新的结点,只需把 A 附加到代表 B 的当前值的结点上去即可。

下面,将具体给出构造 DAG 的算法。为简单起见,暂不考虑"变址存数"四元式及"无条件转移"四元式。此时,一个基本块可含有的四元式类型及其所对应的 DAG 结点的形式见表 9.1。其中,各结点圆圈中的 n_i 为该结点的编号;其下的符号为一运算符、标识符或常数;其右为附加符号。在"条件转移"四元式的情况,(s)为一四元式的编号(转移的目标),而在其余的情况下,则只能附加以标识符。由于每一结点至多只有两个后继结点,因此,我们采用一种常用的数据结构(如链表)便能存放各结点的相关信息。

为了便于在构造 DAG 的过程中,根据给定的标记或附加标识符查出相应的结点编号,宜于设置一张标识符及常数与相应结点的对照表。同时,为了进行这种查询,还需要定义一个函数过程 NODE(A),它的功能就是以 A(结点的标记或附加标识符)查找相应的结点:如果 DAG 中此时尚无以 A 标记的结点,则 NODE(A)无定义(例如,可令 NODE(A) = null);否则便回送新近建立的与 A 相关联的结点之编号 n_i。

表 9.1 DAG 结点的类型

类 型	四元式	DAG 结点
0 型	A:=B (:=,B,,A)	
1 型	A:=OP B (OP,B,,A)	
2 型	A:=B OP C (OP,B,C,A)	
2 型	A:=B[C] (=[ ],B,C,A)	
	if B rop C go to (s) (jrop,B,C,(s))	

算法 9.2 由基本块构造相应的 DAG

```
for(i=0;i<QlistLength;i++) /*  QlistLenth 之值为基本块中四元式的个数  */
{
    取出第 i 四元式 Qi;
    if(NODE(B)==NULL)
    {
        建立一个以 B 为标记的叶结点,其编号为 NODE(B);
        switch(Qi)
        {
        case 0:
            NODE(B)=n;
            break;
        case 1:
            if(NODE(B)是常数为标记的叶结点)
            {
```

```
              执行 P = op B;/*  合并已知量  */
              if( NODE(B)是处理 Qi 时新建立的结点）删除 NODE(B)；
              if( NODE(P) == NULL){建立 NODE(P)；NODE(P) = n；}
          }
        else
          {
            if( DAG 中已有以 NODE(B)为唯一后继且标记为 op 的结点）
            /*  查找公共子表达式  */
            令已有结点为 n；
            else
               建立新结点 n；
          } /*  endif(NODE(B)是常数为标记的叶结点）  */
          break；
        case 2：
          if( NODE(C) == NULL)
          {
            构造以 C 为标记的新结点；
            if( NODE(B)为常数结点 && NODE(C)为常数结点）
            {
                执行 P = B op C；/*  合并已知量  */
                if( NODE(B)或 NODE(C)是处理 Qi 时新建立的结点）删除之；
                if( NODE(P) == NULL){建立 NODE(P)；NODE(P) = n；}
                break；
            }
          }
        else if( DAG 中已有以 NODE(B)和 NODE(C)分别为左、右后继,且标记为 op 的
结点）
                令已有结点为 n；
            else
               建立新结点 n；
            /*  endif(NODE(B)为常数结点 && NODE(C)为常数结点）  */
            break；
        }
        if( NODE(A) == NULL)
        {
          把 A 附加到结点 n；
          NODE(A) = n；
        }
        else
          {
```

　　　　　　　　从 NODE(A)的附加标识符集中将 A 删去;

　　　　　　　　把 A 附加到结点 n;

　　　　　　　　NODE(A) = n;

　　　　　　} / * endif(NODE(A) == NULL) * /

　　　　} / * endif * /

　　} / * end for loop * /

例 9.1　　下面是一个基本块的代码序列:

(1) $T_1 := A * B$

(2) $T_2 := 3/2$

(3) $T_3 := T_1 - T_2$

(4) $X := T_3$

(5) $C := 5$

(6) $T_4 := A * B$

(7) $C := 2$

(8) $T_5 := 18 + C$

(9) $T_6 := T_4 * T_5$

(10) $Y := T_6$

利用算法 9.2 对块中各四元式逐条进行处理,所产生的 DAG 子图依次如图 9.2(a) ~ (i)所示。其中,图 9.2(i)即为要构造的 DAG。

9.2.4　利用 DAG 进行基本块上的优化处理

在算法 9.2 的执行过程中,已完成了对基本块进行优化的一系列准备工作:

①对于块中执行计值运算的每一四元式,如果其中的运算对象是常数或编译时的已知量,则在算法的第 2 步,将直接执行此运算,并产生以运算结果为标记的叶结点,而不再产生执行运算的内部结点(见图 9.2(b)、(g)),即完成了合并已知量的工作。

②对于执行同一运算的四元式的多次出现,仅在处理它的第 1 次出现时,产生执行此运算的内部结点;对于它的以后各次出现,则不再产生新的内部结点,而只是把要赋予该运算结果的各变量标识符添加到那个内部结点的附加标识符集中即可(见图 9.2(e)),从而也就达到了自动查找公共子表达式的目的。

③对于在基本块内被赋值的变量,如果它们在被引用之前又被再次赋值(这可从该变量所在结点是否有前驱来判断),则在算法 9.2 的第 4 步,除了把此变量名附加到当前所产生的结点之外,还把它从老结点的附加标识符集中逐出(见图 9.2(f)),即宣告对该变量的前一次赋值无效,从而也就达到了消除此种无用赋值的目的。

由此可见,当一个基本块经算法 9.2 处理之后,我们就得到了此基本块的一个等价的 DAG 表示,此 DAG 所表示的基本块一般来说比原基本块更为有效。如果我们从该 DAG 出发,按原来构造它的各个结点的次序重建基本块,并在将各结点转换为四元式的过程中,注意

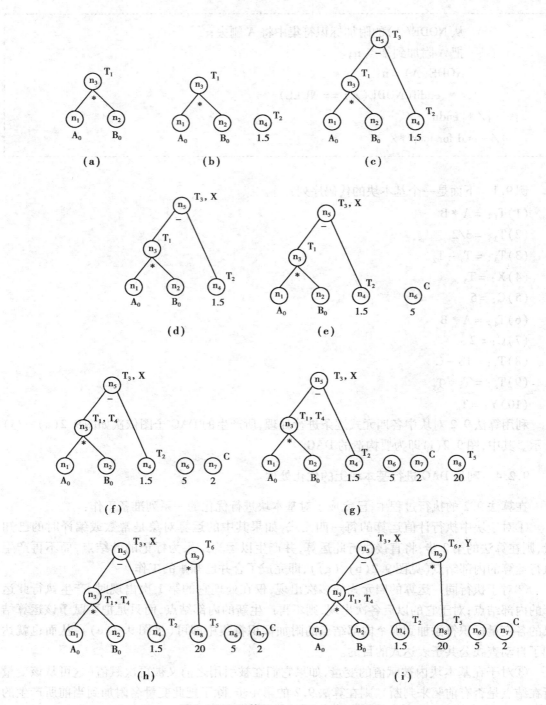

图 9.2　利用算法 9.2 产生 DAG 的例子

到删除多余的运算,便能生成优化的四元式序列。例如,对于图 9.1 有:

(1) $T_1 := A * B$

(2) $T_2 := 1.5$

(3) $T_3 := T_1 - 1.5$

（4）X：= T$_3$

（5）T$_4$：= T$_1$

（6）C：= 2

（7）T$_5$：= 20

（8）T$_6$：= T$_1$ * 20

（9）Y：= T$_6$

与原来的基本块比较,我们发现:

①公共子表达式 A * B 仅在四元式(1)中计算一次,在四元式(5)中,只直接引用其结果。

②原基本块中已知量的运算已合并(见新基本块中的四元式(2)和(7))。

③原基本块中的无用赋值 C：= 5 在新基本块中已不复出现。

9.3　循环优化

现在,我们开始讨论循环优化的问题。众所周知,一个程序在运行时,常常把相当大的一部分时间消耗在循环的执行上,因此,循环的优化实为提高程序运行效率的主要途径之一。

本节,我们首先给出循环的定义,然后介绍查找循环的方法,最后再讨论在循环中进行代码优化的一些项目。通常,人们把循环理解为程序中的一个能被重复执行的代码序列。然而,如果把这种理解视为循环的定义,则对于查找程序中的循环以及代码的优化处理是不方便的,因而有必要对什么是程序中的一个循环给出较明确的规定。

9.3.1　循环结构的定义

我们把流程图中具有如下性质的一组结点(即一组基本块)称为程序中的一个循环:

①在这组结点中,有唯一的入口结点,使得从循环外到循环内任何结点的所有通路,都必通过此入口结点。下面我们将会看到,这一规定的目的在于使我们在进行优化处理时,能有一个唯一的位置来外提循环不变运算和给所谓归纳变量赋值(其含义我们后面介绍),这个位置在循环之外且正好处于入口结点之前。

②这一组结点是强连通的。所谓一组结点是强连通的,是指从这组结点内的任一结点出发,都能到达组中任一其余的结点(特别的,当这组结点仅含一个结点时,必有从此结点到其自身的有向边)。此一规定的作用在于,如果一组结点不是强连通的,则至少其中有一部分不能被重复地执行。

例 9.2　考虑如图 9.3 所示的流程图。其中,结点组{7,8,10}构成一个循环,结点 7 是它的入口。{4,5,6,7,8,10}和{3,4,5,6,7,8,10}也分别构成循环,前者的入口是结点 4,后者的入口是结点 3。另外,整个流程图本身也构成循环,其入口就是流程图的首结点 1。乍看起来,{3,4},{4,5,6,7},{1,2,3,4,5,7,8,9}等似乎也像循环,但因它们的入口均不唯一,违背了循环的第一个条件,故实际上都不是循环。

9.3.2　循环的查找

上面我们给出了构成循环所应具备的两个条件。显然,这两个条件实际上规定了流程图

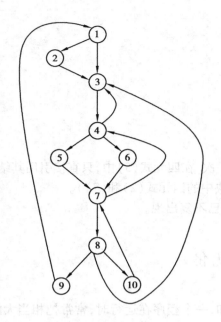

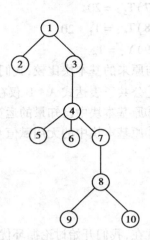

图9.3　流程图　　　　　　　　　图9.4　流程图9.3的控制结点树

中作为循环的一组结点应满足的控制关系。因此,为查找程序中的循环,就有必要对流程图中各结点的控制关系进行分析。下面,我们介绍一种利用所谓控制点(DO minator)在流程图中查找循环的方法。

1)必经结点集

如果从流程图的首结点到流程图中某一结点 n 的所有通路都要经过结点 d,我们就说结点 d 控制了结点 n,或者把 d 称为 n 的必经结点,记作 dDO Mn。特别的,根据定义,流程图中每一结点都是它自己的必经结点(即 nDO Mn);循环的入口结点是循环中每一结点的必经结点。

如果将 DO M 视为定义在流程图的结点集上的一个二元关系,则不难验证,DO M 具有自反、传递及反对称等性质。从而可知,DO M 是一种偏序关系,每一结点 n 的全部必经结点可按 DO M 关系进行线性排序,它们将依这种线性顺序出现在从流程图的首结点到结点 n 的任何通路中。

表示流程图中各结点间控制关系的一种直观而有效的方法是用树形结构,控制结点树。其中,流程图的首结点,即为树的根,而每一内部结点的父结点就是其直接控制结点,流程图的控制结点树中结点 n 的全部祖先就组成了这个结点的必经结点集 D(n)。例如,流程图9.3相应的控制结点树如图9.4所示。由此控制结点树可求得各结点的必经结点集为

D(1) = {1}

D(2) = {1,2}

D(3) = {1,3}

D(4) = {1,3,4}

D(5) = {1,3,4,5}

D(6) = {1,3,4,6}

D(7) = {1,3,4,7}

D(8) = {1,3,4,7,8}
D(9) = {1,3,4,7,8,9}
D(10) = {1,3,4,7,8,10}

下面给出求流程图(N,E,n_0)各结点的必经结点集 D(n)的一个算法,如程序 9.3 所示(其中,N 为流程图的结点集,E 为有向边集,n_0为首结点)。此算法的主要依据是,对于流程图中的每一结点 n,设 n 的直接前驱结点集 P(n) = {P_1,P_2,…,P_k},并设 d 是异于 n 的一个结点,则当且仅当 d 是每个 P_i 的必经结点时,d 也是 n 的必经结点。和前面求解数据流方程的算法相仿,现在所给的算法也是用迭代法逐次逼近所需求的各个 D(n)。至于各 D(n)初值的选择,除了显然应取{n_0}作为 D(n_0)的初值外,对于其余的 D(n),由于我们没有任何先验的信息作为参考,所以可一律取结点集 N 作为它们的初值。此外,算法中所使用的布尔变量 CHANGE 和集合变量 NEWD,其作用和求解数据流方程算法中的相应变量极其类似。最后,容易看出,在迭代过程中,NEWD 总是当前 D(n)的一个子集,且 NEWD 中的结点个数有下界,故迭代过程必然收敛。实践表明,若按深度优先的顺序来选取 N 中的结点进行迭代,则可加快收敛的速度。

程序 9.3　求必经结点集 D(n)的算法

```
{
  /* 本算法中的{n_0}和{n}都是集合的数学表示形式 */
  D(n_0) = {n_0};
  for(n ∈ (N - {n_0}))
    D(n) = N;
  CHANGE = true;
  while(CHANGE)
  {
    CHANGE = false;
    for(n ∈ (N - {n_0}))
    {
      NEWD = {n} ∪ (∩_{S∈P(n)}D(S));
      if(D(n)! = NEWD)
      {
        CHANGE = true;
        D(n) = NEWD;
      }//if
    }//for
  }//while
}
```

作为一个例子,现在我们用上述算法计算流程图 9.3 中的各个结点的必经结点集。首

先,对各 D(n)赋初值:

D(1) = {1}

D(2) = D(3)… = D(10) = {1,2,3,…,10}

然后进行第 1 次迭代,我们假定在算法第 6 行的 for 循环中,按 1,2,…,10 的顺序依次访问各个结点。对于结点 2,由于它仅有直接前驱结点 1,故 NEWD = {2}∪D(1) = {1,2}

因此时 NEWD≠D(2),所以在第 9 行置 CHANGE 为 true,在第 10 行置 D(2) = {1,2}。对于结点 3,由于它的直接前驱结点为 1,2 及 8,故此时有

NEWD = {3}∪({1}∩{1,2}∩{1,2,…,10}) = {1,3}

而在第 10 行置 D(3) = {1,3}。仿此,对其余各个结点的迭代计算为

D(4) = {4}∪(D(3)∩D(7)) = {4}∪({1,3}∩{1,2,…,10}) = {1,3,4}

D(5) = {5}∪D(4) = {1,3,4,5}

D(6) = {6}∪D(4) = {1,3,4,6}

D(7) = {7}∪(D(5)∩D(6)∩D(10)) = {7}∪({1,3,4,5}∩{1,3,4,6}∩{1,2,…,10}) = {1,3,4,7}

D(8) = {8}∪D(7) = {1,3,4,7,8}

D(9) = {9}∪D(8) = {1,3,4,7,8,9}

D(10) = {10}∪D(8) = {1,3,4,7,8,10}

当第 1 次迭代完毕之后,CHANGE 之值为 true,因此,必须再执行 while 循环。但第 2 次迭代的结果表明,各 D(n)中的元素都未发生变化,故 CHANGE 之值为 false,迭代过程结束。

2) 回边及查找循环的算法

查找流程图中循环的一种有效方法,是借助已求出的必经结点信息,求得流程图中的回边,然后再根据回边求出流程图的循环。

设 d 是结点 n 的必经结点(即有 dDO Mn),若在流程图中,存在着从结点 n 到 d 的有向边,则称此有向边 n→d 为流程图中的一条回边。

例如,考察流程图 9.3:

①由于有 3 DO M4,故 4→3 为回边;

②由于有 4 DO M7,故 7→4 为回边;

③由于有 7 DO M10,故 10→7 为回边;

④由于有 3 DO M8,故 8→3 为回边;

⑤由于有 1 DO M9,故 9→1 为回边。

当求出了一个流程图中的全部回边之后,我们便能按下述规则找出流程图中的全部循环:设 n→d 为一回边,则在流程图中,那些不经过结点 d 而能到达结点 n 的所有结点,包括结点 d 和 n 本身,便构成了流程图中的一个循环。此循环以结点 d 为其唯一入口。这一事实,不难根据回边和循环的定义得到证明,我们把证明的工作留给读者。

再考察流程图 9.3。根据上面所求得的回边和所给的查找循环的规则,可分别求得流程图中含有相应回边的各个循环如下:

①包含回边 4→3 的循环是结点组{3,4,5,6,7,8,10};

②包含回边 7→4 的循环是结点组{4,5,6,7,8,10};

③包含回边 8→3 的循环是结点组{3,4,5,6,7,8,10};

④包含回边 10→7 的循环是结点组{7,8,10};

⑤包含回边 9→1 的循环是整个流程图。

对于所给的回边 n→d,由于结点 d 是所在循环的唯一入口,而结点 n 是它的一个出口,因此,可按如下的步骤逐步确定出此循环所含有的全部结点:首先,对于出口结点 n,若它不同时为入口结点,则求出它的所有直接前驱,这些直接前驱结点将必然属于该循环;对于已求得的 n 的这些直接前驱,只要它们不是入口结点 d,就再求出它们的直接前驱,如此逐步向上推进,直到在此过程的某一步,对所有结点所求的直接前驱都是结点 d 时为止。

上述根据已给回边 n→d 查找流程图中相应循环的过程,可用程序 9.4 所示的算法来描述。其中,LOOP 是一个集合变量,用来存放正在查找的循环中的各个结点。此外,在此算法中,还设置了一个名为 STACK 的堆栈。开始时,首先将 d 和 n 置于 LOOP,将 n 置于 STACK 的栈底,以后每一次将栈顶元素 m(结点)退出,就把它的直接前驱结点集 P(m)中的各结点逐步置于 LOOP 及 STACK 之中(这些操作是调用一个名为 INSERT 的函数来实现的),直到堆栈 STACK 被拆空为止。

程序 9.4 根据回边查找循环的过程

```
/* 本算法中的{S}和{d}都是集合的数学表示形式 */
void INSERT(S)
{
    if(S ∈ LOOP)
    {
        LOOP = LOOP ∪ {S};
        push S onto STACK;
    }
}
/* 下面是 main 主函数中根据回边查找循环的算法 */
STACK = empty;
LOOP = {d};
INSERT(n);
while(STACK is not empty)
{
    pop m off STACK;/* m 是 STACK 的栈顶元素 */
    for
    {
        q ∈ p(m))
        INSERT(q);
    }
}
```

9.3.3 循环优化的实现

循环优化在整个代码优化中占有重要的地位,因为这种优化比其他一些种类的优化效果往往更为显著。循环优化的内容较广。这里,仅介绍循环不变运算外提、削弱运算强度、消除归纳变量以及下标变量地址计算的优化,等等。

1) 循环不变运算外提

所谓循环中的不变运算,是指运算对象之值不随循环的重复执行而改变的运算。例如,设在循环中含有形如 (s) $A := B * C$ 的三地址码(或四元式),而 B 和 C 为常数,或能到达 (s) 的 B 和 C 的定值点在循环之外,则运算 $B * C$ 以及 A 之值在循环的执行过程中保持不变。此外,如果在循环中尚有

$$(r) D := A/E$$

其中,E 为常数或能到达 (r) 的 E 之定值点在循环之外,且能到达 (r) 的 A 之定值点是唯一的 (s),则 A/E 和 D 之值也在循环中保持恒定。

为提高代码的执行效率,对于上述那些循环中的不变运算,就不需在循环中反复地执行,而只需将它们移到循环的入口之前执行一次即可。通常,将此种优化称为循环不变运算外提或简称为代码外提。

为实现循环不变运算的外提,显然需解决以下 3 个问题:

①如何识别循环中的不变运算?

②把循环中的不变运算提到循环外的什么地方?

③循环不变运算外提之后,是否会给整个程序的执行带来副作用? 也就是要讨论在什么条件下才能实现代码外提的问题。

对于第一个问题,如果我们已经求出了一个循环 L 中的每一变量在其各引用点的 ud 链,便可立即知道能到达这些引用点之相应变量的定值点是否在 L 之外,从而也就为确定 L 中的不变运算提供了必要的信息。根据 ud 链信息,并执行下面的算法,就能找出 L 中的全部不变运算:

①依次扫视 L 中的每一四元式,若某四元式的各运算对象是常数,或是其定值点在 L 之外的变量,则标记此四元式;

②重复执行步骤 3,直至没有新的四元式被标记为止;

③对于 L 中尚未标记的四元式 (r),若它的各运算对象为常数,或者是定值点在 L 之外的变量,或者虽然在 L 中的某一点 (s) 定值,但 (s) 是唯一能到达 (r) 且已标记的定值点,则标记四元式 (r)。

经执行以上的算法之后,L 中已被标记的所有四元式即为所要查找的不变运算。

至于上述第二个问题,由于我们规定每个循环只有唯一的入口,这就为外提循环不变运算提供了一个唯一的位置,这个位置正好处于循环的入口结点(基本块)之前。具体地说,也就是在紧靠循环 L 的入口结点之前,再插入一个新的结点,称为 L 的前置结点,此结点以 L 的入口结点为其唯一的直接后继,并把流程图中原来从 L 之外引向 L 入口结点的全部有向边,都改为引向 L 的前置结点。这样,进行循环不变运算的外提,也就是将 L 中所有可以外提的不变运算,都移到 L 的前置结点中去。

再讨论第三个问题。现在的问题是:是否一个循环中的全部不变运算均可外提? 不尽

然。事实上,在某些情况下,如果我们把一个循环中的不变运算不加分析地统统外提,则该程序在循环不变量外提之前和外提之后的执行结果并不一致,即前后两个程序并不等价。这种不一致的产生,主要是由于循环不变运算的外提对循环出口之后的影响,即对整个程序的执行所带来的副作用。为了说明这一问题,试看下面的例子。

例 9.3　考虑图 9.5 所示的某个部分流程图。其中,结点 B_2、B_3 和 B_4 构成一个循环,B_2 和 B_4 分别是循环的入口结点和出口结点。

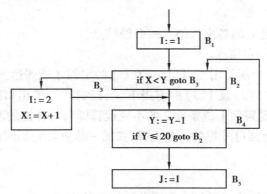

图 9.5　程序流程图之一

对于上述循环,当变量 X 和 Y 取不同的值时,变量 J 可能有不同的值。例如,当 $X=10$,$Y=15$ 时,显然执行的路径应为 $B_2-B_3-B_4-B_5$。故执行到基本块 B_5 时,I 的值为 2,从而 J 的值也应是 2。而当 $X=24$,$Y=22$ 时,执行的路径为 $B_2-B_4-B_2-B_4-B_5$。由于不经过 B_3,所以执行 B_5 时,I 的值为 1,故 J 的值为 1。然而,如果将 B_3 中的不变运算 $I:=2$ 外提到 B_2 之前(B_1 之后),则不论 X,Y 取何种值,当执行到 B_5 时,I 的值永远为 2,故将循环不变运算外提之后所得的程序与原来的程序并不等价,即上述循环中的不变运算 $I:=2$ 实际上不可外提。容易看出,出现这种情况的原因,就在于含有不变运算 $I:=2$ 的基本块 B_3 不是各出口结点的必经结点,且当退出循环时,变量 I 在出口结点 B_4 的后继结点 B5 之前是活跃的。显然,对于本例而言,如果不变运算所在的基本块是循环出口结点的必经结点,或者虽然它不是循环出口结点的必经结点,但 I 在循环出口之后不再被引用(即在 B_5 之前不活跃),则仍可把不变运算外提(因为这样做并不会改变程序的计算结果)。

然而,是不是当不变运算所在的基本块为循环出口结点的必经结点时,此基本块中的不变运算就一定能够外提呢? 那也不尽然。例如,如果把流程图 9.5 中的基本块 B_2 改为

$$I:=3$$
$$\text{if } X<Y \text{ goto } B_3$$

此外一切照旧,虽然此时不变运算 $I:=3$ 处于 B_4 的必经结点 B_2 之中,但仍不能将 B_2 中的不变运算 $I:=3$ 外提。这是因为,如果我们考察按 $B_2 \to B_3 \to B_4 \to B_2 \to B_4 \to B_5$ 的路径执行循环中的运算便会发现:在不外提 $I:=3$ 的情况下,当执行到 B_5 时,I 的值为 3;而若外提 $I:=3$,则到达 B_5 时 I 的值却是 2。可见两者并不等价。之所以如此,是因为在此情况下,除 B_2 中有 I 的定值点之外,在 B_3 还有 I 的另一定值点。因此,要使循环不变运算 $I:=3$ 可能外提,除要求它所在的基本块是循环出口结点的必经结点之外,还要求 $I:=3$ 是循环中 I 的唯一定值点。

综上所述,可列出对一个循环 L 实现不变运算外提的算法如下。我们假定,在执行算法之前,算法所需的 ud 链信息、必经结点信息以及活跃变量信息均已求出。

循环不变运算外提的算法:

第一步:按前面所给的算法找出 L 中的全部不变运算。

第二步:对第一步所找出的每一不变运算(s) A：= B OP C(或 A：= OP B,或 A：= B)检验下列条件 1 或条件 2 是否成立。

条件 1:

①s 所在的基本块是 L 的各出口结点的必经结点。

②s 是 L 中 A 的唯一定值点。

③对于 A 在 L 中的全部引用点,只有 A 在(s)的定值才能到达。

条件 2:在满足条件 1(2)及 1(3)的前提下,当控制从 L 的出口结点离开循环时,变量 A 不再活跃。L 中凡是满足条件 1 或条件 2 的不变运算即为可外提的不变运算。

第三步:对于 L 中全部可外提的不变运算,按第一步查找它们时的顺序,依次将它们移到 L 的前置结点中去。

2) 运算强度的削弱

现在,用一个例子来讨论在循环中实现此种优化的方法。

设某源程序中有如下的循环:

I：= A;

whileI < = CDO

begin

…

    D：= I * K;

…

    I：= I + B

end;

设相应的中间代码序列如图 9.6 所示。我们假定 B 和 K 都是在循环中不变的整型量,且在循环中,除(s)之外无 D 的其他定值点。显然,在上述假定下,在执行循环时,变量 D 之值仅随控制变量 I 之值的变化而变化,其变化规律为

第一次 $I = A, D = A * K$;

第二次 $I = A + B, D = A * K + B * K$;

第三次 $I = A + 2 * B, D = A * K + 2 * B * K$;

……

可见,在第一次执行时,D 取得它的初值 $A * K$,而其后的各次循环,则只需对 D 的上一次值加上一个增量 $B * K$ 即可。又由于 $A * K$ 和 $B * K$ 都是该循环的不变运算,故仅需将 $A * K$ 及 $B * K$ 置于循环的前置结点中计算一次即可(自然我们应假定 $A * K$ 及 $B * K$ 均可外提)。于是,就可将流程图 9.6 改造为图 9.7 的形式。这样一来,我们就把原循环中的乘法运算 $I * K$ 替换为加法运算 $D + T1$,由于加法运算的速度通常比乘法运算的速度快得多,从而也就使循环中的运算强度得以削弱。

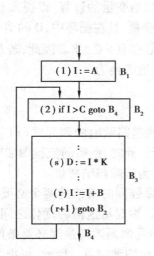

图 9.6　一个循环语句的中间代码序列

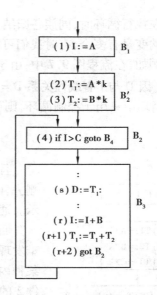

图 9.7　程序流程图之三

显然,并非循环中的所有乘法运算都能按上面的方法削弱其强度。例如,若流程图 9.6 的基本块 B3 中,在四元式(s)之后有形如 E: = I * D 的四元式,虽然它在外形上与四元式(s)很相似,但却不能削弱其乘法运算的强度。原因就在于,其中的 D 不是循环不变量。即使我们用 I * K 去替换 D,而将 I * D 写成 I * I * K 对运算强度的削弱也无济于事,因为此时后者已不再是 I 的线性函数,也就无法采用逐次加一增量的方法,将乘法运算替换为加法运算了。

对于削弱运算强度这种优化,尚无一种较为系统的处理方法。不过,根据以上的讨论可以看出,欲对循环中某个含有整型变量 I 或 J 的算术表达式进行削弱运算强度的优化处理,则至少应要求此表达式满足以下的必要条件:

①循环中含有对 I 或(和)J 的直接或间接的递归赋值,例如,I: = I ± C1;J: = J ± C2;I: = J + B1;J: = I + B2;等等。其中,C1、C2、B1、B2 均为循环不变量。

②在执行循环的过程中,此表达式之值线性地依赖于 I 或 J 之值,换言之,也就是能将此表达式化成 I * K1 ± K2 或 J * K1 ± K2 的形式,其中,K1 和 K2 也是循环不变量。

3)消除归纳变量

在一个循环 L 中,经常会遇到这样的一些变量,它们的值随着循环的重复执行按算术序列的规律变化。例如,在流程图 9.6 中,含有递归赋值 I: = I + B,其中,变量 I 之值即构成算术序列,又由于变量 D 可表示为 I 的线性函数 D = I * K(K 为循环不变量),故 D 的值也同样构成算术序列,而且 D 和 I 的值之间还保持着某种同步变化的关系。通常,我们把这样的变量 I 和 D 称为同族的归纳变量。

一般地,若在循环 L 中存在唯一的递归赋值 I: = I ± C,其中 C 为循环不变量,则称 I 为 L 中的一个基本归纳变量。又若 I 为 L 中的一个基本归纳变量,而另一变量 J 在 L 中的定值与 I 之值有着某种同步的线性关系 J = K1 * I + K2,其中,K1 和 K2 为循环不变量,则称 J 是与 I 同族的归纳变量。特别的,基本归纳变量是与它自身同族的归纳变量。

在一个循环 L 中,基本归纳变量常用来作为循环的控制变量、数组元素下标表达式中的变量,以及用来计算同族的其他归纳变量,等等。

203

由于在执行循环时,同族各归纳变量之值同步地变化,所以,在一个循环中,如果属于同一族的归纳变量有多个,有时我们可能删去对其中的一些归纳变量的计算,以提高程序的运行效率。例如,在流程图 9.7 中,由于 D 是与 I 同族的归纳变量,且在循环中,D 的值总是 I 的值的 K 倍(因 D 与 I 有线性关系 D = I * K),故当 I > C 时,必有 D > C * K。因此,若基本归纳变量 I 在循环中只用于控制循环,则可将循环控制条件等价地替换为

$$T2 := C * K$$
$$if\ D > T2\ gotoB4$$

且把对基本归纳变量 I 的递归赋值的四元式(r)从循环中删去,而不会影响程序的执行。此时,所得的流程图如图 9.8 所示。通常,将此种循环优化称为消除归纳变量。

回顾在上文讨论削弱运算强度时所给的两个必要条件,不难发现削弱运算强度和消除归纳变量这两种优化之间,存在着某种内在的联系。事实上,满足削弱运算强度必要条件 1 和条件 2 的变量本身,常常就是一个归纳变量。因此,可把削弱运算强度的优化处理放在消除归纳变量的处理过程之中一揽子地进行。下面所给出的,是进行这种优化处理的算法的一些主要步骤。我们假定,在执行此算法之前,已求出给定循环 L 相应的 ud 链信息、循环不变运算信息以及活跃变量信息,等等。

第一步扫视 L 中的各个四元式,根据不变运算信息找出 L 中的全部基本归纳变量。

第二步查找 L 中的其他归纳变量,并找出它们与同族基本归纳变量间的线性关系。

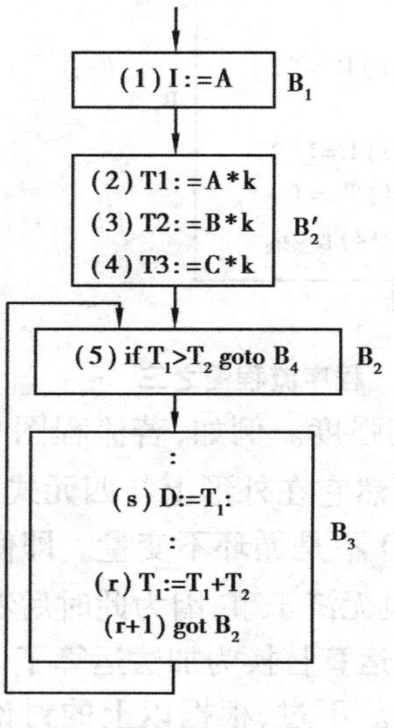

$$(1)\ I := A \quad B_1$$
$$(2)\ T1 := A*k$$
$$(3)\ T2 := B*k \quad B_2'$$
$$(4)\ T3 := C*k$$
$$(5)\ if\ T_1 > T_2\ goto\ B_4 \quad B_2$$
$$\vdots$$
$$(s)\ D := T_1;$$
$$\vdots$$
$$(r)\ T_1 := T_1 + T_2$$
$$(r+1)\ got\ B_2$$
$$B_3$$

图 9.8　程序流程图之六

为此,对于某一变量 A,我们查看 L 中是否存在唯一的四元式,它具有如下的形式之一:

$$A := C * B \qquad A := B * C$$
$$A := B/C \qquad A := B \pm C$$
$$A := C \pm B$$

其中,B 为归纳变量,C 是循环不变量。如果这样的四元式存在,例如有

$$(s)\ A := C * B$$

则表明 A 为一归纳变量,并且我们已找到了归纳变量 A 与归纳变量 B 之值在点(s)间的线性关系

$$A = C * B$$

此时,可能出现如下两种情况:

①如果 B 为基本归纳变量,则事实上最终找到了归纳变量 A 与其同族的基本归纳变量 B 之间的线性关系,我们将这种关系记作

$$FA(B) = C * B$$

②如果 B 不是基本归纳变量,则从 B 出发重复上面的过程,以期最终找到同族的基本归纳变量。现假定已找到了基本归纳变量为 D,而 B 与 D 同族,其间的线性关系为 FB(D),且满足如下的条件:

a. L 中,在 B 的定值点和 A 的定值点(s)之间,无 D 的定值点。

b. 在 L 之外对 B 的定值不能到达 A 的定值点(s)。则易知变量 A 是与基本归纳变量 D 同族的归纳变量,且 A 与 D 间的线性关系 FA(D)可通过 B 与 D 间的线性关系 FB(D)求出,即有

$$FA(D) = C * FB(D)$$

第三步依次考察第二步所求得的各个基本归纳变量 B。对于与 B 同族的每一归纳变量 A,设 A 与 B 的线性关系为

$$FA(B) = C1 * B + C2$$

其中,C1 和 C2 为循环不变量,则可按以下的步骤削弱乘法运算的强度:

①引入一新的临时变量 SFA(B)(但对于与 B 同族的两个归纳变量 A 和 A′,若它们和 B 有相同的线性关系,即 FA(B) = FA′(B),则只对它们引入一个 SFA(B))。

②在 L 的前置结点中原有四元式之后,添加如下的四元式

$$SFA(B) := C1 * B$$
$$SFA(B) := SFA(B) + C2(或 C2 = 0 则不加此四元式)$$

③把 L 中对 A 赋值的四元式改写为

$$A := SFA(B)$$

④设在 L 中对基本归纳变量的唯一递归赋值为

$$(r) B := B \pm E$$

其中,E 为循环不变量,则每当 B 被递归赋值一次,FA(B)之增量为 $\pm C1 * E$,所以应在四元式(r)之后添加如下的四元式

$$T := C1 * E(C1 \neq 1)$$
$$SFA(B) := SFA(B) \pm T$$

而当 C1 = 1 时,则只需添加四元式

$$SFA(B) := SFA(B) \pm E$$

第四步考察按第三步 3 所引入的每一个四元式

$$(q) A := SFA(B)$$

若在点(q)与 L 中 A 的任何引用点之间,不存在对 SFA(B)的赋值,则可将上述对 A 的引用替之以对 SFA(B)的引用,同时将四元式(q)从 L 中删去。

第五步对于 L 中的某一基本归纳变量 B,如果它在 L 中仅用于计算同族的归纳变量和控制循环,如

$$(p) if BropXgotoY$$

且 B 在循环出口之外不活跃,则可从与 B 同族的归纳变量中,选择某一个归纳变量 M,使得 FM(B)尽可能地简单(设 FM(B) = K1 * B + K2,K1 和 K2 为循环不变量),然后引入一新的临时变量 R,并将作为循环控制条件的四元式(p)替之以如下的四元式:

$$R := K1 * X(当 K1 = 1 时,为 R := X)$$
$$R := R + K2(当 K2 = 0 时,无此四元式)$$
$$if SFM(B)ropRgotoY$$

同时,从 L 中删去对基本归纳变量 B 递归赋值的四元式(当循环控制条件为 if XropBgotoY 时,其处理方法是类似的)。这样,通过改变循环的控制条件,使其达到了删除基本归纳变量的目的。

习 题 9

9.1 设有如下的三地址码(四元式)序列：

```
        read N
        I：= N
        J：= 2
L1：        if I ≤ J goto L3
L2：        I：= I – J
        if I > J goto L2
        if I = 0 goto L4
        J：= J + 1
        I：= N
        goto L1
L3：        Print'YES'
        halt
L4：        Print'NO'
        halt
```

试将它划分为基本块,并作控制流程图。

9.2 设已给如下的 PASCAL 程序：

```
program Cancelfactors( input , putput );
  var numerator , denominator : integer;
  procedure lowterm( var num , den : integer);
    var numcopy , dencopy , remainder : integer;
  begin
    numcopy：= num;
    dencopy：= den;
    while dencopy < > 0 do
    begin
      remainder：= numcopy mod dencopy;
      numcopy：= dencopy;
      dencopy：= remainder
    end; { while }
    if numcopy > 1 then
    begin
      num：= num div numcopy;
```

```
            den: = den div numcopy
        end
    end; {lowterm}
begin{cancelfactors}
    read(numerator denominator);
    lowterm(numerator, denominator);
    writern(numerator, denominator)
end. {cancelfactors}
```

(1)试写出上述程序相应的四元式序列;

(2)将所得的四元式序列划分为基本块,并作出控制流程图。

9.3　考虑如下计算两矩阵乘积的程序:

```
begin
    for i: = 1 to n do
    for j: = 1 to n do
    C[i,j]: = 0;
for i: = 1 to n do
    for j: = 1 to n do
        for k: = 1 to n do
            C[i,j]: = C[i,j] + A[i,k] * B[k,j]
end;
```

(1)假定数组 A、B 和 C 均按静态分配其存储单元,对上述程序写出三地址(四元式)代码序列;

(2)将所得的三地址码序列划分为基本块,并画出相应的控制流程图。

9.4　考虑如下的基本块:

D: = B * C

E: = A + B

B: = B * C

A: = E + D

(1)构造相应的 DAG;

(2)对于所得的 DAG,重建基本块,以得到更有效的四元式序列。

9.5　对于如下的两个基本块:

(1)A: = B * C　　　　　　　　(2)B: = 3

　　D: = B/C　　　　　　　　　　D: = A + C

　　E: = A + D　　　　　　　　　E: = A * C

　　F: = 2 * E　　　　　　　　　F: = E + D

　　G: = B * C　　　　　　　　　G: = B * F

　　H: = G * G　　　　　　　　　H: = A + C

　　F: = H * G　　　　　　　　　I: = A * C

L：= F   J：= H + I

M：= L   K：= B * 5

L：= K + J

M：= L

分别构造相应的 DAG,并根据所得的 DAG 重建经优化后的四元式序列。在进行优化时,须分别考虑以下两种情况:

（1）变量 G、L、M 在基本块出口之后活跃;

（2）仅变量 L 在基本块出口之后活跃。

目标代码生成是编译程序的最后一个工作阶段。其任务是把先行阶段所产生的中间代码转换为相应的目标代码。

一般而言，构造一个高效的代码生成程序并不容易，因为代码生成总是与某一具体的目标计算机密切相关，很难找到一种对各编译程序都普遍适用的好的生成算法。然而我们仍应研究这一课题，因为一个精巧的代码生成程序所产生的目标代码，在执行效率上，要比那些拙劣的代码生成程序所产生的目标代码要高得多。对于一个好的代码生成程序来说，通常要求它至少能做到以下两点：

第一，使所生成的目标代码尽可能地短。

第二，能较充分地发挥目标计算机可用资源的效率，如尽可能地使用执行速度较快的指令，充分利用计算机的寄存器或变址器，以节省访问内存的时间，等等。

本章，我们将首先介绍目标代码常见的 3 种形式，然后针对某一假想的计算机模型，给出生成目标代码的一个简易算法。此算法以四元式（三地址码）序列作为它的加工对象，并在一个基本块的范围内完成代码生成的任务。进而，再在更大的范围内，即在包含流程控制的结构中讨论寄存器的分配问题。

10.1 目标代码的形式

代码生成程序所输出的目标程序可以有如下 3 种形式：

①具有绝对地址的机器语言程序；

②可浮动的机器语言程序；

③汇编语言形式的程序。

就所花费的机器时间而言，应当说第一种形式的目标代码最为有效，因为它们在存储空间中有固定的位置，一旦产生出此种形式的目标程序之后，便可直接投入运行。其缺点是不能独立地完成源程序各程序块的编译，即使是供源程序调用的子程序也必须同时进行编译，因而灵活性较差。通常是在程序较短而调试工作量较大的情况下，采用此种方式。

第二种形式的目标程序由若干个目的模块组成，各个模块中都包含目标程序中的一部分代码,且这些代码可在存储空间进行浮动(即可将它们装入到存储空间的任何位置)。此外,在各目的模块中还含有一些连接信息(如本模块需引用的其他模块中的符号名或子程序入口名)。所以,对于此种形式的目标代码,需经过连接装入程序把它们和所需的运行子程序的目的模块连接起来之后,才能投入运行。这种目标代码结构无疑有较大的灵活性,故为许多编译程序所采用。

让代码生成程序产生汇编语言形式的目标程序比前两种方式容易实现,但需在编译完毕之后额外增加一个汇编目标程序的阶段。所以,尽管此种方式有某些优点,但并不是一种最好的方案。

由于我们假定代码生成程序以四元式形式的中间代码序列作为输入,因此,在其生成目标代码时,可假定每一四元式中的运算符及运算对象的数据类型均已知道,所需的全部类型转换操作均已在中间代码中得到体现。此外,还可假定出现在程序中的全部符号名运行时所需的存储空间均已得到分配,它们所在的数据区编号及相对地址 f 已分别填入符号表各相应登记项的 DA 栏及 ADDR 栏。而在四元式中,则仅出现符号名在符号表中登记项的序号。

因为目标代码生成高度依赖于具体的目标计算机,故在设计代码生成程序时,应首先确定各种四元式的目标结构,即确定各种四元式所对应的机器指令组或汇编语句组,以便在执行代码生成程序时,按此种对应关系为各四元式产生相应的目标码。对于一个四元式来说,根据这种对应关系为其确定目标指令组中的各操作码固然问题不大,但确定其中的操作数地址却较麻烦。一般来说,如果某个四元式中含有操作数 A,且 A 的相对地址为 f,则在相应目标指令 I 的相应地址字段,也应有相对地址 f,不过,依 A 所在数据区的不同,指令 I 中的某些特征位也可能被置位。

例如,若生成的目标码是绝对地址指令码,则当产生指令 I 时,应由编译程序把 A 的数据区首址和 f 相加,作为 A 的绝对地址。若按静态方式分配 A 的存储,且生成的目标码是浮动地址指令码,则因目标程序需由连接装入程序定位,故在产生指令 I 时,只需由编译程序给 I 加上一个标志,此标志向连接装入程序指明,当给目标程序定位时,应将 A 的数据区(或过程)的首址加上 f 作为 A 的定位地址。但若有基地址寄存器可利用,则在给目标程序定位时,不必进行这种操作,只需把 A 的基地址寄存器的编号置于指令 I 中的相应位置即可(因为在运行时,A 的地址可通过变址寻址操作求得)。若 A 的存储按栈式动态分配,则 f 是相对于 A 所在数据区活动记录的首地址的相对量。在运行时,若在某一过程中引用了 A,则此过程的数据区必然是数据空间栈的顶记录,此时,若 A 是本过程中的局部量,则 A 所在数据区的首址由 SP 指示;若 A 对本过程来说是全局量(即 A 的数据单元不在栈顶记录中),则 A 的数据区首址也可通过 SP 从栈顶记录中找到。因此,在产生引用 A 的指令 I 时,除了在 I 的地址域中给出 A 的相对量 f 外,还应给出通过 SP 进行变址操作的标志。不过,要在目标代码中给出这些地址信息,有时需要在指令 I 之后再跟随几个相继的机器字,其具体形式将取决于目标计算机的寻址模式。

最后,在产生目标代码时,还应着重考虑四元式中哪些控制转移目标的定位问题。例如,对于形如(j) goto i 的四元式,其中转移目标 i 是某一四元式的编号。由于四元式序列中的各四元式与目标代码序列中的各指令间并无一一对应的关系,故在产生上述四元式 j 的相应目标代码时,显然应求出与四元式 i 对应之指令组第一条指令的地址。因此,可在产生目标代码的过程中,设置一个目标指令计数器 IC,用来记录迄今已产生的指令的条数。开始时 IC 之值为 0,然后依次处理四元式序列中的每一个四元式,且每开始为某个四元式产生目标指令时,就将 IC 的当前值记入此四元式的一个附加字段中;而当处理完此四元式时,则须把该四元式所需目标指令的条数加到 IC 的内容之中。这样,四元式的这个附加字段,便指示了相应目标指令组的首指令之相对地址。对于上述四元式 j 而言,如果 i < j,则只须检索四元式 i 的相应附加字段,便能求得控制所转向的地址;但是,当 i > j 时,由于四元式 i 的目标指令组此时尚未产生,从而也就无法知道它的首指令地址。对于这一问题,可采用拉链与回填的方法来解决。不过,当所产生的目标代码为汇编语言程序时,确定控制转移的目标将比较容易,因为我们可将控制转移的目标作为目标程序中的标号,而留待汇编目标代码时进行处理。

总而言之,在生成目标代码时,确定其中操作数地址是一件很烦琐的工作。不过,尽管烦琐,却无多少技术上的难题。因此,在以下的讨论中,将不再过多地涉及这方面的问题。而且,为叙述方便,有时就直接用变量名本身来代表其存储单元地址。

10.2　虚拟计算机模型

代码生成程序总是针对某一具体的计算机来实现的。因此,对于一种完整的程序语言来说,试图脱离具体的计算机,仅通过一般性的讨论来说明生成高效的目标代码的全部细节,是不恰当的,也是不可行的。然而,我们又不打算把代码生成的讨论局限于某一特定的计算机。一种可采用的折中方案是:定义一种假想的计算机,它具有多数实际计算机的某些共同的特征,我们便以此假想的计算机为依据,讨论代码生成中的某些主要问题。

假设我们的假想计算机 M 是一种以字节编址的计算机,它的主存容量为 216 个字节,每一机器字的字长为 16 bit,且具有 8 个通用寄存器(即既可作累加器也可作变址器)用 R_0,R_1, …, R_7 表示。每个通用寄存器的长度也是 16 bit。M 的每一指令占用一个机器字,其双操作数指令有如下的形式(采用汇编语言助记符,下同):

$$OP \ src, dst$$

其中,OP 为操作码,占 4 bit;src 和 dst 分别为源操作数和目的操作数的地址,均占 6 bit。其功能是用源操作数与目的操作数执行 OP 规定的操作,并将结果送入目的操作数地址所指示的单元。如果操作数直接取自通用寄存器,则用 6 bit 表示寄存器的编号(0~7)将绰绰有余,但如果操作数取自某一内存单元,则 6 bit 显然不足以表示该单元的地址,故为统一起见,将在这 6 bit 中分出 3 bit 作为标志寻址方式的特征位,用以指明助记符经汇编之后,相应的操作数和(或)地址将包含在紧跟该指令之后的单元之中。

M 所具有的寻址方式见表 10.1。其中,记号(R)表示寄存器 R 中的内容。假定 M 中含有一般计算机常备的一些指令,如:

1)传送指令

MOV src,dst

其功能是(src)→dst

2)算术运算和逻辑运算指令

ADD src,dst

其功能是(src) + (dst)→dst

SUB src,dst

其功能是(dst) − (src)→dst

3) 比较指令

CMP src,dst

此指令的功能是,比较源操作数和目的操作数(相当于执行(src) − (dst)),并根据比较的结果将机器内部状态字 PSW 的相应标志位置位。例如:

当(src) = (dst)时,将 PSW 的标志位 Z 置 1;

当(src) < (dst)时,将 PSW 的标志位 N 置 1;

当(src) > (dst)时,将 PSW 的标志位 P 置 1。

4) 控制指令

BR dst

其功能是无条件转至 dst。

表 10.1   一个假想机的寻址方式

编码	名　　称	助记符	含　　义	汇编后的情况
1	寄存器模式	R	(R)为操作数	
2	间接寄存器模式	*R	(R)为操作数地址	
3	变址模式	X(R)	(R) + X 为操作数地址	X 之值在本指令之后的单元中
4	间接变址模式	*X(R)	(R) + X 为存放操作数地址的单元地址	X 之值在本指令之后的单元中
5	直接操作数	#X	X 为操作数	X 在本指令之后的单元中
6	绝对地址	X	X 为符号名,其值为操作数	X 的数据单元地址在本指令之后的单元中
7	间接地址	*X	X 为符号名,其值为操作数地址	X 的数据单元地址在本指令之后的单元中

通常,可把代码生成程序所产生的目标程序的长短(即目标程序的指令条数)作为衡量它的工作效率的指标之一。但是,执行目标程序所需机器时间的多少往往是更重要的指标。而对一种指令来说,它的执行时间又主要取决于访问内存的次数,因此,如果我们把执行一条指令所需访问内存的总次数(即存取操作数所需访问内存的次数再加一次从内存取此指令本身)定义为该指令的"执行代价",则可将目标程序各条指令执行代价的总和,作为目标程序执行效率的一种估量。可见,在产生目标代码时,应尽量选用执行代价较小的指令。

下面这些例子有助于我们对指令执行代价含义的理解:

①指令 MOV R0,R1 的功能是把寄存器 R0 中的内容传送到寄存器 R1,由于此种传送不访问内存,故它的执行代价为 1。

②指令 MOV R5,M 的功能是(R5)→M,因把 R5 的内容送入存储单元 M 需访问内存一次(M 的地址在本指令之后的单元中),故执行代价为 2。

③指令 ADD #1,R3 的功能是 1 + (R3)→R3,由于取常数 1(在本指令之后的单元中)需

访问内存一次,故执行代价为 2。

④指令 SUB 4(R0), *5(R1)的功能是((R1)+5)-((R0)+4)→((R1)+5),因用于取常数 4 和 5(它们在本指令之后的两个单元中)以及按有效地址访问原操作数与目的操作数地址的次数为 4,则本指令的执行代价为 5。

由于寻址方式的多样性,故对同一四元式而言,可以生成形式不同的目标代码。例如,对于形如 A:=B+C 的四元式,就可生成以下几种形式的代码序列:

(1) MOV B,R0

　　ADD C,R0

　　MOV R0,A

(执行代价为 6)

(2) MOV B,A

　　ADD C,A

(执行代价为 6)

(3)设 R0,R1 及 R2 中分别含有 A,B 和 C 的地址

　　MOV *R1*R0

　　ADD *R2,*R0(执行代价为 6)

(4)设在执行之前,R1 和 R2 分别含有 B 和 C 之值

　　ADD R2,R1

　　MOV R1,A(执行代价为 3)

可见,第 4 种代码序列的执行代价最小,但却存在这样一个问题,即在执行上述目标代码之后,原来存放在 R1 中的 B 之值已遭破坏。因此,为了生成高效的目标代码,一方面要充分发挥目标计算机的寻址能力以降低目标代码的执行代价,另一方面,对于那些近期将会使用的变量名,应尽可能地将它们的左值和右值保存在寄存器中。

10.3　一个简单代码生成器

现在,介绍一种直接从四元式生成目标代码的策略。概括地说,也就是对于给定的四元式序列,依次为其中的各四元式产生相应的目标代码,且对所产生的每一指令,如果它的操作数当前在寄存器中,就应尽可能地引用寄存器中的内容,而不要产生访问主存的代码;同时,应尽可能地使指令的执行结果保留在寄存器中,仅在下列情况之一出现时,才产生将保留在寄存器中的内容存入内存单元的指令:

①该寄存器需腾出来供存放其他运算结果之用;

②已完成对本基本块出口四元式的代码生成。

对于第一种情况,这种转储的必要性十分明显。至于第二种情况,这样做的理由是:对于一个基本块而言,它的直接后继基本块可以有若干个,而每一后继基本块又可能有若干个直接前驱,也就是说,可以通过不同的路径把控制转向一个基本块,因此,我们不能假定,在某一基本块中所引用的某个数据,都已由它的各前驱基本块送入同一寄存器中,对于这样的数据,

还是通过访问内存单元来引用较为保险。

例如,对于四元式 A: = B + C,若此时 Ri 和 Rj 中分别含有 B 和 C 的值,且 B 的值在以后不再被引用,则可产生一条形如 ADD Rj,Ri(代价为 1)的指令;若 C 之值在内存单元中,则可产生形如 ADD C,Ri(代价为 2)或 MOV C,RjADD Rj Ri(代价为 3)的指令。

后一种形式特别适用于 C 之值在基本块内还要被引用的情况,虽然它的执行代价比前两种形式都高,但由于以后可从寄存器 Rj 中取得 C 之值,故从总的执行代价上看,仍是合算的。由此可见,为了对某一四元式 A: = B OP C 产生高效的目标代码,一是要知道运算对象 B 和 C 的值当前在何处存放;二是要知道 B 和 C 之值以后是否还会被引用,此外,有时还需考虑运算 OP 是否可交换,以及 B 和 C 之一或两个都是常数的情况,等等。所以,在代码生成时,需要搜集、记录有关的信息,进行大量的判断,才有可能产生最合适的目标代码。

10.3.1　待用信息

为了在代码生成过程中能充分而且合理地使用寄存器,应把在基本块中还将被引用的变量之值尽可能保留在寄存器中,而把基本块内不再被引用的变量所占用的寄存器及早予以释放。为此,对于每一四元式 A: = B OP C,就需要知道变量 A,B 和 C 在块内是否还会被引用,以及在哪些四元式中引用。这些信息可以通过这样的方法来得到,即对基本块中每一变量,都为它们建立"待用信息链"和"活跃信息链"。

四元式(i)为变量 A 的一个定值点,则在基本块内,凡从(i)所能到达的每一 A 的引用点(j),都称为在(i)点定值的变量 A 的待用信息,且把由这样的(j)所组成的集合称为相应的待用信息链。为方便起见,我们并未涉及 A 在基本块之外的引用情况,不过,只需通过活跃变量分析便能知道 A 在基本块外是否被引用。

我们可通过对每一基本块进行反向扫描来获得基本块内各变量的待用信息。这里,我们不必假定通过前述的代码优化阶段已将中间代码序列划分为若干个基本块。实际上,所用的编译程序也可能根本就不包含优化处理阶段。但是,在此种情况下,仍可在代码生成阶段,通过执行算法 8.1 找出各基本块的入口和出口,只是由于过程调用可能引起副作用,所以在划分基本块时,总是把过程调用作为基本块的入口。另外,如果在代码生成之前已作过活跃变量分析,那么我们自然能知道在一个基本块的出口哪些变量是活跃的;但若未进行过此种分析,则为稳妥起见,可假定块中的所有非临时变量在其出口都是活跃的。至于块中的临时变量,如果允许某些临时变量跨块引用,则它们也应是活跃的,否则就是非活跃的。

下面给出在一个基本块范围内,求出各变量的待用信息的算法。假定在符号表中,每一变量的登记项都含有记录待用信息及活跃信息的子栏。此算法的执行步骤如下:

第一步:每当开始对一个基本块进行处理时,把块中各变量在符号表相应登记项的待用信息栏置为"无待用",且依各变量在基本块的出口活跃与否,将相应的活跃信息栏置为"活跃"或"非活跃"。

第二步:从基本块的出口开始,反向扫视基本块中的各四元式,设当前正扫视的四元式为(i) A: = B OP C,

对(i)依次作以下的处理:

①把符号表中当前所记录之变量 A、B 与 C 的待用信息及活跃信息附加到四元式(i)上;
②在符号表中,把与 A 相应的待用信息栏及活跃信息栏分别置为"无待用"及"非活跃";

③在符号表中,把 B 和 C 的待用信息栏均置为(i),把它们的活跃信息栏置为"活跃"。

重复上面的第二步,直到处理完基本块的入口四元式为止。

当对一个基本块执行完上述算法之后,某一变量是否在块中引用,即可通过符号表相应登记项的待用信息栏上记录的信息以及附加在相关四元式的待用信息查出。事实上,如果某变量 A 在块内被定值,且块内位于此定值点之后有 A 的引用点,则此定值点上附加的该变量的待用信息,将指向 A 的下一引用点 u_1,而 u_1 上所附加的 A 的待用信息将指向 A 的再下一个引用点 u_2,如此等等。可见,从 A 的定值点开始,连同它之后的引用点,便由待用信息把它们链接成一个待用信息链,其链头为 A 的定值点,链尾为此定值的最后一个引用点。但若 A 的定值点不在块内,则待用信息链的链头为符号表中 A 的登记项。另外,每一四元式中所包含的变量是否在此四元式之后活跃,也可通过附加到此四元式中的活跃信息查明。

最后,对于上述算法,我们还应指出如下两点:

①在执行上述算法时,第二步中的(2)与(3)两步操作的执行顺序不能颠倒,这是因为,在四元式 A：= B OP C 中,运算结果 A 也可能就是 B 或 C。

②对于形如 A：= B 或 A：= OP B 的四元式,执行上述算法的步骤完全相同。

10.3.2　寄存器和地址的描述

为了对寄存器的分配作确切的判断,在具体生成代码的各个时刻,代码生成程序需掌握各可用寄存器当前的使用情况,即了解哪些寄存器当前未分配,哪些寄存器当前已分配,对于已分配的每一寄存器,还要掌握将它分配给哪些变量(注意:一个寄存器可同时分配给几个变量使用,例如,四元式 A：= B 中变量 A 和 B 就可占用同一寄存器)。为此,可使代码生成程序持有一组寄存器描述符,它们用来动态地记录各寄存器的使用情况。

同时,代码生成程序还应持有一组地址描述符,它们用来动态地记录目标程序运行时,块中各变量的当前值存放在什么地方(在寄存器中还是在内存单元中,或者同时存在寄存器和内存单元中)。有了这样一组地址描述符之后,则每当需为某一运算产生相应的目标码时,就可用其运算对象查询相应的地址描述符;若运算对象的当前值在某一寄存器(或同时在寄存器和内存单元中),则自然按"寄存器模式"的寻址方式来产生目标代码。

10.3.3　代码生成算法

做了上述准备工作之后,现在我们来介绍一个功能较简单的代码生成算法。下面仍假定算法以一个基本块作为工作对象,并且假定块中各四元式均有 A：= B OP C 的形式。此外,在执行算法的过程中,还需要经常调用一个名为 GETREG 的函数,它以形如 i：A：= B OP C 的四元式为其实在参数。其功能是:对所给的实在参数,为变量 A 指派一个存放其当前值的处所(即指派一个寄存器或内存单元)。GETREG 的工作细节稍后再作介绍。

下面所列各点就是此代码生成算法的一个简略描述。

算法 10.1　为一基本块产生目标代码。

对于所给基本块中的每一四元式(i)A：= B OP C 依次执行如下的操作:

①执行函数调用。

$$\text{GETREG}(i：A：= B \text{ OP } C)$$

设所回送的函数值为 L(一个寄存器号或内存单元地址)。

②以变量 B 和 C 分别查相应的地址描述符,以便为 B 和 C 选定一个存放当前值的处所 B′和 C′来产生目标代码。若查明 B 或(和)C 的当前值既在内存又在某寄存器中,则显然应取寄存器作为 B′或(和)C′。

③若 B 之值当前不在 L 中,则产生形如 MOV B′,L OP C′,L 的目标指令,否则,只须产生一条 OP C′,L 即可,不过,对于后者,当 A 和 B 不是同一变量名时,应从 B 的地址描述符中删去 L。

④更新 A 的地址描述符,使之指示 A 的值在 L 中;当 L 为一寄存器时,还应更新它的寄存器描述符,以表示在运行时,L 中只有 A 的当前值。

⑤若 B 和(或)C 的当前值在块中不再被引用,且在基本块的出口之后不活跃(这可通过附加到四元式(i)上的待用信息及活跃信息查明),而其当前值又存放在某寄存器中,则可从寄存器描述符中删去相应的变量,以表明这些寄存器不再为 B 和(或)C 占用。

在处理完基本块中的各四元式时,还应产生将那些在块的出口之后活跃的变量之值存入内存的指令。因此,应首先根据活跃信息,查明哪些变量在出口之后活跃,再利用寄存器描述符和地址描述符查明存放它们当前值的处所,显然,只需对那些当前值不在内存单元的活跃变量产生相应的 MOV 指令。

下面是函数 GETREG 执行步骤的一个简要描述:

①如果变量 B 的当前值在某寄存器中,且此寄存器当前不为其他变量所占用,同时变量 B 在此四元式之后不活跃,或当 A 和 B 是同一变量名时,则可选取此寄存器作为 L 进行回送。

②若满足①中所列条件的寄存器不存在,则可任选一个当前尚未被占用的寄存器作为 L。

③若上述两步都未取得成功,而且代码生成又确实需用一个寄存器(如指令寻址要求,或 A 的值在基本块中还将被引用等),则可考虑从已占用的寄存器中腾出某个寄存器 R 供目前生成代码之用。在选择寄存器 R 时,一般应遵循如下的原则:R 中所存放的值,同时也存放在某内存单元中;或者 R 中的值虽然未存放在内存单元中,但却是块内最后才引用的值。在后一种情况下,对 R 的寄存器描述符中的每一变量 V,应产生将 R 之值赋给 V 的指令。

MOV R,V

同时,还应修改 V 的地址描述符,且从 R 的寄存器描述符中把各个 V 删去。

④若块中不引用 A 的值,或者现已无适当的寄存器可供选用,则只有取某一内存单元作为 L。

例 10.1　设某程序中有如下的赋值语句

$$W:=(A-B)+(A-C)+(A-C)$$

其对应的中间代码序列为

$$T1:=A-B$$
$$T2:=A-C$$
$$T3:=T1+T2$$
$$W:=T3+T2$$

现假定上述 4 个四元式组成一基本块,且 A、B、C 之值在内存中,并假定除 W 之外,其余变量在此基本块的出口之后不活跃,则按上述算法所产生的目标代码以及在执行算法过程中各描述符的内容见表 10.2。

表 10.2　各描述符号内容

四元式	目标代码	寄存器描述符	地址描述符
$T_1 := A - B$	MOV A,R0 SUB B,R0	R0 含有 T_1	T_1 在 R0 中
$T_2 := A - C$	MOV A,R1 SUB C,R1	R0 含有 T_1 R1 含有 T_2	T_1 在 R0 中 T_2 在 R1 中
$T_3 := T_1 + T_2$	ADD R1,R0	R0 含有 T_3 R1 含有 T_2	T_2 在 R1 中 T_3 在 R0 中
$W := T_3 + T_2$	ADD R1,R0 MOV R0,W	R0 含有 W	W 在 R0 中及内存单元中

在上面的算法中,我们假定所处理的四元式仅有 A: = B OP C 的形式(即多数二元运算所具有的形式),并假定 A、B、C 都是简单变量。对于其他形式的四元式,也可采用类似的分配寄存器的策略,为它们设计目标代码生成的算法。下面,将对常见的几类四元式的目标代码形式作一介绍。

①对于形如 A: = B 的四元式,若当前 B 的值在某一寄存器 R 中,则不必产生目标代码,而只需把 A 添加到 R 的描述符中,并把 A 的地址描述符置为 R(即指明 A 的当前值仅在 R 中)即可。当 B 在块中不再被引用且在块的出口之后不活跃时,还应从 R 的描述符中删去 B,从 B 的地址描述符中删去 R。但若 B 的当前值只在内存单元中,如果仅简单地把 A 的地址描述符置为 B 的内存地址,那么,若不对 A 的值采取保护措施,A 的值就会为 B 的再定值所影响。可见,在此情况下,还是为它产生一条形如 MOV B,R 的指令较为稳妥。其中,R 是分配给 A 的寄存器(下同)。

②对形如 A: = OP B 的一元运算,由于对它的处理与对二元运算的处理极为类似,故不必赘述。

③对形如 A: = B[I]的变址赋值,若 I 的当前值不在寄存器中,则产生形如

MOV I,R

MOV B(R),R

(执行代价为5)的代码,但若 I 的当前值在某一寄存器 Ri 中时,则仅产生 MOV B(Ri),R

(执行代价为3)。

④对形如 A[I]: = B 的四元式,若 I 的当前值不在寄存器中,则产生形如

MOV I,R

MOV B,A(R)

(执行代价为6)的代码,而 I 的当前值在某一寄存器 Ri 中时,则仅产生

MOV B,A(Ri)

(执行代价为4)。

⑤对于形如 A: = P↑的四元式,可产生形如 MOV *P,A(执行代价为4)的指令,也可产生形如

MOV P,R

MOV ＊R,R

（执行代价为4）的指令。

特别的,当 P 的当前值在某一寄存器 Ri 中时,则可产生形如 MOV ＊Ri,R（执行代价为2）的指令。如果 A 的当前值在块内还会被引用,且此时尚有未被占用的寄存器 R 供 A 使用,则最好按后两种形式产生目标代码。

⑥对形如 P↑:＝A 四元式,类似于⑤,也可视情况的不同,产生形如 MOV A,＊P

或 MOV A,R

MOV R,＊P

或 MOV A,＊R 的代码。

⑦对于形如 goto X 的四元式,其对应的目标代码为 BR X′其中,X′是序号为 X 的四元式的目标代码首址。

⑧对于形如 if A rop B goto X 的四元式,其对应的目标代码可写成

CMP A,B

jrop X′

其中,X′的含义同⑦。如果 A 和(或)B 的当前值在寄存器中,则在产生目标代码时,应尽可能用寄存器寻址模式。

习题 10

10.1　一个编译程序的代码生成要着重考虑哪些问题?

10.2　决定目标代码的因素有哪些?

10.3　为什么在代码生成时要考虑充分利用寄存器?

10.4　寄存器分配的原则是什么?

10.5　假设可用寄存器为 R0 和 R1,试对以下四元式序列 G 给出目标代码的生成过程:

T1 = B − C

T2 = A ＊ T1

T3 = D + 1

T4 = E − F

T5 = T3 ＊ T4

W = T2/T5

10.6　已知下列语句:

①if(a + b < c)　x ＝ (a + b)/(c − d) + (a + b);

②while（ A！ ＝0）{ A ＝2 + B/C；B ＝2 + B/C；}

试分别解答:

(1)写出优化的四元式序列;

(2)标记变量的活跃信息;

(3)描述单寄存器 R 下的目标代码生成过程。

参考文献

［1］ Alfred V. Aho，Ravi Sethi，Jeffrey D. Ullman. Compilers：Principle，Techniques and Tools ［M］. Addison Wesley，1985.

［2］ 陈火旺,刘春林,谭庆平,等. 程序设计语言编译原理［M］. 北京:国防工业出版社,2010.

［3］ 孙悦红. 编译原理及实现［M］. 北京:清华大学出版社,2005.

［4］ 张素琴,吕映芝,蒋维杜,等. 编译原理［M］. 2 版. 北京:清华大学出版社,2005.

［5］ 刘磊,郭德贵,张晶,等. 编译原理及实现技术［M］. 2 版. 北京:机械工业出版社,2010.

［6］ 李劲华,丁洁玉. 编译原理与技术［M］. 北京:北京邮电大学出版社,2005.

［7］ 黄贤英,王柯柯. 编译原理及实践教程［M］. 北京:清华大学出版社,2008.

［8］ 王力红,霍林. 编译技术［M］. 重庆:重庆大学出版社,2001.

［9］ 温敬和. 编译原理实用教程［M］. 北京:清华大学出版社,2005.

［10］ 何炎祥. 编译原理［M］. 北京:高等教育出版社,2004.

［11］ 陈意云. 编译原理［M］. 北京:高等教育出版社,2003.

［12］ 李文生. 编译原理与技术［M］. 北京:清华大学出版社,2009.

［13］ 毛红梅. 编译原理学·练·考［M］. 北京:清华大学出版社,2005.

［14］ 蒋立源. 编译原理［M］. 3 版. 西安:西北工业大学出版社,2005.

［15］ http：// jpkc. nwpu. edu. cn/jp2005/20/kwz/index. htm.